# 生态优先 绿色发展

## ——长沙县生态文明建设探索研究

· · ·

中国社会科学院
生态文明研究智库
**著**

中国社会科学出版社

图书在版编目（CIP）数据

生态优先　绿色发展：长沙县生态文明建设探索研究／中国社会科学院生态文明研究智库著 .
—北京：中国社会科学出版社，2016. 9
（地方智库报告）
ISBN 978-7-5161-8960-3

Ⅰ.①生…　Ⅱ.①中…　Ⅲ.①生态环境建设—研究—长沙县　Ⅳ.①X321.264.4

中国版本图书馆 CIP 数据核字（2016）第 227459 号

| 出 版 人 | 赵剑英 |
| 责任编辑 | 王　茵 |
| 特约编辑 | 胡新芳 |
| 责任校对 | 周　昊 |
| 责任印制 | 王　超 |

| 出　　版 | 中国社会科学出版社 |
| 社　　址 | 北京鼓楼西大街甲 158 号 |
| 邮　　编 | 100720 |
| 网　　址 | http://www.csspw.cn |
| 发 行 部 | 010-84083685 |
| 门 市 部 | 010-84029450 |
| 经　　销 | 新华书店及其他书店 |

| 印　　刷 | 北京明恒达印务有限公司 |
| 装　　订 | 廊坊市广阳区广增装订厂 |
| 版　　次 | 2016 年 9 月第 1 版 |
| 印　　次 | 2016 年 9 月第 1 次印刷 |

| 开　　本 | 787×1092　1/16 |
| 印　　张 | 22.75 |
| 插　　页 | 2 |
| 字　　数 | 310 千字 |
| 定　　价 | 85.00 元 |

凡购买中国社会科学出版社图书,如有质量问题请与本社营销中心联系调换
电话:010-84083683

# 序

人法地，地法天，天人合一。两千多年前人与自然和谐发展的哲理思考，是生态文明思想的渊源所在。中华数千年的农耕文明，正是秉承这一思想，生存繁衍，发展经济，经久而不衰。尊重自然、与自然同存共荣的价值观，以及在这种价值观指导下形成的生产方式、经济基础和上层建筑，寻求"人与自然和谐共进、生产力高度发达、人文全面发展、社会持续繁荣"。但是，生态文明不是简单地对工业文明进行否定或者替代，而是利用生态文明的理念和原则对工业文明进行整体改造和提升，形成一种新的社会文明形态，具有普适性和普世意义，不仅是发达国家，发展中国家也需要文明转型，实现人与自然的和谐和可持续发展。

我国现代化进程中，意识到工业文明的老路污染环境，破坏生态，经济不可持续。进入21世纪，中央明确提出加强生态文明建设。2003年，《中共中央国务院关于加快林业发展的决定》中提出"建设山川秀美的生态文明社会"。2007年，党的十七大报告要求"建设生态文明，基本形成节约能源资源和保护生态环境的产业结构、增长方式、消费模式。生态文明观念在全社会牢固树立。"

在工业化城镇快速推进的情况下发展生态文明建设，是一项系统工作，必须要全方位大力推进。2012年7月，胡锦涛同志在十八大召开前就明确提出："推进生态文明建设，是涉及生产方式和生活方式根本性变革的战略任务，必须把生态文明建设的理念、原则、目标等深刻融入和全面贯穿到我国经济、政治、文化、社会建设的各方面和全过程，坚持节约资源和保护环境的基本国策，着力推进绿色发展、循环发展、低碳发展，为人民创造良好的生产生活环境。"

随后，党的十八大报告进一步将生态文明提升至国家策略，列为建设中国特色社会主义的"五位一体"的总布局，成为全面建成小康社会任务的重要组成部分，强调"建设生态文明，是关系人民福祉、关乎民族未来的长远大计"。十八大对推进生态文明建设做出的全面战略部署，既包含对以往社会经济发展方式的反思，也预示着开启面向新的经济增长方式和社会文明形态的新一轮探索，标志着中国现代化转型正式进入了一个新的阶段。

党的十八届三中全会审议通过的《中共中央关于全面深化改革若干重大问题的决定》进一步提出，要加快生态文明制度建设。决定要求：建设生态文明，必须建立系统完整的生态文明制度体系，实行最严格的源头保护制度、损害赔偿制度、责任追究制度，完善环境治理和生态修复制度，用制度保护生态环境。主要方案包括：健全自然资源资产产权制度和用途管制制度，划定生态保护红线，实行资源有偿使用制度和生态补偿制度，以及改革生态环境保护管理体制。

中央关于生态文明建设的决定和部署，已经纳入政府的议事日程。2014年6月，国务院批转发改委《关于2014年深化经济体制改革重点任务的意见》，部署了七个方面的重点改革任务，任务之一就是加快生态文明体制改革。内容包括：坚持节约优先、保护优先、自然恢复为主的基本方针，着力推进绿色发展、循环发展、低碳发展，形成节约资源和保护环境的空间格局、产业结构、生产方式、生活方式，从源头上扭转生态环境恶化趋势。加大主体功能区制度实施力度，研究制定国家主体功能区制度的综合政策体系。严格生态空间保护制度，建立陆海统筹的生态系统保护修复和污染防治区域联动机制。探索编制自然资源资产负债表，加大对自然价值较高的国土空间的保护力度，改变自然资源的粗放利用状态。推动建立跨区域、跨流域生态补偿机制，促进形成综合补偿与分类补偿相结合，转移支付、横向补偿和市场交易互为补充的生态补偿制度。完善资源有偿使用、环境损害赔偿、环境污染责任保险等制度，制定实施生态文明建设目标体系，健全评价考核、行为奖惩、责任追究等机制，加强资源环境领域法制建设，为生态文明建设提供制度保障。

坚持铁腕治污、铁规治污。深入实施大气污染防治行动计划，加大环境信息公开力度，以雾霾频发的特大城市和区域为重点，以细颗粒物和可吸入颗粒物治理为突破口，抓住产业结构、能源效率、尾气排放和扬尘管控等关键环节，健全政府、企业、公众共同参与的治污新机制。推进环境污染第三方治理。继续开展排污权有偿使用和交易试点。

推动工业、建筑、交通运输、公共机构等重点领域和重点单位节能减排，加快制定和完善配套政策措施。研究全国碳排放总量控制和分解落实机制，研究制定全国碳排放权交易管理办法。推动能源生产和消费方式变革，控制能源消费总量，建立健全碳强度下降和节能目标责任制及评价考核体系。出台更为严格的节水管理办法和相关标准。

与此同时，十三五关于生态文明建设的目标已逐步明确。2015年4月，《中共中央国务院关于加快推进生态文明建设的意见》提出生态文明建设主要目标：到2020年，资源节约型和环境友好型社会建设取得重大进展，主体功能区布局基本形成，经济发展质量和效益显著提高，生态文明主流价值观在全社会得到推行，生态文明建设水平与全面建成小康社会目标相适应。

国土空间开发格局进一步优化。经济、人口布局向均衡方向发展，陆海空间开发强度、城市空间规模得到有效控制，城乡结构和空间布局明显优化。

资源利用更加高效。单位国内生产总值二氧化碳排放强度比2005年下降40%—45%，能源消耗强度持续下降，资源产出率大幅提高，用水总量力争控制在6700亿立方米以内，万元工业增加值用水量降低到65立方米以下，农田灌溉水有效利用系数提高到0.55以上，非化石能源占一次能源消费比重达到15%左右。

生态环境质量总体改善。主要污染物排放总量继续减少，大气环境质量、重点流域和近岸海域水环境质量得到改善，重要江河湖泊水功能区水质达标率提高到80%以上，饮用水安全保障水平持续提升，土壤环境质量总体保持稳定，环境风险得到有效控制。森林覆盖率达到23%以上，草原综合植被覆盖度达到56%，湿地面积不低于8亿亩，50%以上可治理沙化土地得到治理，自然岸线保有率不低于35%，生物多样性丧失速度得到基本控制，全国生态系统稳定性明显增强。

生态文明重大制度基本确立。基本形成源头预防、过程控制、损害赔偿、责任追究的生态文明制度体系，自然资源资产产权和用途管制、生态保护红线、生态保护补偿、生态环境保护管理体制等关键制度建设取得决定性成果。

2015年9月，中共中央、国务院印发了《生态文明体制改革总体方案》，进一步提出生态文明体制改革的目标：到2020年，构建起由自然资源资产产权制度、国土空间开发保护制度、空间规划体系、资源总量管理和全面节约制度、资源有偿使用和生态补偿制度、环境治理体系、环境治理和生态保护市场体系、生态文明绩效评价考核和责任追究制度等八项制度构成的产权清晰、多元参与、激励约束并重、系统完整的生态文明制度体系，推进生态文明领域国家治理体系和治理能力现代化，努力走向社会主义生态文明新时代。

2015年10月，《中共中央关于制定国民经济和社会发展第十三个五年规划的建议》提出完善发展理念，牢固树立创新、协调、绿色、开放、共享的发展理念。坚持绿色富国、绿色惠民，为人民提供更多优质生态产品，推动形成绿色发展方式和生活方式，协同推进人民富裕、国家富强、中国美丽。促进人与自然和谐共生。有度有序利用自然，调整优化空间结构，划定农业空间和生态空间保护红线，构建科学合理的城市化格局、农业发展格局、生态安全格局、自然岸线格局。设立统一规范的国家生态文明试验区。

长沙县作为中国中西部经济第一强县，2014年人均地区生产总值超过17000美元，是全国平均水平的2.3倍。长沙县在经济发展大潮中始终贯彻生态文明理念，坚持绿色循环低碳发展，生态文明建设取得显著成果。

开展生态文明建设，长沙县进行了全方位的探索与实践。保护生态，发展经济，是长沙县生态文明建设的两个抓手，相互促进，谋求绿色发展。长沙县大力实施绿色创新发展，2013 年该县提出"二氧化碳是放错地方的资源，驾驭高碳是赢家"的生态建设新理念，并率先探索创建全国首个"零碳县"。长沙县创建的"零碳县"，不是追求二氧化碳的零排放，而是通过开展植物储碳、固碳，综合应用减源增汇、绿色能源替代等方法抵消碳源，使全城范围内的碳排放量与回收量平衡，从而实现新增二氧化碳量为零。经过两年多的实践，长沙县"零碳县"试验取得初步成功：2014 年跃居中国十佳"资源节约型、环境友好型"中小城市榜首，其"零碳县"创建工作获得中国经济论坛 2014 中国创新榜样年度奖，并得到新华社、中新社、湖南日报等主流媒体广泛推介和国家环保部的高度关注。尤其值得提出的是，全国劳动模范、国务院特殊津贴专家、中南林业科技大学碳循环研究中心主任雷学军教授及其团队，经过多年的研究探索，发明了"速生碳汇草捕碳固碳技术"，为长沙县"零碳县"创建工作提供了理论支持和技术支撑。其科学原理是：利用植物的自然光合作用吸收大气中的二氧化碳，将二氧化碳固封在植物体内；通过对"速生碳汇草"进行加工，实现碳转化、碳利用，从而减少大气中的二氧化碳存量。利用草本植物捕捉和封存二氧化碳的新技术，实现了大气二氧化碳的负增长，是全球大气碳回收的一项革命性原创技术。雷学军教授提出的速生草本植物"碳汇机制及界定方法"，将有限的"森林碳汇"变为无限的"植物碳汇"，改虚拟的"碳排放权配额指标交易"为"实物碳产品交易"。鉴于速生草生长速度快，固碳多而丰富，其价值和潜力还表现在其有机养分和生物质能的开发利用方面。建议长沙县和国家主管部门花大力气，将速生草的后续开发利用加以深化拓展，不仅为长沙县生态文明建设、应对气候变化，还为就业、增长、能源安全提供机遇与保障。

中央政策研究室原副主任

中国政策科学研究会常务副会长

2016 年 7 月

# 目　录

# 第一章 生态文明建设的时代背景和重大意义

　　生态文明是相对工业文明提出来的，和谐为一种发展理念，从狭义上说，是指人和自然关系上的一种道德伦理与行为准则。它把人本身作为自然界的一员，在观念上，人要尊重自然，公平对待自然；在行为上，人的一切活动要充分尊重自然规律，寻求人和自然的和谐发展。从广义上看，生态文明既包括尊重自然、与自然同存共荣的价值观，也包括在这种价值观指导下形成的生产方式、经济基础和上层建筑，是一种"人与自然和谐共进、生产力高度发达、人文全面发展、社会持续繁荣"社会的一切物质和精神成果的总和。但是，生态文明不是简单地对工业文明进行否定或者替代，而是利用生态文明的理念和原则对工业文明进行整体改造和提升，形成一种新的社会文明形态，具有普适性和普世意义，不仅是发达国家，发展中国家也需要文明转型，实现人与自然的和谐和可持续发展。

　　2003 年 6 月 25 日，"生态文明"第一次写入党的文件。《中共中央国务院关于加快林业发展的决定》中提出"建设山川秀美的生态文明社会"。2007 年党的十七大报告要求："建设生态文明，基本形成节约能源资源和保护生态环境的产业结构、增长方式、消费模式。生态文明观念在全社会牢固树立。"

　　2012 年 7 月 23 日，胡锦涛同志在中央党校省部级主要领导干部专题研讨会开班式的讲话中提出："推进生态文明建设，是涉及生产方式和生活方式根本性变革的战略任务，必须把生态文明建设的理念、原则、目标等深刻融入和全面贯穿到我国经济、政治、文化、社会建设的各方面和全过程，坚持节约资源和保护环境的基本国策，着力推进绿色发展、循环发展、低碳发展，为人民创造良好的生产生活环境。"2012 年，党的十八大报告进一步将生态文明提升至国家策略，列为建设中国特色社会主义的"五位一体"的总布局，成为全面建成小康社会任务的重要组成部分，强调"建设生态文明，是关系人民福祉、关乎民族未来的长远大计。面对资源约束趋紧、环境污染严重、生态系统退化的严峻形势，必须树立尊重自然、顺应自然、保护自然的生态文明理念，把生态文明建设放在突出地位，融入经济建设、政治建设、文化建设、社会建设各方面和全过程，努力建设美丽中国，实现中华民族永续发展"。十八大对推进生态文明建设做出的全面战略部署，既包含对以往社会经济发展方式的反思，也预示着开启面向新的经济增长方式和社会文明形态的新一轮探索，标志着中国现代化转型正式进入了一个新的阶段。2013 年，党的十八届三中全会审议通过的《中共中央关于全面深化改革若干重大问题的决定》进一步提出，要加快生态文明制度建设。2014 年 6 月 20 日，国务院批转发改委《关于 2014 年深化经济体制改革重点任务的意见》（简称《意见》），《意见》部署了七个方面的重点改革任务，其中任务之一就是加快生态文明体制改革。

作为"十三五"规划的十个任务目标之一，加强生态文明建设（"美丽中国"）首度写入五年规划。《中共中央关于制定国民经济和社会发展第十三个五年规划的建议》提出，坚持绿色富国、绿色惠民，为人民提供更多优质生态产品，推动形成绿色发展方式和生活方式，协同推进人民富裕、国家富强、中国美丽。措施包括：促进人与自然和谐共生；有度有序利用自然，调整优化空间结构，划定农业空间和生态空间保护红线，构建科学合理的城市化格局、农业发展格局、生态安全格局、自然岸线格局；设立统一规范的国家生态文明试验区。"十三五"规划关于实行能源和水资源消耗、建设用地等总量和强度双控行动，要求推进生态文明建设，解决资源约束趋紧、环境污染严重、生态系统退化问题，即既要控制总量，也要控制单位国内生产总值能源消耗、水资源消耗、建设用地的强度；

既能节约能源和水土资源，从源头上减少污染物排放，也能倒逼经济发展方式转变，提高国民经济发展绿色水平。

"十一五"规划首次把单位国内生产总值能源消耗强度作为约束性指标，"十二五"规划提出合理控制能源消费总量。根据当前资源环境面临的严峻形势，"十三五"规划在继续实行能源消费总量和消耗强度双控的基础上，水资源和建设用地也要实施总量和强度双控，作为约束性指标，建立目标责任制，合理分解落实。要研究建立双控的市场化机制，建立预算管理制度、有偿使用和交易制度，更多用市场手段实现双控目标。

从全局性视角看，生态文明建设需要融入经济建设、政治建设、文化建设、社会建设各方面和全过程；需要建立健全符合生态文明要求的市场机制、法律体系、治理构架、考核评估和责任追究制度。只有这样，才能从根本上解决中国发展中不平衡、不协调、不可持续的问题，推动全社会向生态文明的整体转型。

全国生态文明建设试点工作在 2008 年 5 月启动，截至 2013 年 10 月环境保护部共开展了六批全国生态文明建设试点工作。2013 年 12 月，国家发改委、财政部等六部委组织开展了国家生态文明先行示范区建设活动。这些试点示范工作，对创新生态文明体制机制，因地制宜探索生态文明建设模式，有效开展生态文明建设，具有重要意义。

生态文明建设在我国发展改革总体进程中的重要地位，主要体现在：①全局性。生态文明是全方位概念，无限定边界，需要"融入经济建设、政治建设、文化建设、社会建设各方面和全过程"，方能发挥效力与实现价值目标，因此生态文明制度建设是全社会总体建设目标，涉及每一个领域，具有显著的关联性。②战略性。从国内外发展实践分析，资源环境承载能力、自然生态条件是制约发展的重要因素，任何国家和地区在发展过程中不可能无视资源环境约束，因此生态文明制度建设是经济社会发展到一定阶段的必然选择，也是促进民族永续发展、建设美丽中国的必由之路。③约束性。生态文明制度建设的重要性和必要性在于发展空间是有边界的，发展需要考虑资源环境生态的刚性约束。健全自然资源资产产权制度和用途管制制度、划定生态保护红线的目的在于保障国家生态安全，促进经济社会可持续发展，是实现生态功能提升、环境质量改善、资源永续利用的根本保障。

# 第二章 中国生态文明建设历程与实践

从中央层面分析，尽管早在"十五"时期的 2003 年生态文明首次进入党的文件，但是直到"十三五"规划，加强生态文明建设才成为国家十大任务目标之一，首度写入五年规划。生态文明建设的重要性越发显现。

2008 年，环境保护部印发《关于推进生态文明建设的指导意见》（环发〔2008〕126 号），成为国家部委层面首个生态文明建设指导意见。此后，国家海洋局、水利部、国家林业局均出台了部门生态文明建设意见或规划。2013 年，国家发改委会同财政部、国土资源部、水利部、农业部、国家林业局联合印发《国家生态文明先行示范区建设方案（试行）》（发改环资〔2013〕2420 号）。

2015 年 4 月，《中共中央国务院关于加快推进生态文明建设的意见》（中发〔2015〕12 号）正式发布，成为国家生态文明建设的纲领性文件。并于同年 9 月出台《生态文明体制改革总体方案》，旨在加快建立系统完整的生态文明制度体系，加快推进生态文明建设，增强生态文明体制改革的系统性、整体性、协同性。

截至目前，国家发布的关于生态文明建设的相关文件如表 2—1 所示。

表 2—1　　　国家发布的生态文明建设部分相关文件

| 序号 | 名称 | 发布时间 | 发布单位 |
| --- | --- | --- | --- |
| 1 | 《关于推进生态文明建设的指导意见》（环发〔2008〕126 号） | 2008 年 12 月 18 日 | 环境保护部 |

| 序号 | 名称 | 发布时间 | 发布单位 |
|---|---|---|---|
| 2 | 国家海洋局关于印发《海洋生态文明示范区建设管理暂行办法》和《海洋生态文明示范区建设指标体系（试行）》的通知（国海发〔2012〕44 号） | 2012 年 9 月 19 日 | 国家海洋局 |
| 3 | 水利部《关于加快推进水生态文明建设工作的意见》（水资源〔2013〕1 号） | 2013 年 1 月 4 日 | 水利部 |
| 4 | 关于印发《国家生态文明建设试点示范区指标（试行）》的通知（环发〔2013〕58 号） | 2013 年 5 月 23 日 | 环境保护部 |
| 5 | 国家林业局关于印发《推进生态文明建设规划纲要》的通知（林规发〔2013〕146 号） | 2013 年 9 月 6 日 | 国家林业局 |
| 6 | 关于印发《国家生态文明先行示范区建设方案（试行）》的通知（发改环资〔2013〕2420 号） | 2013 年 12 月 2 日 | 国家发改委、财政部、国土资源部、水利部、农业部、国家林业局 |
| 7 | 关于印发《国家生态文明建设示范村镇指标（试行）》的通知（环发〔2014〕12 号） | 2014 年 1 月 17 日 | 环境保护部 |
| 8 | 中共中央国务院《关于加快推进生态文明建设的意见》（中发〔2015〕12 号） | 2015 年 4 月 25 日 | 中共中央国务院 |
| 9 | 《国家海洋局海洋生态文明建设实施方案》（2015—2020 年） | 2015 年 7 月 | 国家海洋局 |
| 10 | 《生态文明体制改革总体方案》 | 2015 年 9 月 | 中共中央国务院 |
| 11 | 关于印发《国家生态文明建设示范区管理规程（试行）》《国家生态文明建设示范县、市指标（试行）》的通知（环生态〔2016〕4 号） | 2016 年 1 月 20 日 | 环境保护部 |

# 第一节　中央层面生态文明建设政策

## 一　中共中央国务院《关于加快推进生态文明建设的意见》

2015 年 5 月 5 日，新华社受权播发了中共中央国务院印发《关于加快推进生态文明建设的意见》（简称《意见》），这是继党的十八大和十八届三中、四中全会对生态文明建设做出顶层设计后，中央对生态文明建设的一次全面部署。文件共 9 个部分 35 条，包括：总体要求；强化主体功能定位，优化国土空间开发格局；推动技术创新和结构调整，提高发展质量和效益；全面促进资源节约循环高效使用，推动利用方式根本转变；加大自然生态系统和环境保护力度，切实改善生态环境质量；健全生态文明制度体系；加强生态文明建设统计监测和执法监督；加快形成推进生态文明建设的良好社会风尚；切实加强组织领导。

（一）《意见》明确了加快推进生态文明建设的基本原则

坚持把节约优先、保护优先、自然恢复为主作为基本方针。在资源开发与节约中，把节约放在优先位置，以最少的资源消耗支撑经济社会持续发展；在环境保护与发展中，把保护放在优先位置，在发展中保护、在保护中发展；在生态建设与修复中，以自然恢复为主，与人工修复相结合。

坚持把绿色发展、循环发展、低碳发展作为基本途径。经济社会发展必须建立在资源得到高效循环利用、生态环境受到严格保护的基础上，与生态文明建设相协调，形成节约资源和保护环境的空间格局、产业结构、生产方式。

坚持把深化改革和创新驱动作为基本动力。充分发挥市场配置资源的决定性作用和更好发挥政府作用，不断深化制度改革和科技创新，建立系统完整的生态文明制度体系，强化科技创新引领作用，为生态文明建设注入强大动力。

坚持把培育生态文化作为重要支撑。将生态文明纳入社会主义核心价值体系，加强生态文化的宣传教育，倡导勤俭节约、绿色低碳、文明健康的生活方式和消费模式，提高全社会生态文明意识。

坚持把重点突破和整体推进作为工作方式。既立足当前，着力解决对经济社会可持续发展制约性强、群众反映强烈的突出问题，打好生态文明建设攻坚战；又着眼长远，加强顶层设计与鼓励基层探索相结合，持之以恒全面推进生态文明建设。

（二）《意见》明确提出加快推进生态文明建设的主要目标

到2020年，资源节约型和环境友好型社会建设取得重大进展，主体功能区布局基本形成，经济发展质量和效益显著提高，生态文明主流价值观在全社会得到推行，生态文明建设水平与全面建成小康社会目标相适应。

1. 国土空间开发格局进一步优化

经济、人口布局向均衡方向发展，陆海空间开发强度、城市空间规模得到有效控制，城乡结构和空间布局明显优化。

2. 资源利用更加高效

单位国内生产总值二氧化碳排放强度比2005年下降40%—45%，能源消耗强度持续下降，资源产出率大幅提高，用水总量力争控制在6700亿立方米以内，万元工业增加值用水量降低到65立方米以下，农田灌溉水有效利用系数提高到0.55以上，非化石能源占一次能源消费比重达到15%左右。

3. 生态环境质量总体改善

主要污染物排放总量继续减少，大气环境质量、重点流域和近岸海域水环境质量得到改善，重要江河湖泊水功能区水质达标率提高到80%以上，饮用水安全保障水平持续提升，土壤环境质量总体保持稳定，环境风险得到有效控制。森林覆盖率达到23%以上，草原综合植被覆盖度达到56%，湿地面积不低于8亿亩，50%以上可治理沙化土地得到治理，自然岸线保有率不低于35%，生物多样性丧失速度得到基本控制，全国生态系统稳定性明显增强。

4. 生态文明重大制度基本确立

基本形成源头预防、过程控制、损害赔偿、责任追究的生态文明制度体系，自然资源资产产权和用途管制、生态保护红线、生

态保护补偿、生态环境保护管理体制等关键制度建设取得决定性
成果。

## 二　生态文明体制改革总体方案

2015 年 9 月，中共中央、国务院印发了《生态文明体制改革总体方案》，并发出通知，要求各地区、各部门结合实际认真贯彻执行。

生态文明体制改革的目标是：到 2020 年，构建起由自然资源资产产权制度、国土空间开发保护制度、空间规划体系、资源总量管理和全面节约制度、资源有偿使用和生态补偿制度、环境治理体系、环境治理和生态保护市场体系、生态文明绩效评价考核和责任追究制度等八项制度构成的产权清晰、多元参与、激励约束并重、系统完整的生态文明制度体系，推进生态文明领域国家治理体系和治理能力现代化，努力走向社会主义生态文明新时代。

构建归属清晰、权责明确、监管有效的自然资源资产产权制度，着力解决自然资源所有者不到位、所有权边界模糊等问题。

构建以空间规划为基础、以用途管制为主要手段的国土空间开发保护制度，着力解决因无序开发、过度开发、分散开发导致的优质耕地和生态空间占用过多、生态破坏、环境污染等问题。

构建以空间治理和空间结构优化为主要内容，全国统一、相互衔接、分级管理的空间规划体系，着力解决空间性规划重叠冲突、部门职责交叉重复、地方规划朝令夕改等问题。

构建覆盖全面、科学规范、管理严格的资源总量管理和全面节约制度，着力解决资源使用浪费严重、利用效率不高等问题。

构建反映市场供求和资源稀缺程度、体现自然价值和代际补偿的资源有偿使用和生态补偿制度，着力解决自然资源及其产品价格偏低、生产开发成本低于社会成本、保护生态得不到合理回报等问题。

构建以改善环境质量为导向，监管统一、执法严明、多方参与的环境治理体系，着力解决污染防治能力弱、监管职能交叉、权责不一致、违法成本过低等问题。

构建更多运用经济杠杆进行环境治理和生态保护的市场体系，着力解决市场主体和市场体系发育滞后、社会参与度不高等问题。

构建充分反映资源消耗、环境损害和生态效益的生态文明绩效评价考核和责任追究制度，着力解决发展绩效评价不全面、责任落实不到位、损害责任追究缺失等问题。

# 第二节　部委层面生态文明建设政策

## 一　国家发展和改革委员会生态文明建设政策

2013年12月2日，根据《国务院关于加快发展节能环保产业的意见》（国发〔2013〕30号）中关于在全国范围内选择有代表性的100个地区开展国家生态文明先行示范区建设，探索符合我国国情的生态文明建设模式的要求，国家发改委联合财政部、国土资源部、水利部、农业部、国家林业局制定了《国家生态文明先行示范区建设方案（试行）》。

（一）方案总体要求

把生态文明建设放在突出的战略地位，按照"五位一体"总布局要求，推动生态文明建设与经济、政治、文化、社会建设紧密结合、高度融合，以推动绿色、循环、低碳发展为基本途径，以体制机制创新激发内生动力，以培育弘扬生态文化提供有力支撑，结合自身定位推进新型工业化、新型城镇化和农业现代化，调整优化空间布局，全面促进资源节约，加大自然生态系统和环境保护力度，加快建立系统完整的生态文明制度体系，形成节约资源和保护环境的空间格局、产业结构、生产方式、生活方式，提高发展的质量和效益，促进生态文明建设水平明显提升。

（二）主要目标

通过五年左右的努力，先行示范地区基本形成符合主体功能定位的开发格局，资源循环利用体系初步建立，节能减排和碳强度指标下降幅度超过上级政府下达的约束性指标，资源产出率、单位建设用地生产总值、万元工业增加值用水量、农业灌溉水有效利用系数、城镇（乡）生活污水处理率、生活垃圾无害化处理率等处于全国或本省（市）前列，城镇供水水源地全面达标，森林、草原、湖泊、湿地等面积逐步增加、质量逐步提高，水土流失和沙化、荒漠化、石漠化土地面积明显减少，耕地质量稳步提高，物种得到有效保护，覆盖全社会的生态文化体系基本建立，绿色生活方式普遍推行，最严格的耕地保护制度、水资源管理制度、环境保护制度得到有效落实，生态文明制度建设取得重大突破，形成可复制、可推广的生态文明建设典型模式。

（三）主要任务

1. 科学谋划空间开发格局

加快实施主体功能区战略，严格按照主体功能定位发展，合理控制开发强度，调整优化空间结构，进一步明确市县功能区布局，构建科学合理的城镇化格局、农业发展格局、生态安全格局。科学划定生态红线，推进国土综合整治，加强国土空间开发管控和土地用途管制。将生态文明理念融入城镇化的各方面和全过程，分类引导不同主体功能区的城镇化进程，走以人为本、集约高效、绿色低碳的新型城镇化道路。

2. 调整优化产业结构

进一步明确产业发展方向和重点，加快发展现代服务业、高技术产业和节能环保等战略性新兴产业，改造提升优势产业，做好化解产能过剩工作，大力淘汰落后产能。调整优化能源结构，控制煤炭消费总量，因地制宜加快发展水电、核电、风电、太阳能、生物质能等非化石能源，提高可再生能源比重。严格落实项目节能评估审查、环境影响评价、用地预审、水资源论证和水土保持方案审查等制度。

3. 着力推动绿色循环低碳发展

以节能减排、循环经济、清洁生产、生态环保、应对气候变化等为抓手，设置科学合理的控制指标，大幅降低能耗、碳排放、地耗和水耗强度，控制能源消费总量、碳排放总量和主要污染物排放总量，严守耕地、水资源，以及林草、湿地、河湖等生态红线，大力发展绿色低碳技术，优化改造存量，科学谋划增量，切实推动绿色发展、循环发展、低碳发展，加快转变发展方式，提高发展的质量和效益。

4. 节约集约利用资源

加强生产、流通、消费全过程资源节约，推动资源利用方式根本转变。在工业、建筑、交通运输、公共机构等领域全面加强节能管理，大幅提高能源利用效率。推进土地节约集约利用，推动废弃土地复垦利用。实行最严格水资源管理制度，落实水资源开发利用控制、用水效率控制、水功能区限制纳污三条红线，加快节水改造，大力推动农业高效节水，建设节水型社会。加快建设布局合理、集约高效、生态优良的绿色矿山。大力发展循环经济，推动园区循环化改造，开发利用"城市矿产"，发展再制造，做好大宗固体废弃物、餐厨废弃物、农村生产生活废弃物、秸秆和粪污等资源化利用，构建覆盖全社会的资源循环利用体系。

5. 加大生态系统和环境保护力度

实施重大生态修复工程，推进荒漠化、沙化、石漠化、水土流失等综合治理。加强自然生态系统保护，扩大森林、草原、湖泊、湿地面积，保护生物多样性，增强生态产品生产能力。以解决大气、水、土壤等污染为重点，加强污染综合防治，实现污染物减排由总量控制向环境质量改善转变。控制农业面源污染，开展农村环境综合整治，加强耕地质量建设。加强防灾减灾体系建设，提高适应气候变化能力。

6. 建立生态文化体系

倡导尊重自然、顺应自然、保护自然的生态文明理念，并培育为社会主流价值观。加强生态文明科普宣传、公共教育和专业培训，做好生态文化与地区传统文化的有机结合。倡导绿色消费，推动生活方式和消费模式加快向简约适度、绿色低碳、文明健康的方式转变。

7. 创新体制机制

把资源消耗、环境损害、生态效益等体现生态文明建设的指标纳入地区经济社会发展综合评价体系，大幅增加考核权重，建立领导干部任期生态文明建设问责制和终身追究制。率先探索编制自然资源资产负债表，实行领导干部自然资源资产和资源环境离任审计。树立底线思维，实行最严格的资源开发节约利用和生态环境保护制度。在自然资源资产产权和用途管制，能源、水、土地节约集约利用，资源环境承载能力监测预警，生态环境损害赔偿、生态补偿、生态服务价值评价、分类差异化考核等制度建设，以及节能量、碳排放权、水权、排污权交易、环境污染第三方治理等市场化机制建设方面积极探索，力争取得重要突破。

8. 加强基础能力建设

强化生态文明建设统筹协调，形成工作合力，加强统计、监测、标准、执法等基础能力建设。

申报地区可结合自身资源环境特点和生态文明建设基础，调整和增加体现地方特色的发展任务，作为建设先行示范区的努力方向。

国家生态文明先行示范区建设目标体系见表2—2。

表 2—2　　　　　国家生态文明先行示范区建设目标体系

| 类别 | | 指标名称 | 单位 | 指标值 | | |
|---|---|---|---|---|---|---|
| | | | | 基本值 | 目标值 | 变化率 |
| 经济发展质量 | 1 | 人均 GDP | 万元 | | | |
| | 2 | 城乡居民收入比例 | — | | | |
| | 3 | 三次产业增加值比例 | — | | | |
| | 4 | 战略性新兴产业增加值占 GDP 比重 | % | | | |
| | 5 | 农产品中无公害、绿色、有机农产品种植面积比例 | % | | | |

续表

| 类别 | 指标名称 | | 单位 | 指标值 | | |
|---|---|---|---|---|---|---|
| | | | | 基本值 | 目标值 | 变化率 |
| 资源能源节约利用 | 6 | 国土开发强度 | % | | | |
| | 7 | 耕地保有量 | 万公顷 | | | |
| | 8 | 单位建设用地生产总值 | 亿元/平方公里 | | | |
| | 9 | 用水总量 | 亿立方米 | | | |
| | 10 | 水资源开发利用率 | % | | | |
| | 11 | 万元工业增加值用水量 | 吨水 | | | |
| | 12 | 农业灌溉水有效利用系数 | — | | | |
| | 13 | 非常规水资源利用率 | % | | | |
| | 14 | GDP 能耗 | 吨标准煤/万元 | | | |
| | 15 | GDP 二氧化碳排放量 | 吨 $CO_2$/万元 | | | |
| | 16 | 非化石能源占一次能源消费比重 | % | | | |
| | 17 | 能源消费总量 | 万吨标准煤 | | | |
| | 18 | 资源产出率 | 万元/吨 | | | |
| | 19 | 矿产资源三率（开采回采、选矿回收、综合利用） | % | | | |
| | 20 | 绿色矿山比例 | % | | | |
| | 21 | 工业固体废物综合利用率 | % | | | |
| | 22 | 新建绿色建筑比例 | % | | | |
| | 23 | 农作物秸秆综合利用率 | % | | | |
| | 24 | 主要再生资源回收利用率 | % | | | |

续表

| 类别 | | 指标名称 | 单位 | 指标值 | | |
|---|---|---|---|---|---|---|
| | | | | 基本值 | 目标值 | 变化率 |
| 生态建设与环境保护 | 25 | 林地保有量 | 万公顷 | | | |
| | 26 | 森林覆盖率 | % | | | |
| | 27 | 森林蓄积量 | 万立方米 | | | |
| | 28 | 草原植被综合盖度 | % | | | |
| | 29 | 湿地保有量 | 万公顷 | | | |
| | 30 | 禁止开发区域面积 | 万公顷 | | | |
| | 31 | 水土流失面积 | 万公顷 | | | |
| | 32 | 新增沙化土地治理面积 | 万公顷 | | | |
| | 33 | 自然岸线保有率 | % | | | |
| | 34 | 人均公共绿地面积 | 平方米 | | | |
| | 35 | 主要污染物排放总量 | 万吨 | | | |
| | 36 | 空气质量指数（AQI）达到优良天数占比 | % | | | |
| | 37 | 水功能区水质达标率 | % | | | |
| | 38 | 城镇（乡）供水水源地水质达标率 | % | | | |
| | 39 | 城镇（乡）污水集中处理率 | % | | | |
| | 40 | 城镇（乡）生活垃圾无害化处理率 | % | | | |
| 生态文化培育 | 41 | 生态文明知识普及率 | % | | | |
| | 42 | 党政干部参加生态文明培训的比例 | % | | | |
| | 43 | 公共交通出行比例 | % | | | |
| | 44 | 二级及以上能效家电产品市场占有率 | % | | | |
| | 45 | 节水器具普及率 | % | | | |
| | 46 | 城区居住小区生活垃圾分类达标率 | % | | | |
| | 47 | 有关产品政府绿色采购比例 | % | | | |

续表

| 类别 | | 指标名称 | 单位 | 指标值 | | |
|---|---|---|---|---|---|---|
| | | | | 基本值 | 目标值 | 变化率 |
| 体制机制建设 | 48 | 生态文明建设占党政绩效考核的比重 | % | | | |
| | 49 | 资源节约和生态环保投入占财政支出比例 | % | | | |
| | 50 | 研究与试验发展经费占 GDP 比重 | % | | | |
| | 51 | 环境信息公开率 | % | | | |

注：1. 建设地区可结合本地区实际和主体功能定位要求，适当增减指标，可以有申报地区的特色指标。

2. 人均 GDP 指标不适用于限制开发区、禁止开发区。

表 2—2 中部分指标解释如下。

战略性新兴产业增加值占 GDP 比重：指该地区战略性新兴产业增加值占地区生产总值的比例。参考《战略性新兴产业分类目录》。

资源产出率：指单位资源实物消费量所产出的地区生产总值（按不变价计算）。我国纳入统计范围的资源种类为煤炭、石油、天然气、铁矿、铜矿、铝土矿、铅矿、锌矿、镍矿，石灰石、磷矿、硫铁矿、木材和工业用粮等共 14 种。

国土开发强度：指建设用地面积与该地区总面积之比。

水资源开发利用率：指流域或区域用水量占水资源总量的比例。

非常规水资源利用率：指再生水、海水、雨水、矿井水、苦咸水等非常规水资源利用总量与城市用水总量的比例。

矿产资源开采回采率、矿产资源选矿回收率、矿产资源综合利用率：参考《矿产资源节约与综合利用指标评价体系（试行）》，计算范围为铁、铜、铅、锌、稀土、萤石、钾盐七个矿种。

主要再生资源回收利用率：指主要再生资源回收利用量占产生量的比重。主要再生资源包括：废旧金属、废旧电器电子产品、废纸、废塑料、废弃轮胎、废旧木材、废旧纺织品、废玻璃、废陶瓷。

草原植被综合盖度：指草原植物群落总体或各个体地上部分的

垂直投影面积与样方面积的百分比。

空气质量指数（AQI）达到优良天数占比：指该地区空气质量指数（AQI）达到优良的天数占全年天数的比例。空气质量指数（AQI）计算方法参考《空气质量指数（AQI）技术规范（试行）》。

节水器具普及率：指该地区内销售的具有"节水产品认证"标志的用水器具数量与同类用水器具销售总数量的比例。

生态文明知识普及率：群众对能源资源节约、生态环境保护、生态伦理道德、生态文化等生态文明知识的掌握程度。通过问卷调查获取的指标值，以知晓人员数量占抽查人数的比例表示。

党政干部参加生态文明培训的比例：指参加生态文明专题培训的党政干部人数与干部总人数的比重。

生态文明建设占党政绩效考核的比重：指地方政府党政干部绩效考核评分标准中生态文明建设工作所占的比例。

资源节约和生态环保投入占财政支出比例：指用于资源节约利用、循环经济发展、环境污染防治、生态环境保护建设的支出占当年该地区地方财政支出的比例。

环境信息公开率：指政府主动信息公开和企业强制性信息公开的比例，环境信息包括政府环境信息和企业环境信息。参考《环境信息公开办法（试行）》。

2014年7月和2015年12月，先后开展两批生态文明先行示范区建设，明确了各示范区建设地区及制度创新重点（见表2—3、表2—4）。

表2—3　第一批生态文明先行示范区建设地区及制度创新重点

| 序号 | 地区名称 | 建议制度创新重点 |
|---|---|---|
| 1 | 北京市密云县 | 1. 探索建立自然资源资产产权和用途管制制度；<br>2. 探索建立体现生态文明要求的领导干部评价考核体系；<br>3. 探索推行环境信息公开制度。 |
| 2 | 北京市延庆县 | 1. 探索编制自然资源资产负债表；<br>2. 完善污染物排放许可制和企事业单位污染物排放总量控制制度；<br>3. 探索环保法庭审判制度。 |

| 序号 | 地区名称 | 建议制度创新重点 |
|---|---|---|
| 3 | 天津市武清区 | 1. 探索建立领导干部自然资源资产离任审计制度；<br>2. 发展节能环保市场，推行排污权、碳排放权等交易制度，以及环境污染第三方治理制度；<br>3. 探索开展最严格水资源管理制度入河污染物总量控制指标分解及考核制度。 |
| 4 | 河北省承德市 | 1. 探索编制自然资源资产负债表；<br>2. 探索建立国家公园体制；<br>3. 探索健全自然资源资产用途管制制度。 |
| 5 | 河北省张家口市 | 1. 探索建立领导干部自然资源资产离任审计制度；<br>2. 探索资源环境承载能力监测预警制度；<br>3. 探索建立生态补偿机制。 |
| 6 | 山西省芮城县 | 1. 探索建立水资源产权制度和用途管制制度；<br>2. 探索完善环境信息公开制度。 |
| 7 | 山西省娄烦县 | 1. 探索建立体现生态文明要求的领导干部评价考核体系；<br>2. 探索建立生态补偿机制。 |
| 8 | 内蒙古自治区鄂尔多斯市 | 1. 探索健全自然资源资产产权管理和监管制度；<br>2. 探索推行水权交易制度；<br>3. 探索资源环境承载能力监测预警制度。 |
| 9 | 内蒙古自治区巴彦淖尔市 | 1. 探索健全自然资源产权与用途管制制度；<br>2. 健全现代生态农业发展中的能源、水、土地集约节约使用制度。 |
| 10 | 辽宁省辽河流域 | 1. 探索建立流域内区域联动机制；<br>2. 探索建立流域内生态补偿机制。 |
| 11 | 辽宁省抚顺大伙房水源保护区 | 1. 建立自然资源资产产权和用途管制制度；<br>2. 探索重大项目生态影响预评估制度。 |
| 12 | 吉林省延边朝鲜族自治州 | 1. 实行资源有偿使用制度，探索推行排污权交易制度；<br>2. 探索建立生态环境损害责任终身追究制度；<br>3. 探索流域内区域联动机制。 |
| 13 | 吉林省四平市 | 1. 探索深化落实主体功能区制度；<br>2. 探索差别化的生态文明评价考核制度。 |

续表

| 序号 | 地区名称 | 建议制度创新重点 |
| --- | --- | --- |
| 14 | 黑龙江省伊春市 | 1. 探索建立国家公园体制；<br>2. 探索健全国有林区经营管理体制。 |
| 15 | 黑龙江省五常市 | 探索建全农村土地资源的资产产权制度、管理体制和监管体制。 |
| 16 | 上海市闵行区 | 1. 探索健全能源、水、土地资源集约节约利用制度；<br>2. 探索建立资源环境承载能力监测预警机制，重点探索建立在一线城市科学管控人口规模的机制体制。 |
| 17 | 上海市崇明县 | 1. 探索自然资源资产产权和用途管制制度；<br>2. 探索建立生态环境损害责任终身追究制。 |
| 18 | 江苏省镇江市 | 1. 发展节能环保市场，推行碳排放权、排污权、水权交易制度；<br>2. 建立资源环境承载能力监测预警机制。 |
| 19 | 江苏省淮河流域重点地区 | 1. 探索实行生态补偿机制；<br>2. 探索流域、区域联动机制。 |
| 20 | 浙江省杭州市 | 1. 发展节能环保市场，推行排污权交易、环境污染第三方治理等制度；<br>2. 探索建立资源环境承载能力监测预警机制。 |
| 21 | 浙江省湖州市 | 1. 探索建立生态文明建设考核评价制度；<br>2. 探索编制自然资源资产负债表；<br>3. 探索建立自然资源资产产权制度。 |
| 22 | 浙江省丽水市 | 1. 探索建立体现生态文明要求的领导干部评价考核体系；<br>2. 探索健全自然资源产权、资产管理和监管体制。 |
| 23 | 安徽省巢湖流域 | 1. 探索完善最严格的水资源管理制度；<br>2. 完善巢湖流域综合治理体制机制体系；<br>3. 创新区域联动机制。 |
| 24 | 安徽省黄山市 | 1. 探索建立培育发展生态文化的机制体制；<br>2. 探索建立国家公园体制；<br>3. 探索健全国有林区经营管理体制。 |
| 25 | 福建省 | 1. 健全评价考核体系；<br>2. 完善资源环境保护与管理制度；<br>3. 建立健全资源有偿使用和生态补偿制度。 |
| 26 | 江西省 | 1. 探索建立生态补偿机制；<br>2. 探索完善主体功能区制度；<br>3. 探索建立体现生态文明要求的领导干部评价考核体系；<br>4. 完善河湖管理与保护制度。 |

| 序号 | 地区名称 | 建议制度创新重点 |
|------|----------|------------------|
| 27 | 山东省临沂市 | 1. 探索建立体现生态文明要求的领导干部评价考核体系；<br>2. 实行资源有偿使用制度和生态补偿机制。 |
| 28 | 山东省淄博市 | 1. 探索建立资源环境承载能力监测预警机制；<br>2. 完善环保公安联动机制；<br>3. 健全生态环境损害终身追究制。 |
| 29 | 河南省郑州市 | 1. 探索推行碳排放权交易制度；<br>2. 探索编制自然资产负债表；<br>3. 落实并完善最严格水资源管理制度。 |
| 30 | 河南省南阳市 | 1. 探索建立生态补偿机制；<br>2. 探索建立国家公园体制；<br>3. 探索创新区域协调机制。 |
| 31 | 湖北省十堰市（含神农架林区） | 1. 探索建立生态补偿机制；<br>2. 探索建立国家公园体制；<br>3. 探索创新区域协调机制。 |
| 32 | 湖北省宜昌市 | 1. 探索实行资源有偿使用制度；<br>2. 探索建立流域综合治理的政策机制。 |
| 33 | 湖南省湘江源头区域 | 1. 探索实行资源有偿使用和生态补偿机制；<br>2. 创新区域联动机制；<br>3. 探索建立源头区域承接产业转移的负面清单制度和动态退出机制。 |
| 34 | 湖南省武陵山片区 | 1. 探索健全自然资源资产产权和用途管制制度；<br>2. 探索建立体现生态文明要求的领导干部评价考核体系；<br>3. 创新区域联动机制。 |
| 35 | 广东省梅州市 | 1. 探索建立推动生态文化融入客家文化的政策机制；<br>2. 探索编制自然资源资产负债表；<br>3. 建立体现生态文明要求的干部考核体系。 |
| 36 | 广东省韶关市 | 1. 探索健全自然资源资产产权制度；<br>2. 探索推行碳排放权交易制度。 |
| 37 | 广西壮族自治区玉林市 | 1. 探索建立生态补偿机制；<br>2. 探索建立自然资源资产产权和用途管制制度；<br>3. 探索划定生态保护红线。 |

续表

| 序号 | 地区名称 | 建议制度创新重点 |
|---|---|---|
| 38 | 广西壮族自治区富川瑶族自治县 | 1. 探索建立自然资源资产产权和用途管制制度；<br>2. 探索建立县域各类资源生态用地保护红线制度。 |
| 39 | 海南省万宁市 | 1. 探索陆海统筹的生态系统保护修复机制；<br>2. 探索建立公众参与制度；<br>3. 探索建立生态环境损害责任终身追究制。 |
| 40 | 海南省琼海市 | 1. 探索建立生态补偿机制；<br>2. 探索建立生态环境损害责任终身追究制。 |
| 41 | 重庆市渝东南武陵山区 | 1. 实行自然资源有偿使用制度和生态补偿机制；<br>2. 探索完善公众参与监督机制。 |
| 42 | 重庆市渝东北三峡库区 | 1. 完善河湖岸线等自然资源管理制度；<br>2. 探索创建三峡库区国家公园体制。 |
| 43 | 四川省成都市 | 1. 探索推行排污权交易、碳排放权交易、节能量交易制度；<br>2. 探索跨区域生态保护与环境治理联动机制。 |
| 44 | 四川省雅安市 | 1. 探索建立资源环境承载能力监测预警机制；<br>2. 结合灾后重建，探索建立体现生态文明要求的领导干部评价考核体系。 |
| 45 | 贵州省 | 1. 探索生态文明建设绩效考核评价制度；<br>2. 探索建立自然资源资产产权管理和用途管制制度；<br>3. 探索建立自然资源资产领导干部离任审计制度、生态环境损害责任终身追究制度；<br>4. 健全完善生态补偿机制。 |
| 46 | 云南省 | 1. 探索自然资源资产产权和用途管制制度；<br>2. 探索资源环境生态红线管控制度；<br>3. 探索完善生态补偿机制；<br>4. 探索建立领导干部评价考核和责任追究制度；<br>5. 探索河湖水域岸线管控制度。 |
| 47 | 西藏自治区山南地区 | 1. 探索独立进行环境监管和行政执法；<br>2. 完善污染物排放许可制和企事业单位污染物排放总量控制制度。 |

续表

| 序号 | 地区名称 | 建议制度创新重点 |
|---|---|---|
| 48 | 西藏自治区林芝地区 | 1. 探索建立生态环境损害赔偿责任终身追究制；<br>2. 完善污染物排放许可制和企事业单位污染物排放总量控制制度。 |
| 49 | 陕西省西咸新区 | 1. 探索建立资源环境承载能力监测预警机制；<br>2. 探索非物质文化遗产与生态文化协同发展的政策体制；<br>3. 探索开展最严格水资源管理制度用水总量、用水效率的计量、监管、预警及考核制度。 |
| 50 | 陕西省延安市 | 1. 探索划定生态红线；<br>2. 探索编制自然资源资产负债表，实行自然资源离任审计制度。 |
| 51 | 甘肃省甘南藏族自治州 | 探索建立生态环境损害赔偿责任终身追究制。 |
| 52 | 甘肃省定西市 | 1. 探索建立领导干部自然资源资产离任审计制；<br>2. 实行自然资源产权制度和用途管制制度；<br>3. 探索推行水权交易、污染第三方治理制度。 |
| 53 | 青海省 | 1. 落实主体功能区制度；<br>2. 健全自然资源资产产权制度；<br>3. 探索完善生态补偿机制；<br>4. 完善资源有偿使用制度；<br>5. 探索国家公园体制；<br>6. 探索建立体现生态文明要求的领导干部评价考核机制。 |
| 54 | 宁夏回族自治区永宁县 | 1. 探索实行自然资源用途管制制度；<br>2. 探索对领导干部实行自然资源资产离任审计。 |
| 55 | 宁夏回族自治区吴忠市利通区 | 1. 探索建立体现生态文明要求的领导干部评价考核体系；<br>2. 完善污染物排放许可制和企事业单位污染物排放总量控制制度；<br>3. 探索开展最严格水资源管理制度、入河污染物总量控制指标分解及考核制度。 |

续表

| 序号 | 地区名称 | 建议制度创新重点 |
|---|---|---|
| 56 | 新疆维吾尔自治区昌吉州玛纳斯县 | 1. 探索建立自然资源资产产权制度、管理体制和监管体制；<br>2. 完善污染物排放许可制和企事业单位污染物排放总量控制制度；<br>3. 探索建立体现生态文明要求的领导干部评价考核体系；<br>4. 探索开展最严格水资源管理制度用水总量、用水效率的计量、监管、预警及考核制度。 |
| 57 | 新疆维吾尔自治区伊犁州特克斯县 | 1. 探索建立体现生态文明要求的领导干部评价考核体系；<br>2. 实行最严格的自然资源管理制度；<br>3. 探索建立生态环境损害责任终身追究制。 |

**表 2—4　第二批生态文明先行示范区建设地区及制度创新重点**

| 序号 | 地区名称 | 制度创新重点 |
|---|---|---|
| 1 | 北京市怀柔区 | 1. 强化跨区域协同发展的制度与机制；<br>2. 探索建立生态红线制度和资源环境承载能力监测预警机制；<br>3. 推进空间性规划"多规合一"。 |
| 2 | 天津市静海区 | 1. 构建循环型社会相关制度，探索京津冀"城市矿产"协同发展的有效模式与机制；<br>2. 创新地方水环境管理与土壤修复的政策和制度；<br>3. 探索"多规合一"的制度安排。 |
| 3 | 河北省秦皇岛市 | 1. 探索编制自然资源资产负债表；<br>2. 探索海陆统筹、低碳经济相关制度；<br>3. 探索建立体现生态文明建设要求的领导干部政绩考核评价制度。 |
| 4 | 京津冀协同共建地区（北京平谷、天津蓟县、河北廊坊北三县区） | 1. 创新区域联动机制，探索京津冀生态文明制度建设协同模式；<br>2. 设立绿色发展基金，探索跨区域生态保护补偿机制；<br>3. 建立生态红线管控制度。 |

| 序号 | 地区名称 | 制度创新重点 |
|---|---|---|
| 5 | 山西省朔州市平鲁区 | 1. 把矿产资源开采、土地复垦与矿山生态系统修复同步规划、同步推进，作为建立矿区生态系统修复机制创新的重点；<br>2. 在合法合规、保障耕地红线的前提下，把开展农村土地流转、探索农村宅基地自愿有偿退出机制，作为农村宅基地市场化制度的创新点。 |
| 6 | 山西省孝义市 | 1. 探索矿业城市废弃地利用的融资机制及土地高效利用制度；<br>2. 探索煤炭枯竭型城市产业绿色转型升级机制；<br>3. 探索城镇低效用地（塌陷治理区、矿山土地复垦区）整治与利用机制。 |
| 7 | 内蒙古自治区包头市 | 1. 完善资源性产品价格形成机制，推进资源税改革、建立矿山恢复治理保证金制度；<br>2. 建立空间规划体系，探索"多规合一"；<br>3. 探索编制自然资源资产负债表，建立环境损害责任追究制度。 |
| 8 | 内蒙古自治区乌海市 | 1. 建立完善体现生态文明建设要求的领导干部政绩考核、责任追究制度；<br>2. 探索编制自然资源资产负债表，建立绿色 GDP 核算体系。 |
| 9 | 辽宁省大连市 | 1. 探索将城市环境保护规划纳入"多规合一"；<br>2. 建立生产者责任延伸制度；<br>3. 建立生态文明统计制度，编制自然资源资产负债表；<br>4. 建立陆海统筹的生态保护补偿制度。 |
| 10 | 辽宁省本溪满族自治县 | 1. 建立水源涵养区上下游生态保护补偿制度；<br>2. 建立严格的环境准入制度；<br>3. 建立生态环境资产核算与资源环境承载能力监测预警制度。 |
| 11 | 吉林省吉林市 | 1. 探索建立流域生态保护补偿机制；<br>2. 提出产业转型升级体制机制创新思路；<br>3. 探索建立生态环境事件预警防控机制。 |

续表

| 序号 | 地区名称 | 制度创新重点 |
|---|---|---|
| 12 | 吉林省白城市 | 1. 探索建立区域生态保护补偿机制；<br>2. 探索建立资源环境承载能力监测预警机制；<br>3. 探索建立体现生态文明建设要求的领导干部考核评价制度。 |
| 13 | 黑龙江省牡丹江市 | 1. 探索建立自然资源资产产权和用途管制制度；<br>2. 探索建立生态文明建设对外合作机制；<br>3. 探索建立绿色城镇化综合管理制度；<br>4. 建立完善生态文明建设市场化机制。 |
| 14 | 黑龙江省齐齐哈尔市 | 1. 细化落实主体功能区划；<br>2. 探索建立自然资源资产产权和用途管制制度；<br>3. 探索建立体现生态文明建设要求的领导干部考核评价、责任追究制度。 |
| 15 | 上海市青浦区 | 1. 创新太湖流域跨界水环境管理机制；<br>2. 探索建立横向生态补偿机制；<br>3. 建立再生资源和垃圾分类回收的一体化机制。 |
| 16 | 江苏省南京市 | 1. 探索通过地方立法促进生态文明制度体系建设；<br>2. 建立和完善生态补偿机制；<br>3. 探索生态文明建设市场化机制。 |
| 17 | 江苏省南通市 | 1. 建立完善体现生态文明建设要求的评价、考核、审计和责任追究制度；<br>2. 探索建立自然资源资产产权和用途管制制度；<br>3. 探索建立横向生态保护补偿机制；<br>4. 探索"多规合一"制度。 |
| 18 | 浙江省宁波市 | 1. 探索建立生态文明统计体系，完善体现生态文明建设要求的领导干部政绩考核制度；<br>2. 建立生态环境事件预测预警机制；<br>3. 在自然资源用途管制中，从操作层面加强岸线保护和滨海湿地保护。 |
| 19 | 安徽省宣城市 | 1. 探索建立自然资源资产产权和用途管制制度；<br>2. 探索建立跨省域的横向生态补偿机制；<br>3. 探索建立跨地区的产业合作机制。 |

| 序号 | 地区名称 | 制度创新重点 |
|---|---|---|
| 20 | 安徽省蚌埠市 | 1. 探索建立自然资源资产产权和用途管制制度；<br>2. 探索建立淮河流域水污染联防联控和横向生态补偿机制；<br>3. 探索建立生态文明建设市场化机制；<br>4. 探索形成秸秆综合利用的蚌埠模式。 |
| 21 | 山东省济南市 | 1. 探索通过地方立法促进生态文明制度体系建设；<br>2. 探索建立自然资源资产产权和用途管制制度；<br>3. 建立完善生态保护补偿机制；<br>4. 探索建立"多规合一"的空间规划体系。 |
| 22 | 山东省青岛红岛经济区 | 1. 探索建立"多规合一"的空间规划体系；<br>2. 探索建立生态红线管控与监测预警机制；<br>3. 探索建立横向生态补偿机制。 |
| 23 | 河南省许昌市 | 1. 建立完善体现生态文明建设要求的考核评价、责任追究制度；<br>2. 探索建立资源环境生态红线管控制度及资源环境承载能力监测预警机制；<br>3. 建立完善秸秆、建筑垃圾综合利用及城市矿产回收利用的许昌模式。 |
| 24 | 河南省濮阳市 | 1. 细化落实主体功能区制度；<br>2. 探索建立油地协同发展的生态保护补偿机制；<br>3. 探索建立温室气体排放统计核算及碳捕捉、碳排放交易等制度机制。 |
| 25 | 湖北省黄石市 | 1. 完善矿业权市场制度设计；<br>2. 建立完善体现生态文明建设要求的考核评价、责任追究制度；<br>3. 建立资源环境综合监管机制。 |
| 26 | 湖北省荆州市 | 1. 推进资源环境管理体制创新；<br>2. 提出湿地保护制度的实施细则；<br>3. 完善秸秆综合利用和禁烧制度。 |
| 27 | 湖南省衡阳市 | 1. 建立污染防治协同监管机制；<br>2. 建立生态文化建设与历史名城保护协同推进制度。 |
| 28 | 湖南省宁乡县 | 1. 推动将资源环境指标纳入领导干部政绩考核体系；<br>2. 探索通过制度建设激励和约束规模化养殖与污染治理。 |

续表

| 序号 | 地区名称 | 制度创新重点 |
|---|---|---|
| 29 | 广东省东莞市 | 1. 探索"多规合一"的实施机制；<br>2. 完善生态红线管控的相关制度；<br>3. 探索生态文明建设市场化机制。 |
| 30 | 广东省深圳东部湾区（盐田区、大鹏新区） | 1. 探索建立 GEP（生态系统生产总值）核算体系；<br>2. 建设生态文明法治体系；<br>3. 建立资源环境承载能力监测预警机制；<br>4. 建立生态文明建设社会行动体系。 |
| 31 | 广西壮族自治区桂林市 | 1. 建立生态文明指标体系与考核制度；<br>2. 探索建立生态保护的融资机制；<br>3. 探索建立生态保护补偿机制。 |
| 32 | 广西壮族自治区马山县 | 1. 建立荒漠化综合治理管理制度；<br>2. 建立促进生态产业化发展的激励制度。 |
| 33 | 海南省儋州市 | 1. 创新"多规合一"规划、审批、管理、实施的体制机制；<br>2. 探索建立自然生态空间用途管制制度；<br>3. 建立领导干部生态环境损害责任终身追究制度。 |
| 34 | 重庆市大娄山生态屏障（重庆片区） | 1. 提出自然资源资产确权的操作办法；<br>2. 建立资金、土地指标等与主体功能区分区管控的激励约束机制；<br>3. 建立矿山生态修复的补偿制度。 |
| 35 | 四川省川西北地区 | 1. 建立禁止开发区域保护制度；<br>2. 建立完善生态文明建设信息共享制度。 |
| 36 | 四川省嘉陵江流域 | 1. 建立流域水资源综合管理制度；<br>2. 建立生态屏障建设与保护制度；<br>3. 建立流域生态文明建设协调机制。 |
| 37 | 西藏自治区日喀则市 | 1. 科学划定资源、环境、生态红线，探索建立资源环境承载能力监测预警机制；<br>2. 探索编制自然资源资产负债表，实行领导干部自然资源资产和环境责任离任审计；<br>3. 探索建立雅鲁藏布江源头和中游地区的生态保护补偿机制。 |

| 序号 | 地区名称 | 制度创新重点 |
|---|---|---|
| 38 | 陕西省西安浐灞生态区 | 1. 构建空间规划体系，推动"多规合一"；<br>2. 创新开发区生态文明建设综合管理制度。 |
| 39 | 陕西省神木县 | 1. 建立体现生态文明建设要求的领导干部政绩考核制度；<br>2. 建立自然资源资产产权和用途管制制度；<br>3. 探索建立区域横向生态补偿制度。 |
| 40 | 甘肃省兰州市 | 1. 深入探索资源有偿使用制度和生态保护补偿机制；<br>2. 创新领导干部环境责任离任审计制度。 |
| 41 | 甘肃省酒泉市 | 1. 建立湿地（包括河滩地）产权确认制度；<br>2. 推动碳交易与碳资产管理体制机制创新；<br>3. 建立资源环境承载能力监测预警机制。 |
| 42 | 宁夏回族自治区石嘴山市 | 1. 探索建立公众参与制度，发挥听证会制度在生态文明建设中的作用；<br>2. 建立领导干部自然资源资产与环境责任离任审计制度。 |
| 43 | 新疆维吾尔自治区昭苏县 | 1. 建立体现生态文明建设要求的领导干部政绩考核、责任追究制度；<br>2. 探索建立最严格的森林、草场、湿地等生态保护与修复机制。 |
| 44 | 新疆维吾尔自治区哈巴河县 | 1. 建立最严格的产业准入制度；<br>2. 建立针对不同主体功能定位的领导干部政绩考核制度。 |
| 45 | 新疆生产建设兵团第一师阿拉尔市 | 1. 建立最严格的水资源管理制度；<br>2. 建立针对不同主体功能定位的领导干部政绩考核制度；<br>3. 探索通过建立科技创新机制，促进退化土地治理、节水农业发展和工业用水循环利用。 |

## 二　环境保护部生态文明建设政策

### （一）全国生态示范区建设试点

早在 1995 年 8 月，国家环保局就发布了《关于开展全国生态示范区建设试点工作的通知》（环然〔1995〕444 号）（简称《通知》），同时发布了《全国生态示范区建设规划纲要（1996—2050年）》，可以说是生态文明建设试点的雏形。

1. 生态示范区的含义

《通知》认为，生态示范区是以生态学和生态经济学为指导，经济、社会和环境保护协调发展，经济效益、社会效益和环境效益相统一，以行政单元为界线的区域。建设生态示范区要在当地政府的领导下，把区域生态建设（包括生物多样性保护，乡镇企业和农药、化肥的污染防治，海洋环境保护，自然资源的合理开发利用及保护，生态农业发展，生态破坏的恢复治理等）与当地的社会经济发展和城乡建设有机地结合起来，统一规划，综合建设。建设生态示范区是实施可持续发展战略的必要途径，是落实环境保护基本国策的重要保证，是环境保护部门参与综合决策的可靠机制，对保护和改善我国的环境具有现实的意义和深远的影响。

2.《全国生态示范区建设规划纲要（1996—2050 年）》

《全国生态示范区建设规划纲要（1996—2050 年）》战略目标是：通过生态示范区建设，树立一批区域生态建设与社会经济发展相协调的典型。2000 年以后，通过在全国广大地区的推广普及，使生态环境质量和人民生活水平得到较大程度的改善内，逐步实现资源的永续利用和社会经济的可持续发展。

分阶段目标：为使生态示范区建设规划与我国国民经济和社会发展规划、全国生态环境建设规划纲要相协调，生态示范区建设分为三个阶段进行。

第一阶段：近期（1996—2000 年），试点建设阶段，在全国建立生态示范区 50 个；

第二阶段：中期（2001—2010 年），重点推广阶段，在全国选取 300 个区域进行重点推广，建成各种类型、各具特色的生态示范区 350 个；

第三阶段：远期（2011—2050 年），普遍推广阶段，在全国广大地区推广生态示范区建设，使示范区的总面积达到国土面积的 50% 左右。

表 2—5 列明了生态示范区建设的主要任务。

表 2—5　　　　　　　　生态示范区建设的任务

| 一 重点建设类型与任务 | （一）区域生态建设 | 1. 单项建设 | （1）生态农业示范区建设 | 在已有生态农业户、村、乡建设的基础上，扩大到整个县域的生态农业建设，进而发展到包括农、林、牧、副、渔在内的生态经济县的建设。 |
| --- | --- | --- | --- | --- |
| | | | （2）乡镇合理规划布局示范区建设 | 为促进乡镇工业健康发展，防治乡镇工业环境污染而组织开展的乡镇规划和建设，乡镇工业小区建设和乡镇工业污染防治示范工程建设，通过集中发展，促进集中治理。 |
| | | | （3）生态旅游示范区建设 | 以合理开发旅游资源，有效防止生态破坏和旅游污染为主要内容，通过风景旅游区的发展建设，促进当地生态建设和社会经济的发展，使该区域成为环境优美、舒适、安全的风景旅游区。 |
| | | | （4）生态城市示范区建设 | 为改善城镇生态环境和人民生活环境，组织开展城镇园林、绿化、草坪和自然、人文景观、生态景观的建设及污染防治，资源和能源的有效合理利用。 |
| | | | （5）农工贸一体化示范区建设 | 建立合理的产业结构，以农产品为主要原料，以工业深加工，形成物质循环利用系统，减少污染物排放实现工农业生产的一体化，并由此带动区域工业、农业和城镇建设和生态良性循环发展。 |
| | | 2. 综合建设 | | 开展城乡生态环境综合建设，按生态学原理和生态经济规律，把生态经济县建设、乡镇规划建设、生态旅游区建设、生态城市建设、自然保护区建设等各项任务有机结合起来，实现整个区域经济社会与环境保护的全面发展。 |
| | （二）生态破坏恢复治理示范建设 | | （1）矿区生态破坏恢复治理示范区建设 | 在矿区污染治理和土地复垦的基础上，开展生态景观建设，发展生态经济，保护生物多样性，实现区域自然资源开发与生态建设协调发展。 |
| | | | （2）农村环境综合整治示范区建设 | 包括农业污染、工业污染、农村生态破坏的综合整治和生态建设。 |
| | | | （3）湿地资源合理开发利用与保护示范区建设 | 以重要湿地及其生物多样性保护和重要湿地的恢复建设为主要内容，建立平原湿地保护示范区、高原湿地保护示范区、湖泊湿地保护示范区、海滨湿地保护示范区和西北内陆湿地保护示范区等，实现湿地保护与区域经济的持续发展。 |
| | | | （4）土地退化综合整治示范区建设 | 以水土流失、土地沙化、草场退化、土壤盐渍化的综合治理和脱贫致富为主要内容，在一些主要的流域、农牧交错区、水源地建立生态建设示范区。 |

| 二 分区建设任务 | （一）经济发达地区 | 采取高起点，以区域的综合建设为主，形成工业、农业生产和城镇发展建设的生态良性循环系统，建立与小康相适应的生态示范区，并借鉴发达国家的先进模式，建立具有中国特色的反映21世纪发展方向的生态示范区。 |
| | （二）经济欠发达地区 | 从生态建设促进经济发展出发，分阶段逐步开展建设。第一阶段重点开展单项建设，同时，结合有机食品的开发，开展有机食品基地建设，加强生态农业实用技术的推广和适用模式的试验，并使各单项建设达到初级优化组合。第二阶段实现农、林、牧、渔等产品加工和城乡工业无污染和资源能源合理利用；生态示范区建设规划大部分得到实施，各业生产基本达到优化组合。第三阶段生态示范区建设规划全部得到实施，社会经济发展与城乡建设整体达到生态的良性循环。 |
| | （三）资源富集和重点开采区 | 一是开展资源开发生态破坏恢复治理示范区的建设，推广生态破坏恢复治理实用技术，推动生态破坏恢复治理走产业化道路；二是通过试行生态环境补偿费制度，建立生态破坏恢复治理专项基金，在取得一定经验后，逐步把示范区建设成资源合理开发利用与区域经济持续发展的生态示范区。 |

### 3. 全国生态示范区创建

2000年以来，我国先后命名了七批国家级生态示范区，创建合计528个全国生态示范区（见表2—6）。通过生态示范区建设，一些试点地区积极调整产业结构，寓环境保护于经济社会发展之中，发展适应市场经济的生态产业，探索建立了多样化的现代生态经济模式，取得了良好的经济社会和环境效益，推动了环境保护基本国策的贯彻落实，初步实现了经济、社会、生态的良性循环和协调发展。

表2—6

**国家级生态示范区名单**

| 地区 | 第一批命名（33个） | 第二批命名（49个） | 第三批命名（84个） | 第四批命名（69个） | 第五批命名（88个） | 第六批命名（70个） | 第七批命名（142个） |
|---|---|---|---|---|---|---|---|
| 北京市 | 延庆县 | 平谷县 | 密云县 | 朝阳区 | 海淀区、大兴区 | 门头沟区、怀柔区 | 顺义区、昌平区、通州区 |
| 天津市 | | | 宝坻区 | | 大港区、西青区、武清区 | 宁河县、汉沽区 | |
| 河北省 | | 围场县 | 平泉县、怀来县、阜城县 | | 遵化市、迁西县、涿州市、平山县、邢台县、隆化县、巨鹿县 | 文安县、涿鹿县、唐海县、秦皇岛市北戴河区、寿县、正定县 | 景县、栾城县、曲周县、固安县、宁晋县、冀州市、涉县、饶阳县、易县、深州市、涞水县、通州区 |
| 山西省 | | 壶关县 | 侯马市、晋中市、榆次区、安泽县、武乡县、五寨县、清徐县 | 右玉县 | 芮城县、沁水县、陵川县 | 沁源县、左云县、朔州市平鲁区 | 祁县、平陆县 |
| 内蒙古自治区 | 敖汉旗 | 科左中旗 | 呼伦贝尔市东曼旗 | 阿鲁科尔沁旗、杭锦后旗 | 扎鲁特旗、阿尔山市 | 宁城县、突泉县 | |
| 辽宁省 | 盘锦市、盘山县、新宾县、沈阳市苏家屯区、金州区 | | 海城市、沈阳市东陵区、大连市旅顺口区、建平县、宽甸满族自治县、清原满族自治县 | 抚顺县、桓仁县、丹东市振安区、大连县、康平县 | 沈阳市沈北新区、于洪区、辽中县、法库县、长海县、北镇市 | | |
| 吉林省 | 东辽县、和龙市 | | 集安市、长春市双阳区、长春市净月潭开发区、天桥岭林业局 | 安图县 | 德惠市 | 九台市、农安县、榆树市 | |

续表

| 地区 | 第一批命名（33个） | 第二批命名（49个） | 第三批命名（84个） | 第四批命名（69个） | 第五批命名（88个） | 第六批命名（70个） | 第七批命名（142个） |
|---|---|---|---|---|---|---|---|
| 黑龙江省 | 拜泉县、虎林市、省农垦庆安农场、省农垦总局291农场 | 穆棱市、延寿县、同江县、饶河县、宝泉岭分局 | 省农垦总局红兴隆分局、省农垦建三江分局、省农垦总局牡丹江分局、省农垦总局绥化分局、嘉荫县、兰西县 | | 省农垦总局齐齐哈尔分局、北安市、九三分局、哈尔滨市松北区、五常市、力市、宝清县、铁力市、罗北县、依兰县 | 大兴安岭地区、哈尔滨市阿城区、北安市、桦南县、集贤县、绥滨县 | 双城市、方正县、木兰县、黑河市爱辉区、巴彦县、杜尔伯特蒙古族自治县、尚志市、林口县、五大连池市、桦川县、汤原县、东宁县、富裕县、讷河市、望奎县、抚远县、富锦市、兰西县 |
| 上海市 | | 崇明县 | | | | | |
| 江苏省 | 扬中市、大丰市、姜堰市、江都市、宝应县 | 溧阳市、兴化市、邳州市、丰县、仪征市、高淳县、盱眙县、泗洪县 | 常熟市、张家港市、昆山市、苏州市吴中区、太仓市、吴江市、海门市、扬州市邗江区、句容市、溧水县、如东县、睢宁县、如皋市、盐城市盐都区、滨海县、金湖县 | 扬州市、南京市、江宁区、浦口区、启东市、海安县、靖江市、泰兴市、金坛市、射阳县、阜宁县、建湖县、响水县、洪泽县、沛县 | 南京市六合区、宜兴市、武进区、赣榆县、盐城市亭湖区、镇江市丹徒区、宿迁市宿豫区、泗阳县、常州市、东海县、涟水县、洪泽县 | 灌南县、灌云县、淮安市楚州区、淮安市淮阴区、丹阳市 | 铜山县 |
| 浙江省 | 绍兴县、临安市、磐安县 | 开化县、泰顺县、安吉县 | 丽水市、宁海县、象山县、海宁市、平湖市、德清县、桐乡市、淳安县 | 江山市、常山县、建德市、海盐县、温岭市、文成县、嘉善县 | 衢州市、柯城区、衢江区、龙游市、宁波市镇海区、嵊泗县、天台县、洞头县 | 舟山市、定海区、普陀区、舟山市、岱山县 | 慈溪市、嵊州市 |

续表

| 地区 | 第一批命名（33个） | 第二批命名（49个） | 第三批命名（84个） | 第四批命名（69个） | 第五批命名（88个） | 第六批命名（70个） | 第七批命名（142个） |
|---|---|---|---|---|---|---|---|
| 安徽省 | 砀山县、池州地区 | 黄山区、马鞍山市南山铁矿、金寨县、涡阳县 | 霍山县、岳西县、绩溪县 | | 临泉县、舒城县 | 祁门县、休宁县 | 宁国市、颍上县、南陵县、黟县 |
| 福建省 | | 建阳市、建宁县、华安县 | 长泰县 | | 柘荣县、泰宁县 | 东山县、明溪县 | 永泰县、南平市、靖县、平和县 |
| 江西省 | 共青城 | 信丰县、东乡县、宁都县 | 武宁县 | 资溪县 | 安义县 | 南丰县 | 芦溪县、南昌县、崇义县、大余县、婺源县、新干县、吉安县 |
| 山东省 | 五莲县 | 桓台县、莘县、枣庄市峄城区、栖霞市、寿光市 | 章丘市、青州市、鄄城县、胶南市、青岛市城阳区 | 东营市、日照市、青岛市崂山区、即墨市、黄岛区、莱西市、平度市、临朐县 | 威海市、平阴县、聊城市东昌府区、东阿县 | | 安丘市、乐陵市、禹城市、沂南县、博兴县、济阳县、临沂市河东区、临沂市兰山区、郯城县、枣庄市山亭区、微山县、夏津县、邹平县、沂水县、山东新汶矿区 |
| 河南省 | 内乡县 | 淇县、内黄县 | 新县、固始县、罗山县、商城县、泌阳县 | 信阳市、信阳市浉河区、平桥区、潢川县、光山县、息县、淮滨县、桐柏县、伊川县、栾川县 | 嵩县、鲁山县 | 西峡县、孟州市、修武县、鄢陵县、范县、南乐县、濮阳市华龙区、郑州市惠济区 | 濮阳县、台前县、清丰县、尉氏县、新蔡县、遂平县、柘城县、登封市、濮阳市新区 |

续表

| 地区 | 第一批命名（33个） | 第二批命名（49个） | 第三批命名（84个） | 第四批命名（69个） | 第五批命名（88个） | 第六批命名（70个） | 第七批命名（142个） |
|---|---|---|---|---|---|---|---|
| 湖北省 | 当阳市、钟祥市 | 老河口市 | 十堰市、武汉市、武汉市东西湖区、远安县 | 鄂州市 | | | |
| 湖南省 | 江永县 | 浏阳市 | 望城县、长沙市岳麓区、长沙县、石门县 | 长沙市天心区、雨花区、开福区、芙蓉区、祁阳县、桃源县 | 宁乡县、平江县 | 新宁县、绥宁县 | 怀化市洪江区、沅陵县、溆浦县、通道县、怀化市、怀化市鹤城区、新晃县、中方县、张家界市、靖江市、会同县、芷江县、洪江苗、资兴市、城步苗族自治县、麻步苗族自治县、隆回县 |
| 广东省 | 珠海市 | | 中山市、南澳县 | 深圳市龙岗区、始兴县 | | | 连平县 |
| 广西壮族自治区 | | 恭城瑶族自治县、龙胜各族自治县 | 环江毛南族自治县 | | 阳朔县、兴安县、资源县、灵川县、武鸣县、马山县、平乐县、隆安县、上林县 | 北海市、合浦县、临桂县、荔浦县、平乐县、昭平县、大新县、崇左市、江州区、横县、岑阳县、蒙山县 | 灌阳县、全州县、福田县、水 |
| 海南省 | 三亚市 | | | | | | |
| 重庆市 | | | 大足县 | 巫山县 | | | 北碚区 |
| 四川省 | | 温江县、郫县、都江堰市 | 蒲江县 | | 雅安市、邛崃市、崇州市、大邑县、苍溪县、彭山县、九寨沟县 | 珙县、金堂县、洪雅县、丹棱县 | 沐川县、遂宁市 |

续表

| 地区 | 第一批命名（33个） | 第二批命名（49个） | 第三批命名（84个） | 第四批命名（69个） | 第五批命名（88个） | 第六批命名（70个） | 第七批命名（142个） |
|---|---|---|---|---|---|---|---|
| 贵州省 | | 赤水市 | | | 余庆县、凤冈县 | 绥阳县 | 贵阳市花溪区、榕江县、金沙县、黎平县、毕节市 |
| 云南省 | | 通海县 | 西双版纳傣族自治州 | | 玉溪市红塔区 | 澄江县 | 江川县、楚雄市、普洱市思茅区、曲靖市麒麟区、易门县、华宁县 |
| 陕西省 | | | | 延安市宝塔区、杨凌农业高新技术产业示范区 | | 太白县、礼泉县、宜君县、宁陕县 | 留坝县、勉县、商洛市商州区、麟游县、彬县、淳化县、西乡县、陇县、岐山县、镇巴县、佛坪县、旬阳县、南郑区、眉县、宝鸡市陈仓区、宝鸡市金台区、宝鸡市渭滨区、凤县、旬邑县、吴起县、洛川县、西安市临潼区、周至县、汉中市汉台区 |
| 青海省 | | | | | | | |
| 甘肃省 | | | | | | | 平凉市 |
| 宁夏回族自治区 | 广夏征沙渠种植基地 | | | | | | |
| 新疆维吾尔自治区 | 乌鲁木齐市沙依巴克区 | | 乌鲁木齐市水磨沟区 | | 哈密市 | | |

（二）关于推进生态文明建设的指导意见

2008年12月，环境保护部发布《关于推进生态文明建设的指导意见》（环发〔2008〕126号），提出了推进生态文明建设的基本要求：生态文明建设是一项复杂、长期的系统工程，在内容上具有全面性，时间上具有长期性，过程上具有渐进性和阶段性，成果上具有多样性。建设生态文明必须大力发展生态经济，强化生态文明建设的产业支撑体系；必须加强生态环境保护和建设，构建生态文明建设的环境安全体系；必须促进人与自然和谐，倡导生态文明的生活方式；要广泛宣传发动，建立生态文明的道德文化体系；要健全长效机制，完善生态文明建设的保障措施；要科学规划，分类指导，因地制宜，有计划有步骤有重点地推进；要动员全社会力量广泛参与，使生态文明建设成为全社会的共同行动。在推进生态文明建设工作中，要注重实效，不搞形式主义；要量力而行，不盲目攀比；要积极推进，不搞指标摊派；要突出特色，不强求一律；要引导扶持，不包办代替；要试点引路，不一哄而上。具体措施见表2—7。

表2—7　　　　　　　　推进生态文明建设的具体措施

| | |
| --- | --- |
| 一、严格环境准入，建立生态文明的产业支撑体系 | 加强环境分类管理 |
| | 严格环境准入 |
| | 加快推进循环经济 |
| | 大力开展资源节约和综合利用 |
| 二、加强生态环境保护和建设，构建生态文明的环境安全体系 | 加强自然生态环境保护 |
| | 强化污染防治与节能减排 |
| | 加强农村环境保护 |
| | 严格资源开发的环境监管 |

续表

| 三、广泛宣传发动，建立生态文明的道德文化体系 | 建立生态文明的道德规范 |
| | 推广可持续的消费模式 |
| | 强化生态文明宣传教育 |
| 四、健全长效机制，完善生态文明建设的保障措施 | 加强推进生态文明建设的组织领导 |
| | 完善生态文明建设的体制机制 |
| | 完善生态文明的法律法规 |
| | 制定生态文明建设政策标准 |
| | 推广生态文明建设试点示范 |

（三）推进生态文明建设示范区工作

2013 年环境保护部组织开展生态文明建设示范区创建工作，实际上为 2004 年以来开展的"生态建设示范区"（包括生态省、市、县、乡镇、村、工业园区）的更名，同时印发了《国家生态文明建设试点示范区指标（试行）》。国家生态市（区、县）名单见表 2—8。

表 2—8　　　　国家生态市（区、县）名单

| 省市区 | 国家生态市（区、县） |
| --- | --- |
| 江苏省 | 张家港市、常熟市、昆山市、江阴市、太仓市、宜兴市、无锡市滨湖区、无锡市锡山区、无锡市惠山区、吴江市、苏州市吴中区、苏州市相城区、高淳县、南京市江宁区、金坛市、常州市武进区、海安县、无锡市、常州市、苏州市、溧阳市、南京市浦口区 |
| 上海市 | 闵行区 |
| 浙江省 | 安吉县、义乌市、临安市、桐庐县、磐安县、开化县 |
| 北京市 | 密云县、延庆县 |

续表

| 省市区 | 国家生态市（区、县） |
|---|---|
| 山东省 | 荣成市、文登市、乳山市 |
| 广东省 | 深圳市盐田区、中山市、深圳市福田区、深圳市南山区、深圳市罗湖区 |
| 四川省 | 双流县、成都市温江区、郫县、蒲江县 |
| 安徽省 | 霍山县、绩溪县、宁国市 |
| 陕西省 | 西安市浐灞生态区、西安市曲江新区 |
| 辽宁省 | 沈阳市东陵区、沈阳市沈北新区、沈阳市苏家屯区、沈阳市于洪区、沈阳市棋盘山开发区 |
| 天津市 | 西青区 |
| 新疆维吾尔自治区 | 克拉玛依市克拉玛依区 |

在 2013 年 5 月印发的《国家生态文明建设试点示范区指标（试行）》基础上，2016 年 1 月，环境保护部印发了《国家生态文明建设示范区管理规程（试行）》、《国家生态文明建设示范县、市指标（试行）》。具体指标见表 2—9、表 2—10。

表 2—9　　　　　　国家生态文明建设示范县指标

| 领域 | 任务 | 序号 | 指标名称 | 单位 | 指标值 | 指标属性 |
|---|---|---|---|---|---|---|
| 生态空间 | （一）空间格局优化 | 1 | 生态保护红线 | — | 划定并遵守 | 约束性指标 |
| | | 2 | 耕地红线 | — | 遵守 | 约束性指标 |
| | | 3 | 受保护地区占国土面积比例：<br>（1）山区<br>（2）丘陵地区<br>（3）平原地区 | % | ≥33<br>≥22<br>≥16 | 约束性指标 |
| | | 4 | 规划环评执行率 | 100 | % | 约束性指标 |

续表

| 领域 | 任务 | 序号 | 指标名称 | 单位 | 指标值 | 指标属性 |
|---|---|---|---|---|---|---|
| 生态经济 | （二）资源节约利用 | 5 | 单位地区生产总值能耗 | 吨标煤/万元 | ≤0.70 且能源消耗总量不超过控制目标值 | 约束性指标 |
| | | 6 | 单位地区生产总值用水量：<br>（1）东部地区<br>（2）中部地区<br>（3）西部地区 | 立方米/万元 | 用水总量不超过控制目标值<br>≤50<br>≤70<br>≤80 | 约束性指标 |
| | | 7 | 单位工业用地工业增加值：<br>（1）东部地区<br>（2）中部地区<br>（3）西部地区 | 万元/亩 | ≥80<br>≥65<br>≥50 | 参考性指标 |
| | （三）产业循环发展 | 8 | 农业废弃物综合利用率：<br>（1）秸秆综合利用率<br>（2）畜禽养殖场粪便综合利用率 | % | ≥95<br><br>≥95 | 参考性指标 |
| | | 9 | 一般工业固体废物处置利用率 | % | ≥90 | 参考性指标 |
| | | 10 | 有机、绿色、无公害农产品种植面积的比重 | % | ≥50 | 参考性指标 |

续表

| 领域 | 任务 | 序号 | 指标名称 | 单位 | 指标值 | 指标属性 |
|---|---|---|---|---|---|---|
| 生态环境 | （四）环境质量改善 | 11 | 环境空气质量<br>质量改善目标<br>优良天数比例<br>严重污染天数 | —<br>%<br>— | 不降低且达到考核要求<br>≥85<br>基本消除 | 约束性指标 |
| | | 12 | 地表水环境质量<br>质量改善目标<br>水质达到或优于Ⅲ类比例：<br>（1）山区<br>（2）丘陵区<br>（3）平原区<br>劣Ⅴ类水体 | —<br><br><br>%<br><br><br>— | 不降低且达到考核要求<br><br><br>≥85<br>≥75<br>≥70<br>基本消除 | 约束性指标 |
| | | 13 | 土壤环境质量<br>质量改善目标 | — | 不降低且达到考核要求 | 约束性指标 |
| | | 14 | 主要污染物总量减排 | — | 达到考核要求 | 约束性指标 |
| | （五）生态系统保护 | 15 | 生态环境状况指数（EI） | — | ≥55且不降低 | 约束性指标 |
| | | 16 | 森林覆盖率：<br>（1）山区<br>（2）丘陵区<br>（3）平原地区<br>高寒区或草原区林草覆盖率 | %<br><br><br><br> | ≥60<br>≥40<br>≥18<br>≥70 | 参考性指标 |
| | | 17 | 生物物种资源保护：<br>（1）重点保护物种受到严格保护<br>（2）外来物种入侵 | — | 执行不明显 | 参考性指标 |
| | （六）环境风险防范 | 18 | 危险废物安全处置率 | % | 100 | 约束性指标 |
| | | 19 | 污染场地环境监管体系 | — | 建立 | 参考性指标 |
| | | 20 | 重、特大突发环境事件 | — | 未发生 | 约束性指标 |

续表

| 领域 | 任务 | 序号 | 指标名称 | 单位 | 指标值 | 指标属性 |
|---|---|---|---|---|---|---|
| 生态生活 | （七）人居环境改善 | 21 | 村镇饮用水卫生合格率 | % | 100 | 约束性指标 |
| | | 22 | 城镇污水处理率：<br>（1）县级市、区<br>（2）县 | % | ≥95<br>≥85 | 约束性指标 |
| | | 23 | 城镇生活垃圾无害化处理率：<br>（1）东部地区<br>（2）中部地区<br>（3）西部地区 | % | ≥95<br>≥90<br>≥85 | 约束性指标 |
| | | 24 | 农村卫生厕所普及率 | % | ≥95 | 参考性指标 |
| | | 25 | 村庄环境综合整治率：<br>（1）东部地区<br>（2）中部地区<br>（3）西部地区 | % | ≥80<br>≥65<br>≥55 | 约束性指标 |
| | （八）生活方式绿色化 | 26 | 城镇新建绿色建筑比例：<br>（1）东部地区<br>（2）中部地区<br>（3）西部地区 | % | ≥50<br>≥40<br>≥30 | 参考性指标 |
| | | 27 | 公众绿色出行率 | % | ≥50 | 参考性指标 |
| | | 28 | 节能、节水器具普及率：<br>（1）东部地区<br>（2）中部地区<br>（3）西部地区 | % | ≥80<br>≥70<br>≥60 | 参考性指标 |
| | | 29 | 政府绿色采购比例 | % | ≥80 | 参考性指标 |

| 领域 | 任务 | 序号 | 指标名称 | 单位 | 指标值 | 指标属性 |
|---|---|---|---|---|---|---|
| 生态制度 | （九）制度与保障机制完善 | 30 | 生态文明建设规划 | — | 制定实施 | 约束性指标 |
| | | 31 | 生态文明建设工作占党政实绩考核的比例 | % | ≥20 | 约束性指标 |
| | | 32 | 自然资源资产负债表 | — | 编制 | 参考性指标 |
| | | 33 | 固定源排污许可证覆盖率 | % | 100 | 约束性指标 |
| | | 34 | 国家生态文明建设示范乡镇占比 | % | ≥80 | 约束性指标 |
| 生态文化 | （十）观念意识普及 | 35 | 党政领导干部参加生态文明培训的人数比例 | % | 100 | 参考性指标 |
| | | 36 | 公众对生态文明知识知晓度 | % | ≥80 | 参考性指标 |
| | | 37 | 环境信息公开率 | % | ≥80 | 参考性指标 |
| | | 38 | 公众对生态文明建设的满意度 | % | ≥80 | 参考性指标 |

表2—10　　　　　　　　**国家生态文明建设示范市指标**

| 领域 | 任务 | 序号 | 指标名称 | 单位 | 指标值 | 指标属性 |
|---|---|---|---|---|---|---|
| 生态空间 | （一）空间格局优化 | 1 | 生态保护红线 | — | 划定并遵守 | 约束性指标 |
| | | 2 | 耕地红线 | — | 遵守 | 约束性指标 |
| | | 3 | 受保护地区占国土面积比例：<br>（1）山区<br>（2）丘陵地区<br>（3）平原地区 | % | ≥33<br>≥22<br>≥16 | 约束性指标 |
| | | 4 | 规划环评执行率 | 100 | % | 约束性指标 |

续表

| 领域 | 任务 | 序号 | 指标名称 | 单位 | 指标值 | 指标属性 |
|---|---|---|---|---|---|---|
| 生态经济 | （二）资源节约与清洁生产 | 5 | 单位地区生产总值能耗 | 吨标煤/万元 | ≤0.70 且能源消耗总量不超过控制目标值 | 约束性指标 |
| | | 6 | 单位地区生产总值用水量：<br>（1）东部地区<br>（2）中部地区<br>（3）西部地区 | 立方米/万元 | 用水总量不超过控制目标值<br>≤50<br>≤70<br>≤80 | 约束性指标 |
| | | 7 | 单位工业用地工业增加值：<br>（1）东部地区<br>（2）中部地区<br>（3）西部地区 | 万元/亩 | ≥85<br>≥70<br>≥55 | 参考性指标 |
| | | 8 | 应当实施强制性清洁生产企业通过审核的比例 | % | 100 | 参考性指标 |
| 生态环境 | （三）环境质量改善 | 9 | 环境空气质量<br>质量改善目标<br>优良天数比例<br>严重污染天数 | —<br>%<br>— | 不降低且达到考核要求<br>≥85<br>基本消除 | 约束性指标 |
| | | 10 | 地表水环境质量<br>质量改善目标<br>水质达到或优于Ⅲ类比例：<br>（1）山区<br>（2）丘陵区<br>（2）平原区<br>劣Ⅴ类水体 | —<br>%<br>— | 不降低且达到考核要求<br>≥85<br>≥75<br>≥70<br>基本消除 | 约束性指标 |
| | | 11 | 土壤环境质量<br>质量改善目标 | — | 不降低且达到考核要求 | 约束性指标 |
| | | 12 | 主要污染物总量减排 | — | 达到考核要求 | 约束性指标 |

续表

| 领域 | 任务 | 序号 | 指标名称 | 单位 | 指标值 | 指标属性 |
|---|---|---|---|---|---|---|
| 生态环境 | （四）生态系统保护 | 13 | 生态环境状况指数（EI） | — | ≥55且不降低 | 约束性指标 |
| | | 14 | 森林覆盖率：<br>（1）山区<br>（2）丘陵区<br>（3）平原地区<br>高寒区或草原区林草覆盖率 | % | ≥60<br>≥40<br>≥18<br>≥70 | 参考性指标 |
| | | 15 | 生物物种资源保护：<br>（1）重点保护物种受到严格保护<br>（2）外来物种入侵 | — | 执行不明显 | 参考性指标 |
| | （五）环境风险防范 | 16 | 危险废物安全处置率 | % | 100 | 约束性指标 |
| | | 17 | 污染场地环境监管体系 | — | 建立 | 参考性指标 |
| | | 18 | 重、特大突发环境事件 | — | 未发生 | 约束性指标 |
| 生态生活 | （六）人居环境改善 | 19 | 村镇饮用水卫生合格率 | % | 100 | 约束性指标 |
| | | 20 | 城镇污水处理率：<br>（1）县级市、区<br>（2）县 | % | ≥95<br>≥85 | 约束性指标 |
| | | 21 | 城镇生活垃圾无害化处理率：<br>（1）东部地区<br>（2）中部地区<br>（3）西部地区 | % | ≥95<br>≥90<br>≥85 | 约束性指标 |
| | | 22 | 城镇人均公园绿地面积 | 平方米/人 | ≥13 | 参考性指标 |

| 领域 | 任务 | 序号 | 指标名称 | 单位 | 指标值 | 指标属性 |
|---|---|---|---|---|---|---|
| 生态生活 | （七）生活方式绿色化 | 23 | 城镇新建绿色建筑比例：<br>（1）东部地区<br>（2）中部地区<br>（3）西部地区 | % | ≥50<br>≥40<br>≥30 | 参考性指标 |
| | | 24 | 公众绿色出行率 | % | ≥50 | 参考性指标 |
| | | 25 | 节能、节水器具普及率：<br>（1）东部地区<br>（2）中部地区<br>（3）西部地区 | % | ≥80<br>≥70<br>≥60 | 参考性指标 |
| | | 26 | 政府绿色采购比例 | % | ≥80 | 参考性指标 |
| 生态制度 | （八）制度与保障机制完善 | 27 | 生态文明建设规划 | — | 制定实施 | 约束性指标 |
| | | 28 | 生态文明建设工作占党政实绩考核的比例 | % | ≥20 | 约束性指标 |
| | | 29 | 生态环境损害责任追究制度 | — | 建立 | 参考性指标 |
| | | 30 | 固定源排污许可证覆盖率 | % | 100 | 约束性指标 |
| | | 31 | 国家生态文明建设示范县占比 | % | ≥80 | 约束性指标 |
| 生态文化 | （九）观念意识普及 | 32 | 党政领导干部参加生态文明培训的人数比例 | % | 100 | 参考性指标 |
| | | 33 | 公众对生态文明知识知晓度 | % | ≥80 | 参考性指标 |
| | | 34 | 环境信息公开率 | % | ≥80 | 参考性指标 |
| | | 35 | 公众对生态文明建设的满意度 | % | ≥80 | 参考性指标 |

### 三　水利部生态文明建设政策

2013 年 1 月，水利部印发《加快推进水生态文明建设工作的意见》（水资源〔2013〕1 号），提出水生态文明建设的目标是：最严格水资源管理制度有效落实，"三条红线" 和 "四项制度" 全面建立；节水型社会基本建成，用水总量得到有效控制，用水效率和效益显著提高；科学合理的水资源配置格局基本形成，防洪保安能力、供水保障能力、水资源承载能力显著增强；水资源保护与河湖健康保障体系基本建成，水功能区水质明显改善，城镇供水水源地水质全面达标，生态脆弱河流和地区水生态得到有效修复；水资源管理与保护体制基本理顺，水生态文明理念深入人心。

水生态文明建设的主要工作内容包括落实最严格水资源管理制度、优化水资源配置、强化节约用水管理、严格水资源保护、推进水生态系统保护与修复、加强水利建设中的生态保护、提高保障和支撑能力、广泛开展宣传教育、开展水生态文明建设试点和创建活动等九个方面。

### 四　国家林业局生态文明建设政策

2013 年 9 月，国家林业局印发《推进生态文明建设规划纲要（2013—2020 年）》，提出生态文明发展目标：紧紧围绕建设美丽中国、实现中华民族永续发展的宏伟目标，按照中央提出的 "要把发展林业作为建设生态文明的首要任务" 的要求，到 2020 年森林覆盖率达到 23% 以上，森林蓄积量达到 150 亿立方米以上，湿地保有量达到 8 亿亩以上，自然湿地保护率达到 60%，新增沙化土地治理面积达到 20 万平方公里，林业产业总产值达到 10 万亿元，义务植树尽责率达到 70%，构筑坚实的生态安全体系、高效的生态经济体系和繁荣的生态文化体系，切实担当起生态文明建设赋予林业的历史使命。

坚实的生态安全体系。划定森林、湿地、荒漠植被、野生动植物生态保护红线，在维护自然生态系统基本格局的基础上，使国土开发空间格局为生态安全保留适度的自然本底。通过开展生态系统保护、修复和治理，确保生态系统结构更加合理；使生物多样性丧失与流失得到基本控制；防灾减灾能力、应对气候变化能力、生态服务功能和生态承载力明显提升，基本形成国土生态安全体系的骨架。

高效的生态经济体系。依托林业的资源优势，改造提升传统产业，大力发展特色产业，鼓励发展新兴产业，重点发展生态经济型产业，到 2020 年林业产业总产值达到 10 万亿元，林业产品有效供给和生态服务能力明显提升，产业结构进一步优化。

繁荣的生态文化体系。将生态文化因素凝结到主流文化中，从根本上融入人们的思想和意识，逐步建立崇尚自然的精神准则、文化修养和道德标准，引领和规范人们的行为，并且通过生态安全制度、政策体系不断完善，推进生态文化广泛传播。

推进生态文明建设主要指标如表 2—11 所示。

表 2—11　　　　　　推进生态文明建设主要指标体系

| 类别 | 类型 | 序号 | 指标 | 2015 年目标 | 2020 年目标 |
|---|---|---|---|---|---|
| 生态安全 | 森林 | 1 | 林地保有量（万公顷） | 30900 | 31230 |
| | | 2 | 森林覆盖率（%） | 21.66 | >23 |
| | | 3 | 森林蓄积量（亿立方米） | 143 | 150 |
| | | 4 | 森林植被碳储量（亿吨） | 84 | 88 |
| | 湿地 | 5 | 湿地保有量（万公顷） | 5363 | 5417 |
| | | 6 | 自然湿地保护率（%） | 55 | 60 |
| | 荒漠 | 7 | 比 2010 年新增沙化土地治理面积（万公顷） | 1000 | 2000 |
| | 草原 | 8 | 草牧场防护林带控制率（%） | 80 | 85 |
| | 农田 | 9 | 农田林网控制率（%） | 85 | 90 |
| | 城市 | 10 | 城市建成区绿化覆盖率（%） | 39 | 39.50 |
| | 海岸 | 11 | 沿海防护林达标率（%） | 85 | 90 |
| | 生物多样性 | 12 | 林业自然保护区面积占国土面积比例（%） | 13 | 15 |
| | | 13 | 森林公园面积占国土面积比例（%） | 2 | 3 |
| | | 14 | 濒危动植物物种保护率（%） | 90 | 95 |

续表

| 类别 | 类型 | 序号 | 指标 | 2015 年目标 | 2020 年目标 |
|---|---|---|---|---|---|
| 生态经济 | 经济价值 | 15 | 林业产业总产值（万亿元） | 6 | 10 |
| 生态经济 | 生态价值 | 16 | 森林生态服务功能年价值量（万亿元） | 12 | 16 |
| 生态经济 | 生态价值 | 17 | 湿地生态服务功能年价值量（万亿元） | 9.88 | 12 |
| 生态文化 | 宜居环境 | 18 | 城市人均公园绿地面积（平方米） | 13 | 15 |
| 生态文化 | 宜居环境 | 19 | 村屯建成区绿化覆盖率（％） | 23 | 25 |
| 生态文化 | 宜居环境 | 20 | 空气负氧离子含量达到 WHO 标准的达标率* | 50%地区 | 60%地区 |
| 生态文化 | 生态观念 | 21 | 义务植树尽责率（％） | 65 | 70 |
| 生态文化 | 生态观念 | 22 | 生态文明教育普及率（％） | 80 | 85 |

注：*根据世界卫生组织（WHO）划定的标准，清新空气的负氧离子含量为每立方厘米空气中不低于 1000—1500 个。

## 五　国家海洋局生态文明建设政策

2012 年 9 月，国家海洋局印发了《海洋生态文明示范区建设管理暂行办法》和《海洋生态文明示范区建设指标体系（试行）》（见表 2—12），旨在科学、规范、有序地开展海洋生态文明示范区建设工作，提高海洋生态文明建设水平，推动沿海地区经济社会发展方式转变。

表 2—12　　　　海洋生态文明示范区建设指标体系（试行）

| 类别 | 内容 | 指标名称 | 指标类型 | 建设标准 | 分值 |
|---|---|---|---|---|---|
| 海洋经济发展 | 海洋经济总体实力 | 海洋产业增加值占地区生产总值比重 | A | ≥10% | 5 |
| | | 近五年海洋产业增加值年均增长速度 | B | ≥16.7% | 3 |
| | | 城镇居民人均可支配收入 | B | ≥2.33万元/人 | 2 |
| | 海洋产业结构 | 近五年海洋战略性新兴产业增加值年均增长速度 | B | ≥30% | 3 |
| | | 海洋第三产业增加值占海洋产业增加值比重 | B | ≥40% | 3 |
| | 地区能源消耗 | 地区能源消耗 | A | ≤0.9吨标准煤/万元 | 4 |
| 海洋资源利用 | 海域空间资源利用 | 单位海岸线海洋产业增加值（大陆，X）或海岛单位面积地区生产总值贡献率（海岛，Y） | B | X≥1.28亿元/千米 Y≥0.26亿元/平方千米 | 4 |
| | | 围填海利用率 | A | 100% | 5 |
| | 海洋生物资源利用 | 近海渔业捕捞强度零增长 | B | 零增长 | 3 |
| | | 开放式养殖面积占养殖用海面积比重 | B | ≥80% | 4 |
| | 用海秩序 | 违法用海（用岛）案件零增长 | A | 零增长 | 4 |

续表

| 类别 | 内容 | 指标名称 | 指标类型 | 建设标准 | 分值 |
|---|---|---|---|---|---|
| 海洋生态 | 区域近岸海域 | 近岸海域一、二类水质占海域面积比重（X）或其变化趋势（Y） | A | X≥70%<br>Y≥5% | 5 |
| 保护 | 海洋环境质量状况 | 近岸海域一、二类沉积物质量占位比重 | B | ≥90% | 2 |
| | 生境与生物多样性保护 | 自然岸线保有率 | A | ≥42% | 3 |
| | | 海洋保护区面积占管辖海域面积比率 | B | ≥3% | 2 |
| | 陆源污染防治与生态修复 | 城镇污水处理率（X）与工业污水直排口达标排放率（Y） | B | X≥90%<br>Y≥85% | 5 |
| | | 近三年区域岸线或近岸海域修复投资强度 | B | 见评估指标解释 | 3 |
| 海洋文化建设 | 海洋宣传与教育 | 文化事业费占财政总支出的比重 | B | 不低于本省平均水平 | 3 |
| | | 涉海公共文化设施建设及开放水平 | B | 见评估指标解释 | 3 |
| | | 海洋文化宣传及科普活动 | A | 见评估指标解释 | 4 |
| | 海洋科技 | 海洋科技投入占地区海洋产业增加值的比重 | A | ≥1.76% | 3 |
| | | 万人专业技术人员数 | B | ≥174人 | 3 |
| | 海洋文化传承与保护 | 海洋文化遗产传承与保护 | B | 见评估指标解释 | 2 |
| | | 重要海洋节庆与传统习俗保护 | B | 见评估指标解释 | 2 |

续表

| 类别 | 内容 | 指标名称 | 指标类型 | 建设标准 | 分值 |
|---|---|---|---|---|---|
| 海洋管理保障 | 海洋管理机构与规章制度 | 海洋管理机构设置 | A | 健全 | 2 |
| | | 海洋管理规章制度建设 | B | 完善 | 1 |
| | | 海洋执法效能 | B | 无上级部门督办的海洋违法案件 | 1 |
| | 服务保障能力 | 海洋服务保障机制建设 | B | 健全 | 1 |
| | | 海洋服务保障水平 | B | 具备 | 1 |
| | | 海洋环保志愿者队伍与志愿活动 | B | 见评估指标解释 | 1 |
| | 示范区建设组织保障 | 组织领导力度 | B | 符合 | 1 |
| | | 经费投入 | B | 符合 | 1 |
| | | 推进机制 | B | 符合 | 1 |

2015 年 7 月，国家海洋局印发《国家海洋局海洋生态文明建设实施方案（2015—2020 年）》（简称《实施方案》），要求沿海各级海洋主管部门和局属各部门单位切实提高认识，把落实《实施方案》当作"十三五"期间海洋事业发展的重要基础性工作抓实抓牢，将海洋生态文明建设贯穿于海洋事业发展的全过程和各方面，推动海洋生态文明建设上水平、见实效。《实施方案》着眼于建立基于生态系统的海洋综合管理体系，坚持"问题导向、需求牵引""海陆统筹、区域联动"的原则，以海洋生态环境保护和资源节约利用为主线，以制度体系和能力建设为重点，以重大项目和工程为抓手，旨在通过五年左右的努力，推动海洋生态文明制度体系基本完善，海洋管理保障能力显著提升，生态环境保护和资源节约利用取得重大进展，推动海洋生态文明建设水平在"十三五"期间有较大水平的提高。

《实施方案》提出了 10 个方面 31 项主要任务。

一是强化规划引导和约束，主要从规划顶层设计的角度增强对海洋开发利用活动的引导和约束，包括实施海洋功能区划、科学编制"十三五"规划和实施海岛保护规划三个方面内容。

二是实施总量控制和红线管控，侧重于从总量控制和空间管控方面对资源环境要素实施有效管理，包括实施自然岸线保有率目标控制、实施污染物入海总量控制和实施海洋生态红线制度三个方面内容。

三是深化资源科学配置与管理，涵盖海域海岛资源的配置、使用、管理等方面内容，突出市场化配置、精细化管理、有偿化使用的导向，具体包括严格控制围填海活动等五个方面内容。

四是严格海洋环境监管与污染防治，包括监测评价、污染防治、应急响应等海洋环境保护内容，突出提升能力、完善布局、健全制度，具体包括推进海洋环境监测评价制度体系建设等五个方面内容。

五是加强海洋生态保护与修复，体现生态保护与修复整治并重，既注重加强海洋生物多样性保护，又注重实施生态修复重大工程，包括加强海洋生物多样性保护等三个方面内容。

六是增强海洋监督执法，包括健全完善法律法规和标准体系的基础保障、建立督察制度和区域限批制度的制度保障以及严格检查执法的行动保障，突出了依法治海、从严从紧的方向。

七是施行绩效考核和责任追究，包括面向地方政府的绩效考核机制、针对建设单位和领导干部的责任追究和赔偿等内容，体现了对海洋资源环境破坏的严厉追究。

八是提升海洋科技创新与支撑能力，提出了强化科技创新和培育壮大战略性新兴产业两项任务，提升海洋科技创新对海洋生态文明建设的支撑作用。

九是推进海洋生态文明建设领域人才建设，包括加强监测观测专业人才队伍建设和加强海洋生态文明建设领域人才培养引进两项具体任务。

十是强化宣传教育与公众参与，重在为海洋生态文明建设营造良好的社会氛围，包括强化宣传教育和公众参与的系列举措。

为推动主要任务的深入实施，《实施方案》提出了四个方面共

20 项重大工程项目。

第一，在治理修复类工程项目中，"蓝色海湾"综合治理工程着重利用污染防治、生态修复等多种手段改善 16 个污染严重的重点海湾和 50 个沿海城市毗邻重点小海湾的生态环境质量。"银色海滩"岸滩修复工程主要通过人工补沙、植被固沙、退养还滩（湿）等手段，修复受损岸滩，打造公众亲水岸线。"南红北柳"湿地修复工程计划通过在南方种植红树林，在北方种植柽柳、芦苇、碱蓬，有效恢复滨海湿地生态系统。"生态海岛"保护修复工程将采取制定海岛保护名录、实施物种登记、开展整治修复等手段保护修复海岛。

第二，在能力建设类工程项目中，海洋环境监测基础能力建设、海域动态监控体系建设、海岛监视监测体系建设工程针对环保、海域、海岛的监视监测工作，提出了扩展网络、丰富手段、增强信息化的建设方向。海洋环境保护专业船舶队伍建设工程提出了近岸、近海、远海综合船舶监测能力的建设目标。海洋生态环境在线监测网建设工程计划在重点海湾、入海河流、排污口等地布设在线监测设备和溢油雷达。综合保障基地建设工程拟建设集监测观测、应急响应、预报监测等于一身的综合保障基地。国家级海洋保护区规范化能力提升工程计划每年支持 10 个左右的国家级保护区开展基础管护设施和生态监控系统平台建设。

第三，在统计调查类工程项目中，共有海洋生态、第三次海洋污染基线、海域现状调查与评价、海岛统计四项专项调查任务，旨在摸清我国生态保护、海洋污染、海域使用和海岛保护开发的家底和状况，为制定有针对性的政策措施提供重要决策支撑。

第四，在示范创建类工程项目中，海洋生态文明建设示范区工程将新建 40 个国家级示范区，为探索海洋生态文明建设模式提供有益借鉴。海洋经济创新示范区工程计划在山东、浙江、广东、福建等海洋经济试点省份实施，进一步推动形成特色海洋产业集聚区。入海污染物总量控制示范工程将选取八个地方开展试点，尽快形成可复制、可推广的控制模式。海域综合管理示范工程计划选择两处地方开展海域综合管理试点，探索海岸带综合管理、海域空间差别化管控等制度。海岛生态建设实验基地工程计划建设 15 个基地，开展海岛生态修复、海岛建设监测等方面研究工作。

目前，国家级海洋生态文明建设示范区共两批次，合计 24 个，具体见表 2—13。

表 2—13　　　　　　　国家级海洋生态文明建设示范区

| 批次 | 创建时间 | 示范区名单 |
|---|---|---|
| 第 1 批<br>（12 个） | 2013 年 2 月 | 山东省威海市、日照市、长岛县；浙江省象山县、玉环县、洞头县；福建省的厦门市、晋江市、东山县；广东省珠海横琴新区、徐闻县、南澳县 |
| 第 2 批<br>（12 个） | 2015 年 12 月 | 辽宁省盘锦市、大连市旅顺口区；山东省青岛市、烟台市；江苏省南通市、东台市；浙江省嵊泗县；广东省惠州市、深圳市大鹏新区；广西壮族自治区北海市；海南省三亚市、三沙市 |

# 第二节　零碳发展试验区建设路径

以零碳能源（非化石能源）为基础的零碳发展成为生态文明建设和国际社会应对气候变化的重要模式。党的十八届五中全会提出实施近零碳排放区示范工程，在中国积极应对气候变化的背景下，厘清层级，逐步推进，开展零碳发展试验区建设，对于中国生态文明建设、提高人民福祉、提升国际话语权与国际形象具有积极意义。

## 一　从低碳发展、碳中和到零碳发展

（一）低碳发展

2008 年，吉林市被国家发改委选定作为低碳经济发展案例研究试点城市，成为国家层面开展城市低碳发展试点的开端。此后，国家发改委在 2010 年 7 月选择了广东、天津等 13 个地区开展低碳试点工作；2012 年 11 月，国家发改委又开展了第二批地区低碳试点，选择了北京、海南、上海等 29 个省市来继续推进低碳地区试点的工作，两批共确定了 6 个低碳省区试点和 36 个低碳城市试点。国家低碳试点工作实施七年多以来，各研究机构纷纷出台了低碳发展评价指标体系，但是国家发改委并没有给出统一的官方评价标准。

从低碳发展的字面意义解释，其核心在于"低"字，究竟"低"到什么程度才是国际公认的实际意义上的低碳发展，中国社会科学院城市发展与环境研究所团队研究认为，低碳发展是基于高人类发展水平意义上的高碳生产力发展状态，从世界范围分析，北欧五国可作为世界低碳发展的标杆区域。

从表2—14北欧五国低碳发展指标分析，2012年北欧五国人类发展水平均处于第一梯队——极高人类发展水平，碳经济强度和碳能源强度显著低于世界平均水平，其中碳经济强度仅为世界平均水平的23.1%，中国的7.4%；碳能源强度为世界平均水平的51.2%，中国的42.9%。可再生能源平均比重超过50%，为世界平均水平的3倍，中国的4.8倍。北欧五国的人均碳排放均在10吨$CO_2$以下，平均为6.379吨$CO_2$，低于OECD国家平均水平51.8%和欧盟平均水平8.3%。

表2—14　　　　　　北欧五国低碳发展指标（2012年）

| 国家或地区 | 人类发展指数 | 世界排名 | 碳经济强度（千克$CO_2$/2005年不变价美元） | 碳能源强度（吨$CO_2$/吨标准油） | 可再生能源比重（%） | 人均碳排放（吨$CO_2$/人） |
|---|---|---|---|---|---|---|
| 丹麦 | 0.900 | 10 | 0.144 | 2.141 | 29.36 | 6.642 |
| 芬兰 | 0.879 | 24 | 0.238 | 1.484 | 57.91 | 9.127 |
| 冰岛 | 0.893 | 13 | 0.108 | 0.323 | 89.77 | 5.726 |
| 挪威 | 0.943 | 1 | 0.110 | 1.239 | 42.95 | 7.210 |
| 瑞典 | 0.897 | 11 | 0.097 | 0.806 | 69.00 | 4.246 |
| 北欧五国平均 | — | — | 0.134 | 1.216 | 56.48 | 6.379 |
| 中国 | 0.715 | 93 | 1.815 | 2.835 | 11.77 | 6.08 |
| 世界平均 | 0.700 | — | 0.581 | 2.373 | 18.66 | 4.510 |

资料来源：国际能源署，世界银行数据库。

（二）碳中和

碳中和的概念是在低碳发展的基础上更进一步，可以有两种解读：一是在本区域或行业内碳源（碳排放）和碳汇（碳吸收）平衡抵消；二是本区域或行业内碳源（碳排放）和碳汇（碳吸收）无法平衡抵消，即碳源大于碳汇，通过生态补偿的方式或碳排放交易市场，购买区域或行业外的碳汇，达到碳源与碳汇平衡的目的。

就第一种碳中和方式而言，在人工林覆盖度和森林覆盖率较高的地区，若该地区重化工业比重较低，工业化石能源消费量相对较少，第三产业如旅游业发育程度高，可再生能源包括水能、风能、太阳能和生物质能等替代化石能源比例大，可以实现碳中和目标。为推进碳汇在碳中和模式中的贡献，中国绿色碳汇基金会制定了《碳汇城市指标体系》，并根据此指标体系，授予河北省张家口市崇礼县和浙江省温州市泰顺县两个县"碳汇城市"荣誉称号。

对于第二种碳中和方式，在国际积极应对气候变化的背景下，中国提出 2017 年全面建成碳排放交易市场，在高碳排放且具有经济实力的发达地区和示范行业开展试点示范，类似于生态补偿机制，使之成为碳减排和应对气候变化的核心策略之一。

（三）零碳发展

与低碳发展与碳中和目标不同，零碳发展是应对气候变化的终极目标，即杜绝使用煤炭、石油、天然气等化石能源，完全使用零碳能源，包括核能和可再生能源等保障社会经济可持续发展。

传统时期的零碳发展是基于落后的生产力背景，刀耕火种时代和传统农耕时期，能源使用方式主要用于炊事与照明，能源类型主要为生物质能。新时期的零碳发展不是传统意义上的发展模式，并不是要退回到原始时期，而是在现代文明和技术之下，以先进的生产力为基础和支撑，采用高效零碳能源，最终实现生态文明。

## 二　零碳发展的区域层级：从零碳国家到零碳建筑

（一）零碳国家

目前，北欧五国中，瑞典和丹麦率先提出建设零碳国家的目标。零碳能源，即非化石能源是零碳发展的支撑条件与基础，根据英国石油公司（BP）能源统计资料，丹麦没有核能和水电资源，主要依靠风能、太阳能、生物质能等可再生能源也可建设零碳国家。而瑞典的核能和水电占能源消费总量的比重2014年均接近30%，风能、太阳能、生物质能等可再生能源接近10%。

从碳排放总量分析，由图2—1可以看出，1971年以来，瑞典和丹麦两国碳排放总体呈下降态势，其中瑞典1979—1983年的四年间，碳排放年均下降8.83%，同期GDP年均增加1.3%，此后在1986年、1996年、2003年和2010年瑞典碳排放出现阶段性波峰，到2012年下降到4041万吨$CO_2$，为40余年来的最低值。与瑞典相比，1971年以来，丹麦的碳排放量波动幅度较小，碳排放峰值出现在1996年，为7127万吨$CO_2$，到2012年快速下降到3712万吨$CO_2$，下降幅度达到48%，同期GDP总量上升幅度达到19.6%。从碳排放峰值分析瑞典的碳排放峰值年份比丹麦早了20年。从经济发展与碳排放关系分析，丹麦和瑞典经济发展和碳排放总量实现绝对脱钩，即随着经济总量增加，碳排放总量出现显著下降态势。

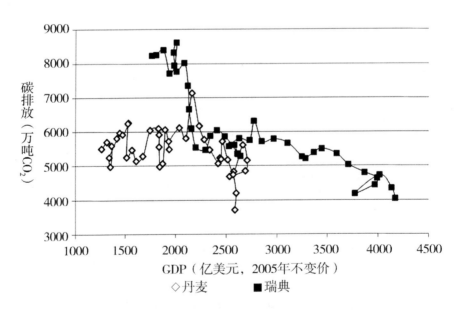

**图2—1　瑞典和丹麦碳排放趋势（1971—2012年）**

资料来源：国际能源署数据库。

（二）零碳城市和零碳区县

目前，国际上一些城市提出建设零碳城市的目标，国内如湖南省长沙县提出建设零碳县的目标，河北省崇礼县提出打造"奥运零碳专区"目标。

1. 零碳城市

核能和可再生能源等零碳能源的发展是零碳试验区建设的基础与根本。2009 年 3 月，哥本哈根提出建设世界上首个零碳排放城市：2015 年二氧化碳排放在 2005 年的基础上减少 20%；2025 年全市二氧化碳排放量降低到零。其零碳能源发展策略主要是发展风电、氢能与生物质能源，在交通领域发展可再生能源提供电力的电动车和氢动力车，为步行、自行车交通等慢行交通方式提供更为便捷周到的服务，包括基础设施建设和舆论宣传、加大投入风力涡轮机项目、鼓励市民投资绿色能源开发等。

马斯达尔位于阿拉伯联合酋长国（简称"阿联酋"）首都阿布扎比郊区。阿联酋是世界著名的石油生产国，2014 年石油和天然气占能源消费总量比重高达 98.55%，可再生能源比重仅为 0.004%。马斯达尔零碳城市建设的核心理念是全部采用可再生能源，主要是太阳能实现能源供应。作为碳排放移动源的交通运输工具而言，主要采用电动汽车，但是电力来源如果来自煤炭或石油等化石能源，则会引发间接碳排放，需要采取碳交易方案应对。马斯达尔电力则全由可再生能源供应，实现绝对意义上的零碳发展。此外，水资源和能源作为人们生产生活的两大基础条件，马斯达尔充分发展静脉经济，一方面推广节水设备，另一方面实现废水循环利用和经过除盐处理的海水，除盐过程中完全采用太阳能发电的除盐设备。

2015 年 10 月，河北省承德市提出创建中国首个零碳城市的战略目标。承德建设零碳城市的战略构想重点是实施清洁电力、替煤供热、绿色交通、绿色建筑、森林碳汇五大工程。到 2020 年，承德市 100% 的电力消费来自可再生能源，基本形成以可再生能源为主的能源保障和供应体系。2014 年，承德市风电装机并网发电量已经达到 240 万千瓦，太阳能达到 22 万千瓦，风力发电量为 48.05 亿千瓦时，折合 59 万吨标准煤，森林覆盖率达到了 56%。2014 年承德市能源消费总量超过 1000 万吨标准煤,单位 GDP 能源消费量超出全国平均水平 10%(GDP 根据 2005 年不变价格核算),因此确定承德市到 2025 年建成碳中和城市、2040 年建成零碳城市的目标较为合理。

2. 零碳区县

2014 年,湖南省长沙县制订了零碳县发展模式试点实施方案,提出主要围绕产业低碳化、生活绿色化和碳汇规模化三大任务,通过能源总量控制、节能降耗、工业结构调整、示范工程建设等手段,实现零碳发展目标。

实施近零碳排放区示范工程是党的十八届五中全会提出的坚持绿色发展的重要内容,国家"十三五"规划纲要在"积极应对全球气候变化"中进一步提出,深化各类低碳试点,实施近零碳排放区示范工程。与低碳的"低"类似,近零碳的"近"并无确切的标准,而是逐步向零碳发展迈进的过程。

生态文明建设背景下,长沙县作为中西部经济发展第一强县,"十三五"时期,有必要选择特定区域,建设以生物质能、风能、太阳能等多种可再生能源互补结合的绿色零碳能源供应体系,率先开展零碳排放区示范工程建设。

(三)零碳社区

社区是比城市或区县更小的行政单元。按照职能分类,可以将社区分为生活性社区和生产性社区两类,前者能源消费主体为居民,后者能源消费主体为生产单位,其中贝丁顿社区可作为生活性社区零碳建设的代表。

贝丁顿零碳社区位于英国首都伦敦南郊,其能源来源为可再生能源。一方面是太阳能发电,主要依靠建筑楼顶和朝阳墙面安装太阳能光伏板来实现;另一方面,利用废旧木料、树木修剪后树枝等生物质能燃料发电。可再生能源除了为用户提供热水、为电动汽车充电外,社区电网与国家电网相连,多余的电力可向国家电网供电,在一定意义上实现了"负碳"发展,即在零碳发展的基础上,通过可再生能源输出,降低区外化石能源消费量,对社区外的低碳发展做出支持与贡献。

我国首个国家级零碳能源互联网片区可以作为零碳社区建设的

典型。片区位于河北省承德市围场满族蒙古族自治县，通过将可用于能源互联网建设的屋顶、土地、生物质、地下资源全部注入实体公司，根据新型能源互联网片区整体解决方案，整合节能建材、光热、光伏、生物质、风电、大规模储能、非燃油交通工具等资源，采用拥有自主知识产权的最新智能能源互联网管理系统，打造新型零碳社区。其能源互联网片区发展模式在全国大气污染最为严重的京津冀地区快速推广，对于短期内缓解和改善区域大气环境质量，以及提供大量清洁可再生能源具有示范效应。

（四）零碳建筑

所谓零碳建筑，即建筑在不消耗煤炭、石油以及化石能源提供的电力的情况下，能源消费全部依靠建筑自身生产的可再生能源提供。一方面在建筑设计时充分考虑气象、地形等自然条件，实现建筑节能；另一方面在建筑物本身安装太阳能、风能设备，生产可再生能源以满足建筑物运行。

中国香港零碳天地展览馆位于九龙湾常悦道，是零碳建筑的典范。其建筑运行原理是通过太阳能光伏板和以生物质燃料推动的三联供应系统，生产可再生能源，达到零碳排放的目标。与贝丁顿零碳社区建筑运行原理类似，香港零碳天地建筑所生产的可再生能源多于自身需求，可以把剩余的能源回馈到公共电网。

除利用可再生能源外，建筑节能设计可以作为零碳建筑的重要基础之一。贝丁顿零碳社区建筑的烟囱状装置称作"风帽"，是一种自然通风装置，具有特殊的开口设计，能随风旋转，从而将室外的新鲜空气通过管道引入室内。通常室内温度较高，为了减少换气过程中的热量流失，设计者对进气和出气管道做了特殊处理，使室外冷空气进入和室内热空气排出时在管道中发生热交换，从而节省保暖所需的能源。

## 三　中国零碳发展试验区建设的路径

中国是世界最大的碳排放国家，根据 BP 能源统计资料，2014年中国能源消费总量为 29.72 亿吨标准油，折合 42.46 亿吨标准煤，碳排放总量达到 97.61 亿吨 $CO_2$，占世界比重为 27.5%，超过了美国和欧盟碳排放量之和。在碳减排方面，中国面临巨大的国际压力。

（一）应对气候变化国家自主贡献

为积极应对气候变化，践行低碳发展，2015年6月30日，中国向联合国气候变化框架公约秘书处提交了应对气候变化国家自主贡献文件《强化应对气候变化行动——中国国家自主贡献》，确定了2020年和2030年的行动目标。2030年行动目标是：二氧化碳排放2030年左右达到峰值并争取尽早达峰，单位国内生产总值二氧化碳排放比2005年下降60%—65%，非化石能源占一次能源消费比重达到20%左右，森林蓄积量比2005年增加45亿立方米左右。

（二）零碳发展试验区建设的主体路径

2015年10月，党的十八届五中全会提出推动低碳循环发展，建设清洁低碳、安全高效的现代能源体系，实施近零碳排放区示范工程。零碳排放首次被写入党的文件，零碳发展成为新时期生态文明建设的核心目标之一。

从能源资源层面分析，零碳发展在中国绝非天方夜谭。以可再生能源为例，内蒙古地区拥有国家最丰富的风能资源，西藏拥有全国最为丰富的水能资源和太阳能资源，同时内蒙古和西藏边远地区经济欠发达，能源需求量少，可再生能源完全可以自给自足，具备零碳发展的能源资源基础与条件。

在可再生能源富集地区，2015年10月，国家发改委出台了《关于可再生能源就近消纳试点的意见（暂行）》，开展零碳试验区建设，根据能源供应情况，因地制宜布局发展产业，不仅可以有效解决局部地区较为严重的弃风、弃光问题，对于优化能源消费结构、促进绿色低碳发展也具有积极意义。

从区域等级分析，除了东部高度工业化的区域之外，中国还有面积广大的林区和牧区，牧草地和林地合计占国土面积的52.37%。根据全国主体功能区规划，限制开发区域中的重点生态功能区，生态系统脆弱或生态功能重要，资源环境承载能力较低，不具备大规模高强度工业化城镇化开发的条件。把增强生态产品生产能力作为首要任务，需要限制进行大规模高强度工业化城镇化开发，可以作为零碳发展的基地。特别是在边远的林区和牧区，主要产业为牧业和林下产业，生活性能源是能源消费的主题，完全可以利用太阳能、风能、水能等可再生能源，采用可再生能源微电网或局域电网模式，发展分布式能源，开展零碳发展试验区建设。

一些已开发的旅游景区和风景名胜区，主要功能为发展旅游业或开展生态保护，能源消费量有限，能源消费主要用于景区建筑运行、设施维护和区内交通工具。在不破坏自然景观的前提下，发展可再生能源，满足区内能源需求，融旅游、保护、教育为一体，促进可持续健康运行。

从区域职能分析，无论经济发达程度如何，学校或机关事业单位的能源主要用于建筑运行。参照贝丁顿零碳社区建筑和香港零碳天地建筑模式，开展零碳校园和零碳单位建设，特别是编入区域"十三五"低碳发展及应对气候变化规划，尤为必要。

**四　建设展望**

从目前实际情况看，参照国际经验，中国在社区开展零碳发展试验区建设具有可操作性与现实意义。

2014年3月，国家发改委启动开展低碳社区试点工作，工作目标是重点在地级以上城市开展低碳社区试点工作，国家低碳试点省市率先垂范，大力推动低碳社区试点工作。到"十二五"末，全国开展的低碳社区试点争取达到1000个左右，择优建设一批国家级低碳示范社区。为指导和推进低碳社区试点建设工作，2015年国家发改委组织编制了《低碳社区试点建设指南》，明确了低碳社区试点的基本要求和组织实施程序，提出按照城市新建社区、城市既有社区和农村社区三种类别开展试点，并详细阐述了每类社区试点的选取要求、建设目标、建设内容及建设标准。截至2015年年底，国家级低碳示范社区尚未发布。

中国作为最大的发展中国家和世界第一碳排放大国，开展零碳发展试验区建设试点工作势在必行。一方面，是充分体现中国发展的制度优势；另一方面，作为提升国际形象和话语权的重要抓手。建议"十三五"时期，国家发改委在巩固建设国家级低碳示范社区的基础上，推动零碳社区建设，到"十三五"末，全国开展的零碳社区试点争取也达到1000个左右，成为生态文明和美丽中国建设的典范。

# 第三章 长沙县生态文明建设的 总体战略

长沙县毗邻湖南省会长沙，从东、南、北三面环绕长沙市区，处于长株潭"两型社会"综合配套改革试验区的核心地带（见图 3—1）。已成为长沙市 2020 年 310 平方公里城市总体规划"一主两次"中的两个城市次中心之一和长沙市商业体系规划"一主两副"中的两个商业副中心之一。全县辖 20 个乡镇，228 个行政村，41 个居委会，总面积 1997 平方公里。2014 年年末，长沙县常住总人口 103.78 万人，户籍总人口 83.2 万人，人均预期寿命为 77.48 岁，城市化率为 57.42%。

长沙县交通便利，长永高速、机场高速、绕城高速、株黄高速、103 省道横穿县境，107 国道、京珠高速、207 省道和建设中的武广铁路纵贯南北，国际空港黄花机场坐落于境内，县城距黄花机场、长沙火车站、湘江码头均约 8 公里。县域内形成以"九纵十二横"为骨干的道路交通网络，公路通车总里程达 4000 多公里。2020 年前实施的长沙地铁 2A 线将连接星沙—马坡岭城市东次中心和武广新长沙站。

近年来，长沙县紧紧围绕"领跑中西部，进军前十强"的奋斗目标，按照幸福与经济共同增长、乡村与城市共同繁荣、生态宜居与发展建设共同推进的理念，经济社会持续健康较快发展，先后获得了"中国十大最具幸福感城市（县级）""全国十八个改革开放典型地区之一""全国最具投资潜力中小城市百强""国家生态示范县"等荣誉称号。

2016 年是"十三五"规划开局之年，也是经济进入深度调整期

图 3—1　长沙县区位

和转型期的关键之年，更是全面建成小康社会决胜阶段的开局之年。根据统计，2014 年长沙县全面建成小康社会总实现程度已经达到 90.9%，生态文明领域指标达到 100%（见表 3—1）。

表 3—1　长沙县全面建成小康社会统计监测情况（2014—2020 年）

| 指标名称 | 单位 | 目标值（2020 年） | 权重 | 数值（2014 年） | 单指标实现程度（%） | 得分 |
|---|---|---|---|---|---|---|
| **一、经济发展** | — | | 45 | | 90.5 | 40.7 |
| 1. 人均地区生产总值（按 2010 年不变价） | 元 | ≥110000 | 5 | 98193 | 89.3 | 4.5 |
| 2. 人均财政总收入 | 元 | ≥12000 | 7 | 13729 | 100 | 7 |
| 3. 税收占财政总收入的比重 | % | ≥85 | 7 | 86.8 | 100 | 7 |
| 4. 结构指数 | % | 100 | 12 | | 95.5 | 11.5 |
| （1）第二、第三产业增加值占 GDP 比重 | % | ≥96 | | 93.5 | 97.4 | |
| （2）高新技术产业增加值占 GDP 比重 | % | ≥30 | | 37.6 | 100 | |
| （3）文化产业增加值占 GDP 比重 | % | ≥8 | | 6.7 | 84 | |

续表

| 指标名称 | 单位 | 目标值<br>（2020 年） | 权重 | 数值<br>（2014 年） | 单指标实现<br>程度（%） | 得分 |
|---|---|---|---|---|---|---|
| 5. 城镇化率 | % | ≥65 | 4 | 57.4 | 88.3 | 3.5 |
| 6. 园区规模工业增加值占规模工业增加值比重 | % | ≥90 | 5 | 86.8 | 96.4 | 4.8 |
| 7. 金融机构各项贷款增长率 | % | ≥100 | 5 | 48.7 | 48.7 | 2.4 |
| 8. 规模以上企业农产品加工产值与农业产值比 | % | — | 0 | 99 | 0 | 0 |
| 二、人民生活 | — | | 19 | | 84.2 | 16.1 |
| 9. 居民收入水平 | 元 | | 7 | | 77.4 | 5.4 |
| （1）城镇居民人均可支配收入 | 元 | ≥50000 | | 33513 | 67 | |
| （2）农村居民人均纯收入 | 元 | ≥25000 | | 22872 | 91.5 | |
| 10. 人均住房使用面积 | 平方米 | ≥32 | 2 | 46.2 | 100 | 2 |
| 11. 人均储蓄存款 | 元 | ≥32000 | 3 | 29396 | 91.9 | 2.8 |
| 12. 居民文教娱乐服务消费支出占消费总支出比重 | % | ≥18 | 3 | 13.1 | 72.5 | 2.2 |
| 13. 农村居民安全饮水比率 | % | 100 | 2 | 82.6 | 82.6 | 1.7 |
| 14. 行政村客运班线通达率 | % | ≥98 | 2 | 100 | 100 | 2 |
| 三、社会发展 | — | — | 15 | | 93.9 | 14 |
| 15. 社会保障发展水平 | % | | 4 | | 100 | 4 |
| （1）基本医疗保险覆盖率 | % | ≥90 | | 92.9 | 100 | |

续表

| 指标名称 | 单位 | 目标值（2020年） | 权重 | 数值（2014年） | 单指标实现程度（%） | 得分 |
|---|---|---|---|---|---|---|
| （2）基本养老服务补贴覆盖率 | — | ≥50 | | 100 | 100 | |
| 16. 教育发展水平 | % | | 4 | | 98.6 | 3.9 |
| （1）高中阶段毛入学率 | % | ≥95 | | 100 | 100 | |
| （2）平均受教育年限 | 年 | ≥11.5 | | 11.2 | 97.1 | |
| 17. 医疗卫生水平 | % | | 4 | | 100 | 4 |
| （1）每千人拥有床位数 | 张 | ≥4 | | 5.4 | 100 | |
| （2）5岁以下儿童死亡率 | ‰ | ≤12 | | 5.6 | 100 | |
| 18. 人均拥有公共文化体育设施面积 | 平方米 | ≥3 | 3 | 2.1 | 71.6 | 2.1 |
| **四、民主法治** | — | — | 11 | | 91.7 | 10.1 |
| 19. 城乡居民依法自治 | % | | 4 | | 100 | 4 |
| （1）城镇居委会依法自治达标率 | % | ≥90 | | 100 | 100 | |
| （2）农村村委会依法自治达标率 | % | ≥90 | | 100 | 100 | |
| 20. 社会安全指数 | % | 100 | 7 | 87 | 87 | 6.1 |
| （1）刑事犯罪率（25%） | | | | 10.526 | 48.1 | |
| （2）交通事故死亡率（20%） | | | | 0.3127 | 100 | |
| （3）火灾事故死亡率（15%） | | | | 0.0098 | 100 | |

| 指标名称 | 单位 | 目标值（2020年） | 权重 | 数值（2014年） | 单指标实现程度（%） | 得分 |
|---|---|---|---|---|---|---|
| （4）亿元GDP生产安全事故死亡率（20%） | | | | 0.0109 | 100 | |
| （5）群体性食品安全事故年报告发生数（20%） | | | | 0 | 100 | |
| 五、生态文明 | — | — | 10 | | 100 | 10 |
| 21. 单位GDP能耗 | 吨标煤/万元 | ≤0.62 | 3 | 0.572 | 100 | 3 |
| 22. 环境质量指数 | % | | 5 | | 100 | 5 |
| （1）城镇污水处理率 | % | ≥75 | | 100 | 100 | |
| （2）空气质量达标率 | % | ≥95 | | 97.7 | 100 | |
| （3）地表水质达标率 | % | 100 | | 100 | 100 | |
| 23. 绿化水平 | % | | 2 | | 100 | 2 |
| （1）森林资源蓄积量增长率 | % | ≥3 | | 3.4 | 100 | |
| （2）城镇建成区绿化覆盖率 | % | ≥26 | | 30 | 100 | |
| 24. 全面建成小康社会总实现程度 | — | — | 100 | | | 90.9 |

根据国家"十三五"规划纲要第三十九章"推进长江经济带发展"，要求坚持生态优先、绿色发展的战略定位，把修复长江生态环境放在首要位置，推动长江上中下游协同发展、东中西部互动合作，建设成为我国生态文明建设的先行示范带、创新驱动带、协调发展带。长沙县是长江经济带中游经济发展第一强县，因此，"十三五"时期长沙县需要积极贯彻"创新、协调、绿色、开放、共享"五大

发展理念，在全省乃至全国率先建成小康社会，成为绿色发展和生态文明建设的示范与表率。

近年来，长沙县坚持把生态文明建设融入经济建设、政治建设、文化建设、社会建设的各方面和全过程，有力地推动了经济社会与生态建设同步进行、经济效益与生态效益同步提高、产业竞争力与生态竞争力同步提升、物质文明与生态文明同步推进，先后获评"全国生态县""全国文明县城""国家卫生县城""国家园林县城""全国绿化模范县""中国人居环境范例奖""中国最具幸福感城市金奖"等多项殊荣，并连续两年蝉联全国十佳"两型"中小城市榜首，"两型"发展模式和科学发展经验被全国推广。

生态文明是一种全新的和谐发展理念，只有让生态文明理念融入血液深入骨髓，变成每个人的信仰，才能最终转化为人们保护生态、建设生态文明的行为自觉。长沙县在推进生态文明建设中，始终坚持理念先行，注重通过培育生态文化、生态道德，引导人们在对生命和自然的认识、体验、感悟中，将生态文明理念融入心灵深处，转化为内在诉求，使生态文明成为社会主流价值观，融合社会主义核心价值观，在全县上下营造崇尚绿色发展、生态文明的新风尚。

一是积极培育生态文化。充分利用广播、电视、报纸、网络等媒体，广泛宣传普及生态文明法律法规、科学知识，引导社会公众自觉树立资源忧患意识、环境保护意识、资源节约意识、绿色消费意识、适度消费观念等，将生态文明内化于心、外化于行，主动落实到行动和日常生活中。深入开展"两型"创建活动，以节能、节水、节地、节材、资源综合利用和保护环境为重点，以宣传动员、教育培训、制度标准、行为规范、设施建设和技术进步为手段，大力推进"两型"机关、"两型"学校、"两型"企业、"两型"社区、"两型"村庄建设，在社会各个层面逐步形成与"两型"社会相适应的思想观念，形成崇尚节俭、合理消费的"两型"文化。

二是引入农村乐和文化。在农村引入北京地球村公益组织"乐和"理念，积极探索开展"乐和乡村"建设，重点围绕创新乡村公共服务、完善乡村社会治理、推动乡村文化复兴、发展乡村公共经济、保护乡村生态环境等方面，着力建设以"乐和治理、乐和生计、乐和礼义、乐和人居、乐和养生"为目标的美丽乡村，切实推动绿色社区、垃圾分类、环保节能等公益行动和政府公共政策在农村真正落地，引导农村从生态保护向生态文明迈进。

三是大力倡导"两型"生活。在全省率先倡导"两型"生活方式，制定出台了《长沙县两型生活方式评价标准》，分为"两型"生活方式约束性评价指标和"两型"生活方式倡导性评价指标，从与每个人生活密切相关的衣、食、住、行等方面，积极引导社会公众树立节约、环保、适度的消费理念，倡导勤俭节约、绿色低碳、文明健康的生活方式和消费模式，自觉抵制和反对各种形式的盲目消费、过度消费和奢侈消费，积极争当"两型"生活方式构建的先行者、引领者和示范者，使绿色发展、绿色消费和绿色生活方式成为每个社会公众的自觉行动，努力用新的生活方式破四风、树新风。

生态文明建设是一项复杂的系统工程，只有科学做好顶层设计，对生态文明建设的各方面、各层次、各要素统筹规划，才能合理优化国土空间开发格局，保障生态文明建设的持续推进。长沙县从一开始就高度重视顶层设计对于转变经济发展、调整产业结构、加强生态修复、创新体制机制等具体推进工作的统领作用，及早从方向指引、工作重点、制度支撑、战略保障等方面进行了整体铺排，为实现"屋外绿水青山、屋内金山银山"的生态文明建设目标打下了坚实基础。

一是科学编制工作规划。坚持以幸福与经济共同增长、乡村与城市共同繁荣、生态宜居与发展建设共同推进的"三个共同"发展理念为指导，按照资源节约型和环境友好型的要求，结合全县土地资源状况、经济社会发展、生态环境建设需要，高标准编制了《长沙县土地利用总体规划（2006—2020 年）》《长沙县城乡一体化规划（2005—2020 年）》《长沙县功能分区体制机制创新实施规划（2013—2020 年）》《长沙县生态建设规划》《长沙县创建全国生态县实施方案》《星沙新城绿地系统专项规划》《长沙县新农村环境保护规划》《长沙县新农村·新环保·新生活三年行动计划》等系列工作规划，在全国率先建立了县级"两型"建设指标体系，对全县生态文明建设的目标、定位、路线图、时间表等进行了一一明确。

二是科学划分功能分区。在空间开发上，将全县科学划分为优先开发区、重点开发区、限制开发区和禁止开发区。在产业发展上，将全县科学划分为长沙经济技术开发区、长沙临空经济区、星沙松雅湖商务区、黄兴会展经济区、长沙现代农业区等五大主体功能区，按照城乡统筹、产城融合、错位发展的原则，配套实施差异化的财政、土地、环保等政策，科学引导不同区域积极在规划设计、基础设施、产业发展、项目招商、环境保护、队伍管理等方面先行先试，最大限度地实现集约节约发展。在生态建设上，将县域划分为生态保护区、生态控制区、生态缓冲区和生态协调区四个生态建设功能区。在生态保护区内，鼓励合理开发未利用地植树造林，鼓励陡坡地退耕还林，重点保护区域内金井水库、桐仁桥水库和红旗水库的水源水质；在生态控制区内，鼓励合理开发未利用地植树造林，允许使用区内土地进行农业生产活动和适度的旅游设施建设；在生态缓冲区内，鼓励将区内现有非农建设用地和其他零星农用地整理、复垦或调整为基本农田，通过多种手段提高基本农田的生产能力；在生态协调区内，鼓励优先利用现有闲置地和废弃地进行城镇建设，增加城镇绿地面积，改善城乡生态环境。在生猪养殖污染治理上，按照环境的承载能力，将全县科学划分为禁养区、限养区、适度养殖区，规定浏阳河、捞刀河流域干流及其主要支流 50 米范围内为禁养区，禁止包括生猪在内的所有禽畜养殖，河道 50 米至 500 米范围内为"一级限养区"，每户生猪等牲畜养殖不得超过 20 头，严格推行总量控制、生态养殖。

三是严格绿色政绩考核。从 2008 年开始，长沙县就坚持以绿色政绩考核引领生态文明建设，将资源消耗、环境损害、生态效益纳入经济社会发展评价体系，率先取消对镇街的 GDP 考核指标，在绩效考核指标体系中拿出 13% 的分值作为生态环保考核指标。对城市发展型街道考核分值重点倾向财政收入、城市建设与管理、现代服务业，弱化工业招商、工业经济等考核指标；对工业和综合发展型乡镇考核分值重点倾向财政收入、工业发展、社会事业管理，弱化农业产业化、农业招商引资等考核指标；对生态农业型乡镇考核分值重点倾向生态环境保护与建设、农业产业化，不设置工业经济和工业招商等考核指标。通过分类设置考核指标和分值权重，并将生态环境建设与干部提拔任用、评先评奖挂钩，从源头上遏制了部分乡镇发展工业、制造污染的冲动，将工作关注点从过于注重经济建设向经济、政治、文化、社会和生态发展并重转变。

建设生态文明必须从转变经济发展方式这个源头抓起，只有用最少的资源消耗创造最大的社会财富，把生态优势转化为经济优势，把生态资本转化为发展资本，才能做到加强生态保护、发展生态经济、实现生态富民三者有机统一。长沙县始终坚持把生态作为一张"王牌"来打造，作为与全国其他十强县竞争的优势来保护，以生态环境质量总体改善为导向，以资源环境承载能力为基础，积极改变不合理的产业结构、能源结构、资源利用方式，以生态环境保护倒逼绿色发展、低碳发展、循环发展。

一是坚持工业项目进园区。按照"经营开发区、建设工业园"的思路，着力打造区域内相互依存的产业"生态"群落，努力构建层次分明、衔接互补、分工协作的园区体系，逐步形成了以"一区八园"为核心的工业空间发展格局，重点支持长沙经开区开展国家生态工业示范园、国家新型工业化产业示范基地、国家知识产权示范园区等创建工作。积极支持长沙经开区将园区容积率提高到1.5，制定出台了工业地产建设管理实施意见，鼓励企业新建或改造多层工业厂房，节约集约用地向空中发展，经开区在园区面积保持不变的情况下，发展空间拓展了3—4倍，土地使用效益成倍提高。坚持推行"工业项目进园区"，用尽量少的土地资源，创造尽量大的经济效益，然后用产生的经济效益反哺农业农村，保护山水资源，最大限度地减少对生态的破坏和对环境的污染。目前，全县300多家重点企业在不足全县1%的土地上，产生了全县90%以上的工业产值和财政税收，在全县形成了"用1%的土地支撑经济发展，99%的土地保护生态环境"的发展格局。长沙经开区每平方公里工业产值、税收分别达到43亿元、2.6亿元，工业集中化、产业集聚化、资源集约化发展水平不断提升。

二是加快产业转型升级。科学确立"优势产业率先发展、潜力产业加快发展、传统产业规模发展"的产业发展原则，通过不断优化三次产业结构，发展质量和效益水平不断提升。工业方面，围绕打造"工程机械之都"和"中国汽车产业集群新板块"，着力培育千亿企业、千亿产业，吸引了一批拥有国际知名品牌和核心竞争力的龙头企业，以三一重工、中联重科、山河智能等企业为龙头的工程机械产业蓬勃发展，其产业产值占到全省同行业的60%，产品占到全国同行业市场总量的23%、全球市场份额的7.2%。随着上海大众、广汽菲亚特、广汽三菱、北汽福田、陕西重卡等整车生产项目的相继落户，长沙县已经成为全国最完整汽车车系制造区域之一。现代服务业方面，出台了促进现代服务业发展的若干优惠政策，科学布局了十大重点现代服务业平台，高标准谋划和建设了松雅湖、空港城、黄兴市场群、安沙物流园等一批重大服务业功能区，重点支持现代商贸、信息咨询、金融保险、科技服务、创意设计等现代服务业加快发展。现代农业方面，重点推行以农业企业和现代农庄为主体、产业基地为平台、农户用土地入股为主要方式的"公司和农庄+基地+农业工人"的生产经营模式，积极发展融农业生产、农产品精深加工、农业体验休闲为一体的现代农业，基本建成"一乡一品、两大走廊、三条主轴、七大产业、百家农庄"的现代农业发展格局。与此同时，县财政每年安排3000多万元专项资金，用于引导支持高新技术和战略新兴产业发展，使全县经济增长逐步实现由主要依靠物质资源消耗向主要依靠科技创新转变，以蓝思科技、创新电子、纽曼科技和联通数字阅读基地等为龙头的电子信息产业，有望成为长沙县第三个千亿产业集群。

三是大力实施节能减排。以长沙经开区创建"国家生态工业示范园"为契机，积极引导企业加强能耗控制和污染治理，对水泥、造纸、冶炼、制革等高能耗、高排放的企业进行了重点清理整顿，对大型宾馆、酒店、商场等重点用能单位强化了节能降耗管理，先后关闭和搬迁60多家高污染、高能耗企业。对园区所有企业强制推行清洁生产，在全省率先推行燃煤锅炉改清洁能源行动，对174家工业企业投资近7亿元进行了节能技术改造。制定出台财政补贴等政策引导措施，在城乡广泛推广生物质能、风能、太阳能等可再生能源应用，提倡使用节能灯、太阳能热水器、太阳能路灯等节能设施。积极推动绿色建筑评定和现有建筑的节能改造，全面落实建筑节能计划，全县新建建筑节能设计率达 100%、节能合格率达 100%、节能验收合格率达 100%，成功获评"国家可再生能源建筑应用示范县"。加快发展环保产业和循环经济，严格实行项目准入制度和监管处罚制度，严格落实环保"第一审批权"和"一票否决权"，凡是新引进、新申办的工业企业，一律实行环境影响评估，对高能耗、高排放等不符合环保要求的项目，一律予以限批，近年来共对近百家新引进项目实施环保"一票否决"，真正从源头上控制了新污染源的产生，决不以牺牲生态环境为代价谋求一时的发展。

推进生态文明建设需要强化生态治理、生态修复的基础性地位，只有运用生态文明的理念和方式，用生态的办法修复生态，才能给自然留下更多发展空间，加速构建"天然碳汇"生态屏障。一直以来，长沙县都坚持把保护、修复绿水青山当作重要使命，在环境保护与发展中，自觉把保护放在优先位置，在发展中保护、在保护中发展；在生态建设与修复中，自觉以自然修复为主，适当强化人工干预。

一是统筹推进城乡绿化。先后实施了"百条河港堤岸、千里乡村公路、十万农家庭院"绿色愿景工程，启动了"一乡一个示范村、一村一个示范组、一组十家示范户"的生态环境示范村庄建设工程，开展了三年造绿行动、全民义务植树和"捐赠一棵树，爱我松雅湖"等植树活动。从 2011 年起，县财政连续五年每年安排 1000 万元以上资金补助植树造林。

二是深入开展城乡环境治理。大力推进污水处理设施建设，全面完成乡镇污水处理厂建设，基本形成了以县城污水净化中心为"核"，县城南、北两个污水处理厂为"翼"，农村集镇污水处理厂为"点"的格局，在全省率先实现县城及所有乡镇集镇污水处理设施全覆盖。全面加强禽畜养殖污染治理，对全县禁养区、限养区、适度养殖区内的养殖场，启动实施了"改栏、清粪、处理水"工程，改造中严格做好栏舍的雨污分流改造，栏舍外围的排粪沟一律用暗管导入沼气池，经净化池处理后的污水再排入污水收集池或用管道导入菜园、茶园等种植业园或人工湿地，全县畜禽养殖总量得到有效控制。大力实施以"清洁水源、清洁田园、清洁能源、清洁家园"为主要内容的"四洁农村"试点工程，在全国开创了农村环境综合整治工作的先河。大力实施河流常态保洁，在全力取缔水源敏感区高污染企业的同时，组建20支河道保洁队伍，对捞刀河、浏阳河流域323公里主要河港杂物进行日常打捞，划定水质断面监测点，开展定期和不定期监测，并将出境水质列入乡镇绩效考核的重要内容。

三是集约节约利用资源。以提高能源资源利用效率为核心，综合运用法律手段以及财税、价格等经济杠杆，全面促进节材、节水、节地以及能源资源的综合利用。大力倡导使用节水设备和器具，严格限制高耗水行业发展，支持企业和中小型灌区进行节水技术改造，积极推广高效节水灌溉农业，进一步提升了保水、节水水平，目前全县节水器具普及率达100%，工业用水排放达标率达到100%，先后获评"湖南省节水型城市""全国第三批小农水重点县"。积极创新节约集约用地模式，以县域北部镇村为重点，依托自然村落，在保证老百姓自愿、自主、保护生态的前提下，合理引导村民集中居住，注重维护农村历史文脉、田园风光等文化遗产和自然禀赋，突出乡村风情和地方特色，最终逐步形成布局合理、用地集约、设施配套、功能完善的农民集中居住点；严把项目用地预审关，土地审批前制止盲目投资和低水平重复建设，严格执行新的禁止、限制供地目录，优先产业政策鼓励发展的项目；先后对全县新中国成立初期修建的4万多口山塘进行了一次全面清淤，使全县山塘蓄水量提高1倍以上，并由此引导县内企业研究开发了一种山塘清淤机；对自然条件较差、生产资源贫乏的贫困村、深山村，实施了整体生态移民，建立生态无人区，让山区生态环境得到有效保护。

加强生态文明建设和生态环境保护，不仅仅是一个经济问题，更是一个政治问题。只有坚持把"良好的生态环境，当作最公平的公共产品，最普惠的民生福祉"来抓，才能做到"像保护眼睛一样保护生态环境，像对待生命一样对待生态环境"，真正在绿色发展中实现人民群众对美好生活的向往。长沙县在推进生态文明建设的过程中，始终秉承"绿水青山就是金山银山"的生态价值观，坚持通过不断改善人居环境、优化公共服务，努力实现提升人民群众生活的参与感、获得感、幸福感。

一是深入开展美丽乡村建设。制定了《改善农村人居环境建设美丽乡村的实施方案》，以构建农民"两型"生产生活品质、全面改善农村基本生产生活条件、综合整治农村人居环境、建设美丽宜居乡村等为重点，按照"规划布局完美、村容环境优美、农民生活甜美、乡风文明和美"的考评标准，努力建设一批全省示范、全国一流的美丽乡村，打造长沙县"美丽农村、快乐农业、幸福农民"的"三农"新品牌。力争到2017年，实现100%的村庄人居环境整洁、环保、舒适，90%以上的村庄基本达到新农村建设要求，建成30个左右美丽示范乡村、3条连片整治示范带。

二是大力推进新型城镇化。坚持"以工哺农、以城带乡"的总体思路，把工业与农业、城市与乡村、城镇居民与农村居民作为一个整体来统筹谋划，按照资本集中下乡、土地集中流转、产业集中发展、农民集中居住、生态集中保护、公共服务集中推进的"六个集中"要求，积极推进了城乡规划、基础设施、公共服务、产业发展、生态环境和管理体制"六个一体化"建设，启动了水、电、路、气、讯"五网下乡"工程，有效地推进了以镇带村同步建设、农村商贸集中发展、城市资本共同投入、公共服务全面覆盖、产业发展统一布局，初步探索出了富有特色的城乡一体化发展道路。目前，全县数字电视平移和广播电视村村通全面完成，管道天然气延伸至14个镇（街道），所有镇（街）全部接通自来水并实现污水处理设施全覆盖，县内主干道和镇街中心集镇实现城乡公交全覆盖，农村通村公路"白改黑"和微循环建设正在有序推进。

三是大力提升城乡公共服务水平。坚持把每年新增财力的80%用于民生，先后在全国率先实现县城免费Wi-Fi全覆盖、县域校车全覆盖，在全省率先实现城乡居民养老保险和城乡居民医疗保险并轨运行、被征地农民全部转入城镇职工社保体系，率先建立城乡特困户医疗救助制度、爱心助医制度，率先开展革命先烈后代困难家庭幸福计划等试点工作，并向全县贫困家庭连续两年每年发放2400万元以上"过年红包"，每年新增5000多万元用于从12个方面提升全民社会保障水平。以创建国家公共文化服务体系示范区为抓手，积极推进农村居民集中居住点农民免费看有线电视试点，着力探索大中小学校、机关企事业单位体育设施向社会开放，县域内镇（街道）综合文化站、村级农家书屋实现了全覆盖，在全省率先建成了县、镇、村三级公共文化体育服务网络。积极引进国内外优质教育、医疗资源进入镇（街道）开展联合办学、联合办院，促进城乡优质教育、医疗资源合理流动，探索实行免费教育向学前教育和高中教育两端延伸，让农村群众在家门口就享受到与城里人一样的优质教育、医疗等资源。

推进生态文明建设必须坚持把改革创新作为突破口，只有不断推动理念、制度、路径创新，不断完善生态环境治理体系，才能为生态文明建设注入强大动力，推动生态建设和环境保护工作取得更大成效。多年来，长沙县始终保持奋勇当先、永不停滞的改革劲头，在生态文明建设方面进行了很多有益探索，生态文明建设工作一直走在全省乃至全国前列，创造了一些独特的"长沙县经验"。

一是积极创新工作机制。2010年，长沙县首创县域生态补偿机制，建立"谁开发谁保护、谁破坏谁修复、谁受益谁补偿、谁污染谁治理"的运行体系，全县除公益设施建设外的所有土地出让每亩新增3万元用于生态建设和环境保护，通过从土地出让收入中划拨资金、加大财政投入、接受社会捐助、争取上级支持等多种渠道，筹资设立了生态补偿专项资金，重点对生态公益林保护建设、水源涵养区和生态湿地保护、生态移民工程建设、农村环保合作社运行、重点污染企业退出等进行补偿。在全省率先建立河流常态保洁机制，在突击清除外来物种"水葫芦"阻滞河面和消除水源敏感区高污染企业的同时，每年投入600万元建立了20支河道保洁队伍，对县域内主要河港、水源保护区进行常态管理，并对全县范围内的主要河流划定了32个水质断面监测点，由环保部门每季检测一次，出境水质直接列入考核乡镇绩效的重要内容，形成了社会共担截污减排任务的管理机制。积极创新乡村治理模式，在大力推进"乐和"乡村建设、以村民议事会为核心的新型村级治理的同时，大力实施"三个管住"，即通过管住村干部来管住农村社会稳定、管住绩效考核来管住农村科学发展、管住污染源来管住农村生态环境，将镇（街道）、村两级工作重心由单一强调经济发展，调整为经济建设与乡村治理并重，着力于改善农村生产生活条件、提供优质服务，使农村整体面貌焕然一新。

二是积极创新运营方式。在全国率先挂牌成立了首个农村环保合作社，逐步建立了"户有垃圾桶、组有收集池、村有回收点、镇有中转站"的基础设施网络，初步形成了"户分类减量、村主导消化、镇监管支持、县以奖代投"的农村生活垃圾收集处理模式。目前全县每镇均有一个环保合作总社，每村均有一个环保合作分社，每组均有一个保洁员，经合作社处理后平均每个乡镇生活垃圾量减少了近80%，真正实现了减量化处理有机可降解垃圾和惰性垃圾、资源化处理可利用垃圾、无害化处理不可降解垃圾和有毒有害垃圾的目标，创造了一条农村生活垃圾处理的低碳环保之路。在全国率先成立了农村环境建设投（融）资管理中心和环境建设投资公司，按照"村民出资、政府补贴、公司融资、银行按揭、争取上级支持"的模式，着力解决农村环境治理资金问题，建立了一条"用未来的钱，办现在的事，解决过去存在的问题"的环境整治投入新机制。积极创新生态资金融资方式，将城乡一体化资金，环保、农业、工信、水务、林业等单位的项目资金，以及生猪大县奖励资金、财政资金进行有效整合，实行项目计划统一下达，资金统一调度，为生态文明建设工作构建了一个强大的资金支撑体系。

# 第四章 长沙县社会经济发展与生态建设进展

## 第一节 长沙县经济发展

　　长沙县经济比较发达，县域经济综合实力有"三湘第一县"之称。在第十届中国中小城市科学发展高峰论坛上，长沙县在2014年度中国中小城市综合实力百强县（中国科学发展百强县）排名中位列第七，继续稳居中部第一，且连续三年成为中西部第一县。长沙县还获评2014年度中国最具投资潜力中小城市百强县第四名，并在2014年度中国十佳"两型"中小城市中排名第一。

　　2014年全县实现财政总收入207.2亿元，比上年增长15.1%。其中：地方财政收入140.5亿元，增长8.2%；税收收入123.9亿元，增长7.3%。地方财政收入占GDP的比重达到12.8%。财政支出平稳增长，民生支出保障有力。全年完成地方财政预算支出187.3亿元，增长33.3%。文化体育与传媒、医疗卫生、城乡社区事务、农林水事务、交通运输和商业服务业等事务支出分别增长21.8%、21%、32.8%、16%、26.1%和39.2%。2014年年末，全县金融机构各项存款余额782.4亿元，比年初增加127.1亿元，其中：城乡居民储蓄存款余额350.2亿元，比年初增加48.5亿元。2014年年末金融机构贷款余额584.3亿元，比年初增加103.2亿元。2014年全年城镇新增就业22103人，完成目标任务的130%；年末城镇登记失业率为2.6%。

2014年实现生产总值（GDP）1100.6亿元，按可比价计算，比上年增长11%。分产业看，第一产业实现增加值71.3亿元，增长6.1%；第二产业实现增加值782.2亿元，增长10.9%，其中工业实现增加值682.7亿元，增长10.9%；第三产业实现增加值247.1亿元，增长12.5%。第一、第二、第三产业分别拉动GDP增长0.3个、7.9个、2.7个百分点，三次产业对GDP增长的贡献率分别为3%、72.2%、24.8%。按常住人口计算，全县人均生产总值达107562元，比上年增长10.6%。三次产业结构由上年的6.7：71.3：22.0调整为6.5：71.1：22.4。

在第十五届全国县域经济基本竞争力、第十届中国中小城市综合实力百强评比中，长沙县分别跃居第八位和第七位。

**一　工业发展**

2015年长沙县完成工业总产值2286.1亿元。按规模分，规模以上工业企业完成2061.9亿元；规模以下工业企业完成224.2亿元。按区域分，经开区完成规模以上工业产值1711.2亿元；镇街完成规模以上工业产值347.6亿元。

"一区七园"完成规模工业产值1996.3亿元，占全部规模工业的96.8%。其中经开区完成工业总产值占全部规模工业的83.1%；"七园区"完成工业总产值占全部规模工业的13.7%。

工程机械、汽车及零部件、电子信息三大产业完成工业总产值1520.3亿元，占全部规模工业总产值的73.7%。其中工程机械产业完成产值837.9亿元；汽车及零部件产业完成产值460.4亿元；电子信息产业完成产值222亿元。

142家亿元企业完成工业总产值1964.6亿元，占规模工业总产值的85.9%。其中完成50亿元以上产值的企业9家，完成10亿元以上产值的企业24家（含50亿元以上企业），完成5亿元以上产值的企业41家（含10亿元以上企业）。

**二　建筑业发展**

2015年，长沙县56个三级以上总承包和专业承包建筑企业共实现建筑业总产值 326.2 亿元，增长 21.7%；其中实现省内产值 216.1 亿元，省外产值 110.1 亿元。完成竣工产值 211.1 亿元。房屋建筑施工面积 2250 万平方米，房屋建筑竣工面积 774 万平方米。

### 三　投资情况

2015 年，长沙县完成固定资产投资总额 770.4 亿元，增长 18.6%，完成年度计划的 102%。105 个楼盘完成房地产投资 100.1 亿元，下降 27%。其中，住宅、商业营业用房、办公楼、其他附属设施分别完成投资 69.7 亿元、16.1 亿元、1.7 亿元和 12.6 亿元。商品房销售面积 285.7 万平方米，增长 16%；商品房销售额 141.7 亿元，增长 15.7%。

### 四　消费情况

2015 年，长沙县实现社会消费品零售总额 373.7 亿元，增长 16.5%。按行业分，批发行业 27.9 亿元，增长 26.4%；零售行业 332.7 亿元，增长 15.9%；住宿行业 4.3 亿元，增长 12.3%；餐饮行业 8.8 亿元，增长 12.56%。按地区分，城镇零售额 288.4 亿元，增长 16.2%；农村零售额 85.3 亿元，增长 17.5%。

### 五　财政金融

2015 年，长沙县完成财政总收入 203.2 亿元（含划出地区），下降 1.9%，完成年度预算的 100.6%；完成地方财政收入（市口径）138.3 亿元，下降 1.6%，完成年度预算的 100%；完成上划税收 63.4 亿元，下降 4.5%，完成年度预算的 99%；完成财政总支出 177.2 亿元，下降 5.4%，完成年度预算的 99.7%。12 月末全县各项存款余额 842.6 亿元，增长 7.7%；居民储蓄 383.4 亿元，增长 9.5%；各项贷款余额 682 亿元，增长 16.7%。

### 六　招商情况

2015 年，长沙县共实现到位外资 6.1 亿美元，增长 15.1%，完成年度计划的 102.8%。其中经开区实现到位外资 4.4 亿美元，增长 14.2%，完成年度计划的 100.2%。引进市外资金形成固定资产投资 155 亿元，增长 23.4%，完成年度计划的 113.1%。其中经开区引进市外资金形成固定资产投资 59.3 亿元，增长 33%，完成年度计划的 113.1%。

# 第二节　长沙县生态建设进展

长沙县政府始终坚持低碳发展，强制能耗控制和污染治理，淘汰落后产能，近几年关闭 53 家高污染、高能耗企业，关停或改造 7 条水泥立窑生产线，率先建立农村生活垃圾"户分类减量、村主导消化、镇监管支持、县以奖代投"处理模式，农村环保合作社实现乡镇全覆盖。长沙县把农村垃圾处理新模式在全县范围内全面推行，每户配备分类垃圾桶，村组配备分类垃圾池，乡镇建设垃圾压缩站，保洁员分片包干，建立了完善的农村垃圾处理体系，推广垃圾分类收集、无害化处理和资源化利用。2014 年，全县规模工业综合能源消费量 79.9 万吨标准煤，比上年增长 1.3%。万元规模工业增加值取水量 13.5 立方米，下降 10.5%。

按照国家环保总局《生态县、生态市、生态省建设指标（试行）》（环发〔2003〕91 号）的要求，长沙县积极开展生态县创建工作。2004 年 12 月，国家环境保护总局发布《关于命名第三批国家级生态示范区的决定》（环发〔2004〕186 号），长沙县被命名为"国家级生态示范区"。

经环保部复核，长沙县青山铺等六镇达到国家生态建设示范区之"国家级生态乡镇"考核指标要求，被正式授予"国家级生态乡镇"称号。2013 年，长沙县通过国家生态县考核验收。

## 一　生态建设与环境治理

按照生态功能分区的发展要求，长沙县严格空间管控，强化环境治理，创新体制机制，落实环境建设与保护政策。

（一）加大生态保护力度

生态保护区要严格落实生态红线管控，强化环境污染控制，禁止过度开发、过度垦殖，重点加强金井镇、路口镇、果园镇等北部乡镇和江背镇东部的绿心地区山林保护。加快捞刀河、浏阳河沿河风光带和松雅湖北部园林景观工程建设，突出抓好松雅湖水质生态治理工程，推进环城绿带生态圈建设，提升城市生态品质。推广利用速生碳汇草治理土壤重金属污染。生态缓冲区重点推进浏阳河、捞刀河沿岸平原、敢胜垸防洪及沿河风光带和零散分布的河谷地带保护，注重区内耕地保护和地力提升。推动生态保护型土地综合整治项目建设，探索建立建设项目占用耕地耕作层土壤剥离再利用体制机制。生态协调区重点增加城镇绿地面积，改善城乡生态环境。到"十三五"期末，森林覆盖率达到51%，城镇建成区绿化覆盖率达到40.5%。

（二）加强城镇环境治理

积极推动城乡环境同治，加强大气污染综合治理。推进PM 2.5监测及防治体制改革，积极利用易地搬迁、停产退出等方式促进企业淘汰落后产能，鼓励企业推动脱硫、脱硝、除尘改造工程建设，提高环境处理能力，降低环境损害。加强污水处理能力建设，重点推进城西片区生活污水处理工程、路口镇麻林温泉度假区、北山工业园、江背工业园、黄花工业园、果园浔龙河生态小镇、黄兴片区等七座污水处理厂建设。加强建筑垃圾、城市生活垃圾等管理。到"十三五"期末，地表水环境功能区水质达标率达到90%，空气质量达标率为95%，城镇生活垃圾无害化处理率和城镇生活污水集中处理率分别达到100%。

（三）推进农业种养污染治理

加强农业面源污染治理，大力推广测土配方施肥技术，推进有机肥代替部分化肥，全面开展专业化统防统治，严格控制农药、化肥用量。引导农户生猪退养，发展生态规模养殖，推进畜禽养殖污染治理。大力推进污染耕地稻草移除，控制秸秆露天焚烧，加快秸秆综合利用步伐，减少因焚烧秸秆造成的大气污染。

二　生态空间格局优化

长沙县积极构建"九片两廊三点"的生态空间格局，形成"生态板块—生态廊道—生态节点"的多层次、多功能、立体化、复合型的区域生态体系，维护区域生态安全。

（一）强化"九片"生态维护

即抓好金井镇观佳—白石洞、铜仁桥—金井水库、路口镇大山冲、春华镇红旗水库、开慧团结水库—老桃源、安沙镇花桥—双冲、北山镇黑麋峰、江背镇乌川湖、黄兴仙人市—沿江山等生态片区建设，将其打造成县域生态保护的重要板块。加大生态公益林保护力度，将坡度大于25度的耕地全部退耕还林，提高生态板块的生态保障功能。加强饮用水源地保护，划定饮用水水源保护区，禁止一切从事污染水源的建设行为。划定省级以上森林公园、湿地公园等生态保护区绿线，保护区内严禁进行开发建设等破坏活动。加强森林资源保护和管理，积极调整和优化林种结构，提高林地的生态功能质量。

（二）抓好"两廊"生态保护

即积极保护浏阳河、捞刀河，将其打造成区域发展的重要生态廊道。结合湘江流域重金属污染综合治理，积极防治浏阳河、捞刀河沿岸重金属污染和固体废弃物污染，引导流域内企业合理选址与布局。抓好河流防洪、河道疏浚、水源涵养及生态河道监测站网系统建设，提升其生态效应。调整农业产业结构，控制北部地区生猪散养，保护捞刀河水质。加强河堤两岸的植被绿化，确定一定范围的廊道缓冲区，减轻城乡建设对水域生态系统的冲击，增强廊道的生态效应。

（三）推进"三点"生态建设

即建设松雅湖、捞刀河、浏阳河湾等生态公园，打造区域生态建设的重要节点，提高区域景观整体的连通程度。以松雅湖为中心，将松雅湖生态公园打造成以湖光山色、自然生态为基础的，集休闲、旅游、娱乐、健身、水上活动等功能于一身的综合性公园。立足浏阳河文化旅游产业带建设，建设浏阳河湾生态公园，打造成浏阳河文化旅游产业带的重要节点。深入挖掘和彰显捞刀河的生态景观特色和文化内涵，抓好捞刀河生态公园建设。

# 第五章　长沙县生态文明建设方案

## 第一节　长沙县生态环境建设概况

近年来，在上级的正确领导下，长沙县以科学发展观为总览，在统筹城乡中加快转变发展方式，促进了县域经济社会的持续快速健康发展。在加快经济发展的同时，按照"幸福与经济共同增长、乡村与城市共同繁荣、生态宜居与发展建设共同推进"的理念，不断提升县域生态环境和人民幸福指数。通过多年的努力，长沙县先后获得"全国文明县城""国家卫生县城""国家园林县城""全国绿化模范县""国家生态县""中国人居环境范例奖""中国十佳两型中小城市""中国最具幸福感城市金奖"等荣誉。

**一　突出规划引领，始终坚持实施"生态立县"的发展战略**

为科学指导生态县建设，长沙县政府早在 2007 年 5 月就委托湖南师范大学资源与环境科学学院编制了《长沙县生态县建设规划》，于 2008 年 12 月经县人大审议后颁布实施，并于 2009 年进行了修编。为有效落实《生态县创建规划》，先后印发了《长沙县农村环境综合整治实施方案》《长沙县创建全国生态县实施方案》《关于成立长沙县生态县建设工作领导小组的通知》《长沙县农村环境治理重点工程实施方案》《关于加强环境保护的通告》《关于畜禽养殖区域划分的通知》、《长沙县畜禽养殖污染防治管理办法》《长沙县建设人民满意县 2009—2011 年工作方案》等系列文件。2015 年，长沙县即将编制出台《长沙县环境保护 2015—2030 年规划》，为深入做好环境保护和生态文明建设工作提供蓝本。

### 二  严格环境管理并率先实现城乡生活污水处理全覆盖

近年来，长沙县不断加大环境保护管理力度。长沙县委、政府在制定长沙县发展战略时，综合考虑长沙县的南北差异，提出"南工北农"的发展战略。在促进长沙县经济迅速发展的同时，最大限度地保护好了长沙县的生态环境。

近年来，长沙县加大了对招商引资的优选力度，把对环境的影响作为一个重要的考评指标，成功实现由"招商引资"转变为"招商选资"。通过严格审核把关，近两年来已否决存在高环保风险企业近 40 家落户长沙县。

按照长沙市政府第一个"环境保护三年行动计划"要求，2011年，长沙县已全面建成了 17 个中心集镇污水处理厂及管网工程，并在年内实现全面运行，加上县城星沙已建成的 3 个污水处理厂，长沙县的城乡生活污水日处理能力达到 31 万吨。同时，在长沙县农村地区大力建设集中式污水处理设施（大型人工湿地）和农村散户生活污水处理设施（小型人工湿地）使长沙县广大农村的生活污水得到了有效控制和治理。

### 三  加速推进新型工业化，构建"两型"产业发展新格局

2014 年长沙县拟定并实施了长沙县电机能效提升计划（2014—2016 年），选择河田白石建材进行了试点，加强对电机系统节能改造技术指导；大力促进重点节能项目建设，组织做好了各级技术改造节能创新专项资金节能项目申报工作，对长沙县列入监察对象的 3 家重点用能企业进行了现场节能监察；积极推动资源综合利用，共有 11 家企业参与了市级 2014 年资源综合利用认定申报；经开区顺利通过创建国家生态工业示范园区省级预验收。近年来，经开区严格执行环保优先招商准入制度，大力吸引高科技、高能效、低能耗、低污染项目，完善基础设施，淘汰落后产能，加快产业升级，建立了国家生态工业示范园区优惠政策、奖励机制，实现了企业和

园区的生态化、低碳化发展，园区环境质量得到明显改善。

2015 年，长沙县又推进经开区、星沙产业基地、黄花产业基地等园区产城融合进程，加快推进清洁生产、淘汰落后产能，大力发展循环经济，发展城镇工业，继续推行"高效节能"发展举措，加大了对水泥制造行业余热发电的支持与引导。

### 四　大力推进长沙县低碳发展模式试点工作

综合长沙县经济社会发展基础条件，以及碳排放和碳汇产业发展基础条件，县委、县政府制定了三条推进低碳发展的主线，即产业低碳化、生活绿色化和碳汇规模化。在产业低碳化方面，主要是贯彻落实国家关于节能、循环经济、新能源等方面的优惠政策，配套制定科技、产业、金融、价格、税收等政策和措施，按照鼓励低碳发展和限制高碳发展的要求，修订产业发展导向目录和政府采购目录，完善节能降碳的产业导向机制；针对能源、工业、建筑、交通等高碳排放部门，从清洁能源替代和能效提高、工业生产技术和工艺改进、交通线路优化和机动车燃油提标改造等角度，降低高碳排放行业的碳排放量。在生活绿色化方面，主要是针对消费领域的碳排放行为，采取宣传教育、低碳产品认证、消费补贴、强制性准入、绿色采购等措施，提出减碳的具体措施和配套政策，积极构建"两型"生产生活方式，倒逼生产领域的产品结构调整和低碳产品开发。在碳汇规模化方面，主要是结合全县在固碳作物品种改良、育种和产业化发展基础条件，在速生草本植物碳汇核算和权威认定的基础上，推动碳汇产业发展和延伸产业链培育，建设碳汇产业基地，实现捕碳过程的产业化和规模化。

### 五　深入推进城乡整洁行动，创新垃圾处理新模式

（一）创新垃圾处理新模式

即"三三"模式："三为主"保洁方针、"三转化"保洁目标、"三点子"保洁方法。坚持户为主分类处理，村为主组织保洁，镇为主监督考核方针，制定并下发 2015 年各镇街生活垃圾填埋量递减目标任务（根据 2014 年镇街生活垃圾填埋量北部减量10%、南部减量

5%的任务）。同时，按照 110 元/户安排乡村保洁基础经费，并逐步推进农村垃圾处置双向收费。大力宣传垃圾处理的"三三"模式，已印刷 21 万份宣传册并发到各家各户。

（二）制定了奖罚分明的考核机制

采用社会评估机构暗访考核与部门考核相结合的方法进行，镇街每季度考核综合成绩排名前三位的分别奖励 8 万元、6 万元、4 万元，排名后三位的每季分别核减专项经费 3 万元、2 万元、1 万元。每季度考核结果都在《星沙时报》公示，考核结果排名靠后将给予黄牌警告。

（三）率先实施有毒有害垃圾"统一收集、统一运输、统一处置"的资源化、无害化处置模式

自 2013 年 10 月开始进行有毒有害垃圾的回收试点工作，2014 年在全县全面铺开（纺织品回收从当年 4 月开始），2014 年共收集废玻璃 1157.722 吨，旧电池 81481 个，废灯泡 78273 个，旧纺织品 341611.5 千克。2014 年 1—11 月长沙县回收处置了废玻璃 1600.84 吨，专库储存废电池 37609 节、废灯泡 70559 个、废灯管 17037 根、棉絮 497 吨。

## 六 大力推进水生态文明建设，全面构建水生态保护格局

（一）水污染治理工程方面

长沙县完善县（区）、镇（街）、村、户四级污水处理体系，全县形成以县城污水处理中心为龙头，城南、城北污水处理厂为两翼，17 座镇（街）污水厂为主体，居民集中居住点生态污水处理站为补充的污水收集、处理、回用系统。推进县城区域雨污分流改造，探索在新建或改建工程中实施单体或小区实施初期雨水截流以及雨水综合利用工程。健全水库水生态环境评价体系，规范水库范围养殖活动。2014 年，长沙县出台了《长沙县 I 型水库投肥养殖退出实施方案》，明确到 2016 年实现所有 I 型水库投肥养殖退出。

（二）城乡供水保障工程方面

推进小流域清洁治理，改善小流域水生态环境方面，完成了麻林河上游项目区青山铺小流域 2014 年农业综合开发水土保持项目，

共治理水土流失面积 6.67 平方公里。启动了开慧陵园水土流失治理项目，将栽种水土保持林 152.85 公顷、经果林 34.77 公顷、封禁补植 472.38 公顷、山塘整治 1 处、排灌沟渠整治 7.13 公里等，预计工程 2016 年完工。水源工程建设方面，长沙县已建成农村集中式自来水厂三座，供水主干管道 500 多公里，全县农村自来水实现"镇镇通"，骨干供水管网已基本建成，累计解决农村饮水不安全人数 26.65 万人。同时，长沙县以白石洞水库的骨干水源建设为点、农村塘坝清淤扩容为面，点面结合、大小齐抓，搞好水量增容和恢复工程，力争增加基础蓄水 1 亿立方米。

**七　采用停、禁、限、转、治等综合措施，统筹规范养殖产业科学发展**

一是停。从 2008 年起，全县原则上停建生猪规模养殖场，确需建设的须报有关部门批准，并规定建设中必须做到"三同时"。

二是禁和限。全县划定禁养区、限养区。禁养区内，禁止养殖畜禽；限养区内，规定每家农户只能养殖一定数量的畜禽。

三是转。长沙县出台了一系列生态补偿和转产扶助政策，禁养区内原有的养殖户自行拆除养殖栏舍，按面积大小给予一定经济补偿，鼓励养殖户退出畜禽养殖或减少养殖数量，转产至其他产业。2014 年根据长县政办函〔2014〕57 号文件精神，拆除建在承包经营农田中栏舍 18.4745 万平方米，发放复耕复绿补贴 2771.1853 万元。2015 年县政府再次出台长县政办函〔2015〕32 号文件，对养殖规模在 200 平方米以上的养殖户进行摸底和清理。截至 10 月底，已丈量完成 5857 户，共计 146 万多平方米。其中，已丈量 1000 平方米以上的规模养殖户有 20 户，应拆除面积高达 6.8 万多平方米。目前，栏舍的拆除验收工作也正在紧锣密鼓地进行中，另 500 头以上的规模养殖大户的退拆工作也已启动。针对那些养殖超量与污染严重，既领取了扶助款又继续养殖的顽固户头，长沙县组织环保、国土、公安等部门加大对非法排污养殖户的执法力度，截至 7 月 10 日，长沙县因非法排污被移送公安机关行政拘留的养殖户达 16 户，极大地震慑了养殖超排。

四是治。积极开展养殖污染治理，以补代投，分级负责，分批限期治理达标，将养殖污染治理纳入县对镇、镇对村绩效考核，实现上下联动、齐抓共管。

经过多年的探索和实践，"资源节约、环境友好"已深入人心，融入广大人民群众生产生活当中。长沙县正以创建"国家级生态示范县"为抓手，切实转变发展和管理方式，探索具有区域特色的生态文明之路，努力争当全省乃至全国"两型"社会建设的排头兵。

## 第二节　长沙县林业领域生态建设实践

### 一　基本情况

近年来，长沙县坚决执行党和国家有关国土绿化的方针、政策，认真落实推进生态文明建设的战略决策，在加快发展中坚守绿色底线，强力推进三年造绿行动，走出了一条经济建设与生态文明相得益彰的绿色发展之路。"十二五"森林资源二类调查结果显示：全县林地总面积88503公顷，森林总蓄积417万立方米，森林覆盖率43.5%，林木绿化率49.2%。全县于2013年底成功创建"国家生态县"。在规范项目建设征占用林地的同时，长沙县也狠抓植树造林、退耕还林等，以确保全县林地红线不突破。全县森林覆盖率及林木蓄积率进一步提升，林业生态环境更优，为全县在"六个走在前列"大竞赛中"在两型社会建设中走在前列"积累了绿色资本。在生态文明建设和绿色发展大背景下，既要服务全县绿色发展，又要确保生态红线，责任重、压力大。

（一）自然概况（见表5—1）

表5—1　　　　　　　　长沙县自然地理概况

| | |
|---|---|
| 地理位置 | 长沙县位于湖南省中部偏北，隶属长沙市管辖。在湘江以东的浏阳河和捞刀河中游区域，东接浏阳市，南抵株洲市区与湘潭市区交界，西连长沙市市区，北达岳阳市。 |

续表

| 地形地貌 | 长沙县地形以平原、丘陵为主。东、北、南三面偏高，中、西部略低平。主要山峰有龙头尖、影珠山等，一般海拔 400 米左右。浏阳河、捞刀河集百川横贯县境，注入湘江。沿河多冲积平原，最低处海拔 27 米。 |
|---|---|
| 气候条件 | 长沙县属亚热带季风湿润气候区，冷热四季分明，干湿两季明显。年平均气温 17.6℃，极端最高气温 40.2℃，极端最低气温−11.5℃，年平均降水量 1442.7 毫米，年平均日照时数 1627 小时，无霜期长达 281 天。气候温暖湿润，雨量充沛，日照充足，植物生长期长。 |
| 水资源 | 长沙县内诸河均属湘江水系，境内有湘江及其支流 4 条，二级支流 17 条，三级支流 18 条。全县共建有中型水库 4 座，小（一）型水库 27 座，小（二）型水库 134 座，山塘 5.8 万口，河坝 4365 处，电力排灌设施 2254 处 2305 台，共 41560 千瓦，蓄、引、堤等可供水量为 4550 立方米。全县地下水资源总量为 137730 万立方米。 |
| 土壤 | 长沙县有 10 个土类，21 个亚类，84 个土属，216 个土种。长沙县地带性土壤以红壤为主。冲积土大多分布在河谷平原低地，多为种植水稻耕地，海拔 600 米以下为红壤，其他呈垂直高度分布。长沙县成土母质较为复杂，有板页岩、花岗岩、砂（砾）岩、石灰岩、紫色岩风化物、第四纪红色黏土和河湖冲积物等。其中以板页岩分布最多，占面积 55.93%，花岗岩占 15.63%，砂（砾）岩占 14.94%，第四纪红色黏土占 10.06%，石灰岩占 0.55%，紫色岩占 2.84%，河湖冲积物占 0.03%。 |
| 生物资源 | 长沙县属亚热带常绿阔叶林区，植被种类繁多。由于人类活动频繁，原生植被群落遭到破坏，致使森林呈现逆向演变，20 世纪 70 年代末，自然植物群落逐步被以马尾松为主的天然林和人工杉木林、湿地松林所取代。据长沙市林业局前期林木种源普查统计，项目区域现有自然分布和人工引种栽培树种 81 科 216 属 459 种。其中以蔷薇科数量最多，计 40 种。按树干形态分为乔木树种 195 个，灌木树种 238 个，木质藤木 26 个。<br><br>长沙县有野生动物 53 种，其中：鸟类 12 种、兽类 19 种、爬行类 12 种，两栖类 9 种。①鸟类有猴面鹰、竹鸡、雉鸡、山斑鸠、火斑鸠、戴胜、啄木鸟、灰喜鹊、黄嘴白鹭、画眉、池鹭、麻雀等 12 种（不包括候鸟），其中属国家Ⅱ级保护野生动物有猴面鹰、黄嘴白鹭 2 种。②兽类有野猪、麂子、果子狸、斑林狸、华南兔、穿山甲、鼬獾、青鼬、豪猪、黄腹鼬、银星竹鼠、中华竹鼠、狗獾、猪獾、食蟹獴、大灵猫、小灵猫、毛冠鹿、松鼠等 19 种，其中属国家Ⅱ级保护种有穿山甲、大灵猫、小灵猫 3 种。③爬行类有玉斑锦蛇、王锦蛇、灰鼠蛇、乌梢蛇、银环蛇、眼镜蛇、竹叶青、水蛇、中华鳖、乌龟、石龙子、脆蛇蜥等 12 种。④两栖类有东方蝾螈、中华大蟾蜍、黑眶蟾蜍、虎纹蛙、黑斑蛙、棘胸蛙、棘腹蛙、沼蛙、泽蛙等 9 种，其中虎纹蛙属国家Ⅱ级保护野生动物。 |

（二）森林资源（见表5—2、表5—3）

表5—2 长沙县森林资源概况

| 森林资源现状 | 全县土地总面积199715.0公顷，其中：林地面积88517.7公顷，占土地总面积44.32%；非林地面积111197.3公顷（其中非林地造林面积10656.2公顷），占55.68%。 |
|---|---|
| 森林覆盖率与林木绿化率 | （1）全县森林覆盖率为43.51%。<br>其中：国家特别规定灌木林覆盖率为2.75%。<br>（2）全县林木绿化率为49.20%。<br>其中：四旁树绿化率为5.69%。 |

表5—3 各类林地面积统计汇总

| | 林地 | | | | | |
|---|---|---|---|---|---|---|
| | 合计 | 有林地 | 灌木林地 | 未成林造林地 | 无立木林地 | 宜林地 |
| 面积（公顷） | 88503.3 | 81427.3 | 5462.7 | 450.4 | 227.1 | 935.8 |
| 比例（%） | 100 | 92.00 | 6.17 | 0.51 | 0.26 | 1.06 |

## 二 "十二五"林业建设主要成就与存在问题分析

（一）"十二五"林业建设主要成就

1. 坚持制度创新，建立和完善林业生态补偿机制

经过多年调研论证，长沙县于2013年10月正式出台《长沙县生态公益林管理与补偿办法》，全面建立和落实林业生态补偿机制，率先将各级生态公益林每年每亩补偿提高到30元且纳入财政预算和政策保障，全县现有已补偿的各级生态公益林面积45.6万亩，保护了森林资源和水资源安全，也让林农得到了实惠。2014年省委、省政府将公益林保护建设纳入为民办实事十五件大事之一，长沙县生

态公益林补偿资金到位率 100%。全县除公益设施建设外的所有土地出让，每亩新增 3 万元用于生态修复和保护，2014 年 1 月 1 日起又提标到 6 万元，引导、带动全县城乡绿化。全县还核定古树名木 607 株，由财政列入专项预算并聘请专人实行网格化保护管理。

2. 坚持封山育林，严守林地红线

近年来，长沙县经济发展迅速，项目建设多。同时，项目占用林地面积也相应增加。从 2008 年至今，全县已办理占用征收林地项目 480 个，占用林地面积 1654.3041 公顷，征收植被恢复费 11628 万余元。在项目建设征占用林地的同时，全县也狠抓植树造林、退耕还林等，确保林地红线不突破。在确保重大项目刚性用地前提下，"十二五"森林资源二类调查结果显示：全县现有林地总面积 132 万亩（含跳马镇、暮云、南托街道），森林覆盖率 43.51%，林木绿化率 49.2%，森林总蓄积 418 万立方米。自 2012 年起，按照县委、县政府封山育林政策，全面冻结了商品林审批。2013 年出台了《长沙县加大绿色创建力度推进城乡绿化一体化实施办法》和《关于加强农村公共绿化养护管理的通知》，全县建立了村级护林员队伍，并明确农村公共绿化常态维护机制，确保了山有人护、树有人管。

3. 坚持城乡绿化一体化，扎实推进三年造绿大行动

自 2010 年起，长沙县相继实施百条县域公路、千里河港堤岸、万户农家庭院"三大绿色愿景工程"和三年造绿大行动，不断加强城乡绿化力度，近两年全县城乡绿化投入均在 5 亿元以上，城乡绿化品质不断提高。人民东路（长沙县段）、开元东路等 26 条 50 多公里的主次干道更是"旧貌换新颜"，道路绿化率达 100%，成为"路在绿中、人在林中"的景观大道。同时，全县每年均向社会开放 20 余个镇（街）义务植树基地，还大力推行义务植树进农庄，筛选出金香园、超腾山庄等八个现代农庄作为植树基地。全县义务植树尽责率达到 95.8%，爱绿、植绿、护绿在长沙县蔚然成风。人民东路（长沙县段）林带建设获得省林业厅授予的"绿色通道示范工程"称号、207 省道绿色通道荣获了市绿色通道一等奖。全县以规划为引领，以项目为抓手，多方筹措整合资金，带动社会广泛参与的绿色生态建设格局逐步形成。

4. 坚持生态安全优先，服务全县绿色发展

贯彻"预防为主、积极消灭"的森林防火方针，全县经受住了多次高火险天气严峻考验，有效遏制了森林火灾高发势头，没有出现人员伤亡和重大财产损失，重点部位平平安安。2014年在全市森林消防专业队伍大比武中，五个单项获得三个第一名，并获综合第一名。实行严格检疫检查制度，超前预测，及时发现，积极防治，把林业有害生物和森林病虫害损失降到最低限度。森防工作长期在全省处于领先地位，连续14年没有松毛虫大面积发生，长沙县森保站是全省仅有的两个示范站之一，森保站副站长涂新华2014年6月被国家林业局森防总站评为"最美森林医生"。"十二五"期间，全县建成省级林业龙头企业10家，林工产值6亿元；实现花木种植面积15万亩（除跳马镇），年销售收入16亿元。铁腕从重从快打击涉林案件和保护野生动植物，确保林业生态安全，为全县经济社会发展积累了绿色资源。

（二）存在的主要问题

1. 林业发展、绿色生态建设制度机制保障还比较脆弱

困扰林业未来发展的一些体制机制矛盾需化解：一是全面封山育林与老百姓向山林要效益矛盾，需进一步加大生态补偿力度，建立活立木回购制度；二是项目建设征占用林地与确保林地红线矛盾，需划定生态红线，集约节约用地；三是推动林权制度改革与不动产登记管理矛盾，需依法、有序、稳步推进。

2. 城乡绿化品质参差不齐，重栽植轻养护情况较突出

绿化规划把关不严，多头参与，责任不明。特别是部分乡村道路，栽植后成活率不高，无专业单位、人员养护。

3. 绿色生态基础还比较脆弱，森林管护的压力大

长沙县是项目建设大县，每年有近4000亩林地刚性消耗，林地项目刚性消耗与县提出的目标有差距（50%森林覆盖率）。矿区、三难地、林地破坏及修复难度大。近年有组织的山上造林少，林分质量不高，大树少，山火、病虫害、砍伐、破坏严重。

4. 林业产业的发展滞后

花木转型升级、结构调整滞后，在目前市场下行的情况下，市

场建设遇到土地、资金瓶颈。油茶、楠竹等新造面积不多，湿地多头管理。

（三）"十三五"时期发展面临的主要机遇

1. 中央层面的机遇

党的十八大提出生态文明建设，努力建设美丽中国，实现永续发展。党的十八届三中全会对全面深化改革做出了战略部署，会议通过的《关于全面深化改革若干重大问题的决定》提出要加快生态文明制度建设。习近平总书记在十八届三中全会上明确指出：山水林田湖是一个生命共同体，并提出"既要绿水青山，也要金山银山。宁要绿水青山，不要金山银山，而且绿水青山就是金山银山"重要论断，为生态林业民生林业建设指明了方向。省委在2012年正式出台了《绿色湖南建设纲要》。

2. 社会层面的机遇

当前生态矛盾日益凸显，保护森林、保护沙地、保护湿地、保护野生动物等已成为全社会的共识，人民群众对绿色生态的呼声更高、参与更广、要求迫切，追求绿色发展、低碳发展、循环发展已成为各级党委、政府的共同责任。在持之以恒地推进生态文明建设、绿色湖南建设和服务全县绿色发展方面，林业将发挥极为重要的作用。

（四）"十三五"时期发展面临的主要挑战

1. 思想和体制机制的挑战

改革和制度创新带来的挑战；从法制层面切实保护好森林生态安全的挑战；林权制度改革带来的挑战：如何让资产成为资源，让资源成为资本；国有林场改革两大目标挑战：保生态、保民生。

2. 现实工作的挑战

从省、市、县情来看，林业面临着新常态下承前启后的四个关键时期：既要绿水青山又要金山银山的统筹推进期、依靠政府投入为主到依靠市场投入为主的过渡期、生态消费需求多元化和林业生态产品供量不足的凸显期、林业治理体系现代化与传统管理体制机制的磨合期。

## 三　"十三五"时期林业发展总体思路、主要任务

### （一）总体思路

深入贯彻落实党的十八大和十八届二中、三中、四中全会精神与中共中央国务院《关于加快推进生态文明建设的意见》，认真学习领会习近平总书记系列重要讲话精神，结合"四个全面"和生态文明制度改革，牢固树立中国特色社会主义生态观，坚持以建设生态文明为总目标，以改善生态改善民生为总任务，以全面深化林业改革为总动力，紧紧围绕建设具有国际化水平的幸福美丽长沙县，结合《绿色湖南建设纲要》《长沙县实施三年造绿行动方案》《长沙县加大绿色创建力度推进城乡绿化一体化实施办法》等文件，创新林业体制机制，转变林业发展方式，完善生态文明制度，加快依法治林进程，着力解决生态林业民生林业建设中的重大问题，加快推进林业治理体系和治理能力现代化，充分释放生态林业民生林业强大功能，为保护全县生态安全和服务全县绿色发展不断创造更好的生态条件。

### （二）主要任务

全县按照"一城两带三网四区五大产业六项工程"规划："一城"即星沙城区；"两带"即林业生态建设带（浏阳河、捞刀河）和骨干交通景观绿化带（六纵十二横）；"三网"即水系林网、道路林网和农田林网；"四区"即山区生态公益林区（国家级龙华山自然保护区）、低丘陵产业区（花木、油茶、茶叶、水果）、森林公园度假区（10个森林公园）和湿地生态保护区（5个湿地公园）；"五大产业"即花木、楠竹、油茶、林下经济、林产品加工；"六项工程"即通道绿化、环城林带、绿色屏障，火烧迹地、宜林地造林，低产林、重点林林相改造，三难地、生态脆弱区生态修复，村庄绿化、庭院绿化。坚持保护优先，以制度机制创新为抓手，全面加强森林资源管护力度，严守生态红线和林地规划利用，严控森林火灾和森林病虫害，严惩涉林违法，确保全县生态安全。到2020年，力争达到森林覆盖率44.4%，林木绿化率51.4%，森林总蓄积420万立方米，为长沙县积累绿色资本。以城乡绿化一体化为总领，实施

五年造绿行动。按照品质星沙建设要求，以主干道、社区、乡村公园、集中居住区为重点，不断提升城乡绿化品质；坚持政府引导、市场为主、社会广泛参与的绿化模式，稳步有序依法推进建设通道绿化工程，启动环城林带、绿色屏障工程，火烧迹地、宜林地造林工程，实行低产林、重点林林相改造工程，开展三难地、生态脆弱区生态修复工程，提质村庄绿化、庭院绿化工程；加大市场引导和扶持服务力度，推进以花木、油茶、楠竹、林下种养、林工产业为主的林下产业发展，实现总产值30亿元；依托干杉、江背、黄兴镇建设花木产业园区；结合国家不动产制度改革，稳步推动林权制度改革，改革森林资源经营模式，提高林农收入；实施林工产业低碳循环工程，探索森林禁伐与碳排放的合理补偿机制。

### 四　林业"十三五"规划建设重点项目

（一）造林绿化及环城林带建设项目

按照市委、市政府三年造绿要求完成全县各年度造林绿化等任务，启动完成环城林带建设。建成绿色通道示范带10公里、建成乡村休闲公园5个、新造林1万亩（每年2000亩）、中幼林抚育5万亩（每年1万亩）、楠竹低改1万亩（每年2000亩）、油茶抚育5万亩（每年1万亩）；到2020年，努力使全县森林覆盖率达44.4%，林木绿化率51.4%，森林总蓄积420万立方米。

（二）碳储存项目（商品林成熟林回购、置换）

政府通过财政支付方式对人工商品林成熟林采取回购、置换等方式进行森林资源保护，与零碳县项目接轨，逐步增加长沙县固碳能力。

（三）生态保护项目

继续全面封山育林；对森林减少人工干预程度，保护复杂的自然生态系统和完整的群落结构；有计划对部分森林进行提质改造，增加单位面积木材储备能力；增加生态补偿财政预算，逐步扩大县级生态公益林补偿范围。

（四）林产工业节能扶持项目

对木竹经营加工企业在利用木竹资源采取节能、环保等措施的予以支持，鼓励其采取更有效的方式减少木竹资源消耗。

（五）重点民生工程（义务植树、绿色创建、古树名木保护）

义务植树基地建设 7 个，绿色示范集镇每年 3 个，村庄社区每年 40 个，绿色示范庭院每年 1000 户，绿色示范片区 5 个，绿色示范镇每年 1 个，古树名木 1000 株每年每株 200 元。

（六）林地监测项目

建立完善的林地保护实时监测系统；严格遵循《长沙县林地保护利用规划（2010—2020 年）》，建立县级林地保护红线，指导节约使用林地。

（七）花木产业项目

实现花木种植面积达 20 万亩，年销售收入超过 20 亿元，并建设好长沙中南园艺世界（花木大市场），打造好湖南花卉科技产业园区。

（八）森林防火及森林病虫害预警防治项目

继续加强森林防火三基建设和森林病虫害预警预防力度，增强应对森林火灾和森林病虫害等突发生态灾难能力，保护全县森林生态安全。

（九）人工湿地建设及治理修复项目

修复湿地保护红线，新建人工湿地 10 个，治理湿地 20 个。

1. 布绿色格局——建立四个体系

长沙县在绿化建设中坚持规划先行，带动人员、资金、技术充分投入。一是科学规划体系。坚持"南工北农"发展规划，制定出台《国家生态县创建规划》《城乡绿化规划》等纲领性文件，在全县形成了"一城（星沙城区）、两带（林业生态建设带、骨干交通景观绿化带）、三网（水系林网、道路林网、农田林网）、四区（山区生态公益林区、低丘陵产业园区、森林公园度假区、湿地生态保护区）"的绿色空间总体布局。二是组织领导体系。坚持将绿色生态建设作为党政"一把手"工程抓，县委书记、县长亲自抓绿化；把绿化推进情况纳入县镇两级绩效考核。乡镇、村级把绿化工作列入重要议事日程，县绿化委员会专职专人督促绿化工作。三是资金投入体系。深入推动城乡绿化一体化，从 2008 年起，县财政每年安排 1000 万元以上资金，带动社会每年投入植树造林资金近 3 亿元。2014 年为启动三年造绿大行动的第一年，全县各级各部门即整合资金投入 5.2 亿元，铺排项目 32 个，完成造林面积 3 万亩，绿化面积 1334 万平方米，新增城区绿地面积 110 万平方米。2015 年全县铺排 8.6 亿元至三年造绿大行动，铺排项目 24 个，其中投资 500 万元以上的项目 14 个。四是技术服务体系。聘请同济大学规划设计院为全县城乡绿化总顾问，科学制定了植树苗木冠幅分枝高度、土球大小、养护方法等技术标准，县域内的绿化项目全部由总顾问设计，并安排专家常驻进行技术指导，特别强调在重点地段必须栽植大小合适的全冠乔木，建立养护常态机制，确保了全县绿化标准统一、档次一致、水平一流。

2. 植绿色美景——实施五大项目

在绿化建设中，长沙县注重把握项目这个支撑，通过项目带动，实现人与自然的有机融合。一是自然生态修复项目。在全省率先建立生态补偿机制，将生态公益林补偿标准提高为 30 元/亩。全县除公益设施建设外的所有土地出让，每亩新增 3 万元用于生态修复和保护，2014 年又提标到 6 万元，引导、带动全县城乡绿化。开展街区绿化提质和背街小巷绿化修复，拆违还绿，择空补绿，垂直挂绿，见缝插绿，城区绿化覆盖率和"三维绿量"全面提升。全县还核定古树名木 607 株，由财政列入专项预算并聘请专人实行网格化保护管理。二是绿色通道提质项目。按照"绿随路建、有路皆绿"的思路，积极创新绿化用地机制，按每亩每年 800—900 元补助标准将重点干线两厢土地租赁打造高标准的绿色通道。人民东路（长沙县段）、开元东路等 26 条 50 多公里的主次干道更是"旧貌换新颜"，道路绿化率达 100%，成为"路在绿中、人在林中"的景观大道。三是大型公园建设项目。按照"生态优先、宜水亲水"的建设理念，就地保留原生树木，科学整治生态驳岸，打造一批水波荡漾、绿树成荫的公益公园，如松雅湖国家湿地公园、徐特立公园等，启动人防公园、雷鸣公园等公园建设。这些公园成为市民修身养性、陶冶情操的好去处。2014 年全县新增公园绿地面积达 36.7 万平方米。四是全民参与绿化项目。全县向社会开放了 21 个镇（街）义务植树基地，其中市级 1 个、县级 7 个、镇（街）13 个，还大力推行义务植树进农庄，筛选出金香园、超腾山庄等八个现代农庄作为植树基地。全县义务植树尽责率达到 95.8%，爱绿、植绿、护绿在长沙县蔚然成风。同时，靠花卉产业致富的鹿芝岭村，先富起来的村民回报乡梓自发参与村庄绿化、美化。黄春茂大手笔投入 2000 万元，建设 200 多亩的杨梅湖公园。全村村民至今已自发建成 11 个农民公园、8 个文化广场、1 个农家书屋、4 家花木合作社及近百户休闲菜园。五是绿色村镇社区示范项目。大力开展绿色集镇、村庄、社区建设，仅 2014 年就完成创建绿色国家级生态文化村 1 个，省级生态家园示范村 1 个、省级秀美村庄 2 个，市、县级绿色示范集镇 6 个、绿色村庄（社区）41 个、绿色示范庭院 2000 户。其中星沙街道积极倡导"绿色地产"理念，城区的山水人家、星湖湾、凤凰城、碧桂园等楼盘绿化率达 70%—80%，市民购买、入住率节节攀升。

3. 强绿色保护——着力两大措施

长沙县森林资源丰富，拥有良好的森林植被，保护好现有的青山绿水才是最大的财富。一是创新制度机制封山育林。经过多年调研论证，长沙县于 2013 年 10 月正式出台《长沙县生态公益林管理与补偿办法》，全面建立和落实林业生态补偿机制，在全省率先将各级生态公益林每年每亩补偿提高到 30 元且纳入财政预算和政策保障，全县现有已补偿的各级生态公益林面积 45.6 万亩。全县除公益设施建设外的所有土地出让，每亩新增 3 万元用于生态修复和保护，2014 年 1 月 1 日起又提标到 6 万元，引导、带动全县绿色建设。通过建立生态补偿制度，长沙县全面落实了封山育林政策，自 2012 年来，全县除重大项目建设征占用林地外，全面冻结了商品林砍伐指标。2013 年还出台了《关于加强农村公共绿化养护管理的通知》和《长沙县加大绿色创建力度推进城乡绿化一体化实施办法》，全县全面建立了村级护林员队伍和农村公共绿化常态养护机制，确保了山有人护、树有人管，为保护全县林地提供了有力的基础支撑。二是抓依法行政，全面加强森林资源保护。首先，严格森林资源保护。切实履职，高标准完成了全县森林资源一类和二类调查任务。实行严格检疫检查制度，超前预测，及时发现，积极防治，把林业有害生物和森林病虫害损失降到最低限度，确保了森林资源健康安全。其次，强化征占用林地管理。坚持依法依规前提下，主动对接省、市，对接项目，采取全程代办等方式，既指导项目集约节约用地、保护林地资源，又力保重大项目实际用地需求。完善林权纠纷协调机制，做到项目推进到哪里，协调服务跟进到哪里。再次，认真抓好森林防火。全县着力加强森林防火三基建设（基本队伍建设、基本装备建设、基层基础建设），有效应对和遏制了近几年高火险天气和森林火灾高发势头，全县没有出现人员伤亡和重大财产损失，重点部位平平安安。最后，铁腕查处涉林案件。强化县森林公安局职能职责，对各类涉林违法案件严格执法，铁腕查处，决不姑息。仅去年至今共立各类涉林刑事案件 34 起，查处 26 起（破积案 2 起），抓获作案成员 66 人，刑拘 36 人，并通过媒体公开曝光，做到查处一起，教育一方。

　　4. 结绿色硕果——释放三大效益

　　经过这些年的精心打造，长沙县由前些年的工业"黑空"县，变成现在生态绿色县，生态、经济、社会各方面的效益都十分显著。一是生态效益。卓有成效的绿化建设，推动城乡生态环境不断改善，宜居水平全面提升。全县现林木绿化率达 49.2%，森林蓄积量 390 万立方米，建成区绿化率 43.5%，人均公共绿地面积 12.7 平方米，全年空气质量优良天数 240 天，县城空气优良率保持在 93%以上，相继被评为"国家园林县城""中国人居环境范例奖""全国绿化模范县""国家生态县"。二是经济效益。绿水青山就是金山银山。良好的生态环境是最具优势的竞争力，全县仅长沙经开区、星沙产业基地就累计引进亿元以上的上海大众、国际会展中心、山河智能、农产品物流中心、临空保税区等绿色产业项目 75 个，谱绘了一幅"生态环境优美、低碳产业发达、人与自然和谐"的绿色发展蓝图。2014 年，全县实现地区生产总值 1100.6 亿元，人均生产总值 107562 元，财政收入 207.2 亿元。在第十五届全国县域经济与县域基本竞争力百强县排名中，位列第八，连续八年列中西部第一。三是社会效益。绿色是最大的发展，生态是最大的民生。城镇绿化、美化、亮化成效彰显，农村"脏、乱、差"现象全面改观，群众精神面貌得到提升，市民安居乐业，村风民俗和谐。长沙县相继荣获"国家卫生县城""全国文明县城"，2014年位列中国十佳"两型"中小城市榜首、全国中小城市科学发展百强第七位，连续五年蝉联"中国最具幸福感（县级）城市"称号。

# 第三节　长沙县水生态文明建设实践

近年以来，长沙县水利部门全面贯彻落实党的十八大关于生态文明建设的重要部署，把生态文明理念融入水资源开发、利用、配置、节约、保护与水灾害防治的各方面，从生态的角度出发进行水利工程建设，建立满足良性循环和可持续利用的水利体系，为长沙县生态文明建设提供了强有力的行业支撑和保障。

## 一　防洪体系建设

（一）防洪工程建设

完成了花园垸1.6公里防洪堤加固和榔梨老街1.54公里防洪墙项目，累计完成建设投资2亿元。目前，已启动梨江港闸泵、花园港闸泵和梨江高排涵闸的建设，预计投资2.3亿元。全面完成湘江长沙综合枢纽工程长沙库区项目，总投资3.2亿元，确保枢纽工程按期蓄水和河堤安全。共计护岸部分治理31.925公里全部完工移交运行；涵闸部分治理69处（其中处于29.7米以下的51处已全部完工移交运行）；泵站部分治理28处11136千瓦；浸没治理部分完成垸内水系连通排除蓄水的浸没影响。

（二）水库除险加固

从2010年开始，长沙县共计投资4.2亿元全面启动了中小型水库除险加固项目建设。截至2015年11月，除2015年度实施的金井镇军民水库等八座小（一）型水库除险加固项目未完工外（预计至2015年年底完成主体工程建设），长沙县已完成了126座小型水库除险加固工程项目（不含已完成并移交至天心区和雨花区的24座水库）。

（三）山洪灾害防治

经过近几年的建设发展，各项综合能力显著提高，为长沙县防汛抗旱指挥决策发挥了重大的作用。长沙县山洪灾害防治县级非工程措施建设项目于 2012 年 12 月完成竣工验收，正式投入运行。监测系统包含 71 个简易雨量站、59 个雨量水位遥测一体站；预警系统包括 102 个无线预警广播站，均为独立式广播站。系统平台整合气象部门 43 个站点的雨量数据、水文部门 15 个站点的水位雨量数据，并与长沙县 2004 年建设的包含 17 个雨水情自动遥测站点的"防汛信息系统"合并运行，组成覆盖长沙县的实时雨情、水情及山洪灾害监测预警系统。

2014 年，长沙县启动了补充完善项目，新建 102 个视频监测站（涵盖所有坝高 10 米以上水库）、105 个水位雨量遥测站（涵盖所有上型水库），改造原有 59 个水位雨量遥测站（更换压阻式水位计），在各镇街防办设立分监控中心，同时对系统平台进行升级。

## 二　水污染治理

（一）农村污水治理

长沙县初步建立城镇污水处理体系，城镇污水日处理能力达到 37 万余吨。在城镇污水处理厂覆盖范围外，结合"水质改善、生态治理、美化环境"的理念，长沙县选取了金井镇观佳集镇、长沙县九中、路口镇花桥湾村、长沙县职业中专、福临镇石牯牛村、青山铺镇梅数桥村等六处有代表性的农村聚居点作为农村污水直排生态治理试点。通过采用人工湿地、小型污水处理一体化设备等技术方法，进行污水处理的同时，达到景观生态的效果。

（二）水域保洁

2010 年，按照"突击打捞、划段包干、常年维护、县级补助"的办法，长沙县组建了 20 支河道保洁队伍，对捞刀河、浏阳河水系共 323 公里主要河港实施日常保洁，近四年来，县财政累计投入专项维护经费达 1900 余万元。2014 年以来，县水务局购置了 2 艘河道清漂船，单日清漂面积达 100 亩，改善了之前人工打捞耗时长、效率低的情况；在安沙、白沙、高桥、开慧、福临五个镇进行水利工程社会化管理改革试点，由政府向社会购买管护服务，河道保洁及沿河水利工程设施管护取得了良好的成效；2015 年县生态办出台了《长沙县生态建设环境治理考核办法》及考核细则，将畜禽养殖污染防控、水域截污等与水生态环境密切相关的内容纳入考核范畴，每季度组织对各镇河道保洁等工作进行专项评分、公示，年度综合后进入县对镇绩效。

### 三　水生态建设

#### （一）河道治理

长沙县按照"防治水土流失、维护岸坡稳定，确保行洪畅通，恢复河流生态，营造滨水景观，打造宜居环境"的思路，投入资金 2000 多万元，在金脱河、九溪河、胭脂港和金井河实施了生态河道治理试点，通过采用自嵌式挡墙、雷诺护垫、干砌石、生态袋、无砂大孔混凝土等多种生态护岸护坡，在凸显生态理念的同时，打造具有独特风貌的水系网络和滨水空间。近几年，在国家中小河流治理规划引领和专项资金支持下，长沙县继续加大生态河流治理力度，累计投入资金近 2 亿元，实施了金井河果园镇段、白沙河安沙镇段、捞刀河春华镇段、麻林河、开慧河、双江河等一批河道治理项目，累计治理河道总长近 200 公里，形成了"水清、流畅、岸绿、景美"的百里生态景观长廊。2014 年 9 月，捞刀河南岸风光带正式开工建设，项目计划总投资 7745 万元，立足于提高防洪标准、提升岸线功能，以绿色、人文、运动、休闲为导向，将整体设计规划分为"生态养息区、城市休闲区、活力体验区、潜存保留区"四个功能区，并作为打造捞刀河生态产业带战略举措的重要组成部分。

#### （二）湿地建设

2014 年，长沙县投资 1500 余万元，在麻林河流域试点三处生态湿地试验示范工程，既发挥了湿地生态治污效益，净化了麻林河水质，又紧密结合当地集镇发展布局，打造具有地方特色的生态景观。目前，三处湿地已建成投入运行，氨氮去除率达到 40%—80%，耗氧量去除率达到 50% 左右。2015 年，又组织编制了《长沙县捞刀河流域生态湿地规划》，选定捞刀河流域内金井河、麻林河和浔龙河为主要净化河道，计划在流域 10 个乡镇布置建设 25 个湿地。

（三）水土保持

2011 年，长沙县委、县政府在《关于加快水务改革发展　率先实现水务现代化的意见》（长县发〔2011〕1 号）中明确，到 2020 年全面建成水资源保护和水生态健康保障体系，大力开展生态清洁型小流域建设，加强开发建设项目水土保持监督管理，严格落实水土流失防护措施。近年来，全县通过争取上级投资及县级配套，投入资金约 3000 万元，完成了开慧清洁小流域、西山小流域、红旗小流域、大鱼塘小流域、同心小流域等小流域治理水保工程及国家农业综合开发水土保持项目，治理水土流失面积 33.07 平方公里。

（四）水库退出投肥养殖

为推进全县水资源管理工作，切实加强长沙县水生态环境保护，确保水库水质安全，自 2011 年以来，长沙县累计投入 200 余万元，启动全县上型水库退出投肥养鱼工作，先期对作为饮用水源的桐仁桥、乌川、团结、螃蟹洞等水库退出投肥养鱼。按照《长沙县上型水库投肥养殖退出实施方案》的要求，为确保 2016 年实现所有上型水库投肥养殖退出的目标，2014 年水利局下达了各镇街 2015 年退投任务，年内完成 58 座上型水库投肥养殖退出，切实提升水库水质，保护库区水生态环境。

（五）水生态修复

2012 年长沙县启动红旗水库水生态修复工程。一是水库退出投肥养殖，红旗水库管理所与水库承包人解除了承包合同，水库实现"人放天养"；二是农村环境综合整治对周边农户规范养殖、生活污水治理、垃圾清理等方面进行治理；三是通过生态沟、人工湿地等工程措施，有效地削减流入水库污染物。至 2014 年，共计投入 34 万元，通过以上措施，入库污染负荷有效地削减，水库自净能力大大增强，水质明显改善，达到了水生态修复的目的。

## 四　城乡供水保障

（一）水源工程建设

"十二五"期间，长沙县启动了白石洞水库新建工程，同时启动了白米洞、井湾等小型水库新建工程。完成投资近 6 亿元。先后投资 300 万元，实施了西冲、元冲、艾家冲等水库引水渠改造。投资 2000 万元实施了飘峰水库与桐仁桥水库抽洪济库提调水工程。同时，全县加大了山塘清淤、山塘整修加固及小型灌溉水闸改造建设，全县完成 1.3 万口 4.5 万亩山塘清淤，3500 口山塘加固治理，180 处小型灌溉水闸改造，累计投资 25000 万元，有效恢复了蓄水保水能力。

（二）农村饮水安全

近五年长沙县累计投入农村安全饮水建设资金 3 亿元，其中争取上级支持 1.2 亿元，县级财政投入 1.8 亿元，先后建成水厂三处：白鹭湖水厂（扩建成 2 万吨/天）、双江水厂（0.2 万吨/天）、乌川水厂（1 万吨/天），加压站四处（青山铺、路口、开慧、金井），骨干管网 360 余公里，2012 年在全省率先实现了自来水"镇镇通"，全县供水骨干网络基本形成，县域北部沿 207 省道、金开线、东八线、路青线、卫青线等骨干道路主管铺设完成并形成环状，金井、江背两镇骨干管网在镇域内形成环状，所有集镇居民有主管沿线村组大部实现自来水入户，总计安装水表数达 2 万块（含企事业单位、学校、用水协会）。至目前为止，全面完成解决"十二五"规划内饮水不安全人口 26.65 万人任务。

（三）水源保护

在重要的水源地水库及河流闸坝位置安装实时监管设施，及时掌握水源地水域污染和水面清洁情况；全力推进农村环境综合整治，县政府投资 210 万元，完成了乌川、白鹭湖、黄花、榔梨、星沙五座水厂集中式饮用水源保护地的保护工程；完成捞刀河、浏阳河的干流及主要支流入河口、重要水库水功能区确界立碑，共安装界碑 34 座、《长沙市水资源管理条例》宣传牌 40 块，进一步加强饮用水源区监督管理及宣传；积极应对原水水质变化突发事件，采取水库投放鱼苗控藻、净水厂水质应急处理等措施，确保水厂出水水质达标；实施团结水库、桐仁桥水库生态移民工程，减少水源区内生活及农业面源污染；为保障县城供水安全，完成水渡河坝上移工程一期工程建设，完成松雅河清淤，清淤范围为松雅河上堵口至威尼斯大桥之间，总长 1.8 公里，清淤面积 16 万平方米。

（四）加强水质监测

水利局投入近 300 万元启动水质检测中心建设，2014 年 6 月底基本建成，现已投入运行，具备常规 48 指标检测能力，定期对水源及出厂水水质进行检测，为长沙县水源地水质安全监管提供了强有力的保障。2015 年，水利局投入 130 万元，启动黄花、椰梨 2 处饮用水源实时监测站建设，及时掌握水源水质情况，提高饮用水源保护、管理、预警能力。

**五 节水型社会建设**

（一）农业节水

长沙县整合各级资金，对红旗、桐仁桥、金井、乌川、北山、团结等六处灌区进行了改造，共投入资金 15000 多万元，改造渠道 300 余公里；另外对五龙山、关山、西源冲、东庄等 17 个其他中小型灌区进行节水改造工程，完成投资 8000 万元。其中五龙山、东庄、日头岭、青山白华等灌区实施了农田低压管道灌溉，辐射带动了全县高效节水灌溉的发展，目前全县高效节水灌溉已达 11 万亩。

（二）工业节水

长沙县主要以机械制造、电子信息、新材料、生物工程为重点，优先发展高科技产业，限制高耗水项目的建设，如新引进的上海大众长沙工厂通过精进工艺，其涂装单位面积耗水量指标仅为 0.063 立方米，水重复使用率达 97% 以上。同时通过改进企业用水工艺，选定部分节水基础较好的企业，如娃哈哈、可口可乐等公司进行节水技术改造，实现循环用水、一水多用、废水处理回用。通过以点带面，全面推广节水先进技术和创建节水型企业。

（三）推进水权水价改革

长沙县以"定额供水、计量收费、阶梯计价、节约有奖、超用加价、水权可流转"等 25 字为指导原则，逐步实施水权水费改革，取得阶段性成果。目前，长沙县桐仁桥水库正在推进水权水价改革，主要做法：一是在全灌区实行统一的水费收取办法和标准，核定水权使用，并实行"先费后水"、预存水费制度；二是定额供水、计量收费的模式，在历年的用水基础上，按照距离远近及水损多少，确定了灌区各协会、村组的基础水权；三是推行的阶梯计价方式，即基础水权部分按基础水价计收水费，超基础水权部分用水按超出部分加价计算水价，节约水权部分加价回收，建立了科学合理的农业供水管理体制和水价机制。

# 第六章　长沙县环境保护规划

## 第一节　背景分析

### 一　现状分析

#### （一）概述

长沙县位于湖南省东部偏北、湘江下游东岸，县境从东、南、北三面环绕省会长沙市。东邻浏阳市，南接株洲市、湘潭市，西南濒湘江，西北毗邻望城区，北靠平江县、汨罗市。域内有捞刀河、浏阳河、湘江三水通江达海，有湖南国际航空港黄花国际机场架通空中桥梁，107国道、319国道、京珠高速、京广铁路纵横交错，贯通东西南北，交通便捷，地理优势明显。

长沙县地处长株潭"两型社会"综合配套改革试验区的核心地带，为中央确定的18个改革开放典型地区，是湖南省唯一的也是中部地区仅有的三个改革开放典型地区之一。2014年全县实现地区生产总值1100.6亿元，同比增长11%。在2015年度中国中小城市科学发展百强排名中位列第六位；在2015年的全国县域经济基本竞争力排名中，长沙县在中国百强县的排名列第八位，均居中部地区第一。

#### （二）生态现状

1. 气候特征

长沙县地处东亚季风区中，属中亚热带季风湿润气候。气候温和，热量丰富，降水充沛，日照较足，四季分明，生长季长。具有春暖多变、春末夏初多雨、伏秋多旱、秋寒明显、冬少严冬的特点。冬季多偏北风，夏季多偏南风。全县年平均气温 17.2℃，最热平均气温为 29.3℃，最冷 1 月平均气温为 4.7℃，年降水量 1389.8 毫米，年降雨日为 152 天；年相对湿度为 80%，年蒸发量为 1382.2 毫米；年日照时数 1677.1 小时，太阳辐射总量为 106.16 千卡/平方厘米；年平均风速为 2.7 米/秒；无霜期 275 天。

2. 水资源

长沙县境内河道属湘江、汨罗江两大流域，其中湘江流域面积 1913.6 平方公里，占 95.8%；汨罗江流域面积 83.6 平方公里，占 4.2%。主要河道有一级河浏阳河、捞刀河、东窑港、暮云港等 4 条，总长 116.64 公里；二级河三叉河、沿江山、仙人市、狭山江、榨山港、花园港、椰梨港、双溪港、千秋坝、胭脂港、泥丸子、金井河、石灰嘴、望仙桥、水渡河、白沙河、观音塘等 17 条，总长 335.69 公里；三级河 20 条，总长 253.97 公里；河流总长度 722.9 公里，河网密度 0.36 公里/平方公里，年排涝量 0.84 亿立方米。境内最大的河流为浏阳河，从浏阳市至长沙县境内，长 50.68 公里，流域面积 611.04 平方公里，年均流量 72.58 立方米/秒，主要支流有花园港、梨江港、双溪港、榨山港等。

降水：2012 年，长沙县年平均降雨量 1874.9 毫米，较上年偏多 71.5%，比多年平均偏多 28.7%。

地表水资源量：长沙县 1997 平方公里面积 2012 年地表水资源产水量为 21.92 亿立方米，折合年径流深 1097.6 毫米，比多年平均地表水资源量偏多 37.0%。

地下水资源量：2012 年长沙县地下水资源量 3.787 亿立方米，地下水径流模数 18.96 万立方米/平方公里·年。

水资源总量：2012 年长沙县水资源总量 21.92 亿立方米，较多年平均偏多 37.0%。其中地表水资源量为 21.92 亿立方米，地下水资源量 3.787 亿立方米，重复计算水资源量 3.787 亿立方米。

3. 森林资源

（1）林地面积

全县土地面积 199545.0 公顷，其中林业用地 90801.2 公顷，占总面积的 45.5%，非林业用地面积 108743.8 公顷，占总面积54.5%。在林业用地中，有林地面积 79683.7 公顷，灌木林地面积 7832.9 公顷，未成林造林地面积 1294.5 公顷，无立木林地面积 878.2 公顷，辅助生产林地面积 11.1 公顷，苗圃地面积 8.6 公顷，宜林地面积 1096.7 公顷。有林地面积中用材林面积 42720.3 公顷，公益林面积 38363 公顷，灌木经济林面积 6795 公顷，竹林面积 1260 公顷。

全县森林覆盖率达 48.2%，林木绿化率 47.46%。

（2）森林蓄积量

全县活立木蓄积量为 2976906 立方米，其中：林分蓄积 2705189 立方米，占总蓄积量的 90.9%；散生木蓄积 35782 立方米，占总蓄积量的 1.2%；"四旁树"蓄积 235935 立方米，占总蓄积量的 7.9%。

全县竹类总面积 1260 公顷，其中毛竹 1253.7 公顷，杂竹 6.3 公顷。毛竹占总竹林面积的 99.5%，总株数 352 万根。

（3）林分生长情况

全县各林分面积中，中龄林占 89.6%，幼龄林和近成熟林只占 10.4%，说明全县的中龄林占绝大的比重，正处于成材阶段，后备资源丰富。

4. 植被和野生动植物资源

长沙县属亚热带常绿阔叶林区，植被种类繁多。长期以来，由于历史原因和人类活动频繁，原生植被群落遭到破坏，致使森林逆向演变，20 世纪 70 年代后，植物群落逐步被以马尾松为主体的天然林和人工杉木林、国外松林所取代。据市林业局前期林木种源普查统计，长沙县现存天然和人工栽培树种 81 科 216 属 459 种。其中以蔷薇科数量最多，计 40 种。按树干形态分为乔木树种 195 个，灌木树种 238 个，木质藤木 26 个。按叶片是否脱落性质分常绿树种 191 个，落叶树种 268 个。列为国家一级保护植物有水杉，二级保护植物有银杏、樟树、核桃、鹅掌楸、楠木，三级保护植物有檫木；省级保护的植物有山拐枣、湖南石槠、南方红豆杉等。长沙县目前保留的古树名木有 1767 株。其中，树龄在 100 年以上的 667 株；共计 13 科，14 个属，14 个树种。其中，位于双江乡金华村杨家园内的一株古樟树树龄达 1000 多年，榔梨镇县机械厂内保存的一株古樟树树龄在 800 年以上。

长沙县有主要兽类 10 种，鸟类 45 种，蛇类 10 多种。其中国家二级保护的动物有穿山甲、果子狸、猴面鹰、白鹇、虎纹蛙。植物有银杏、杜仲、福建柏等。省一级保护植物有水杉；省三级保护野生动物有鸬鹚、池鹭、野鸭、环颈雉、棕颈斑鸠、山斑鸠、豪猪、狐、刺猬、蛇、蟾、蛙。

长沙县建立鸟类湿地保护小区 10 个，分别是黄花镇的瓢塘水库、金井镇的金井水库、高桥镇的桐仁桥水库、春华镇的红旗水库、江背镇的乌川水库、白沙乡的团结水库、双江乡的龙华水库、跳马乡的石燕湖水库、果园镇金江坝、星沙街道松雅湖湿地公园，以上 10 个保护小区占地面积达 1200 公顷。计划将黄花镇的回龙林场定为野生动物栖息地保护小区，其面积为 400 公顷。另计划建一个野生动植物种源保护小区——长沙县林业科学研究所，该小区的面积约 1860 公顷，含鸟类 20 多种，兽类 10 多种，爬行类 10 多种，两栖类 10 多种，昆虫类 100 余种，植物 400 多种。

5. 土地资源

长沙县行政区域总面积为 199665.89 公顷，其中耕地 58047.08 公顷，园地 2711.12 公顷，林地 88161.52 公顷，草地 516.84 公顷，城镇村及工矿用地 25822.65 公顷，交通运输用地 6162.17 公顷，水域及水利设施用地 14611.56 公顷，其他土地 3632.95 公顷。

6. 矿产资源

长沙县矿产资源丰富，经探查县境内已发现钨、锡、铍、铌、钽、钴、钼、金、硅、煤、高岭土、石灰石等 32 个矿种，已探明储量的 19 种。全县已发现矿产地 239 处，其中大型 5 处、中型 10 处、小型 151 处、矿（化）点 73 处。开采利用的主要与建筑材料有关的几个非金属矿种，如砖瓦黏土、硅石、石英砂、建筑石料，占全部矿产地的 74%，其余大多数矿种因产地规模小尚未开发利用。

7. 生态环境现状概况

2013 年全县启动实施三年造绿大行动，完成道路绿化 280 公里，新建公园6座，全县森林覆盖率达48.2%。划定基本农田实行永久保护，实施土地整治40348亩，关停非煤矿山24座，水土流失得到进一步治理。白沙镇桃源村生态扶贫移民全面完成。国家级生态乡镇实现全覆盖，成功创建国家生态县。

长沙县现有自然保护区1个，面积约1927.1公顷，现有、在建及拟建省级以上森林公园7个，面积约6239.6公顷，现有、在建及拟建省级以上湿地公园6个，面积约923公顷，具体见表6—1和表6—2。

表6—1　　　　　　　　长沙县自然保护区、森林公园名单

单位：公顷

| 序号 | 名称 | 类型 | 位置 | 规划面积 |
|---|---|---|---|---|
| 1 | 长沙龙头山自然保护区 | 省级、国家级 | 北部 | 1927.1 |
| 2 | 大山冲森林公园 | 国家级 | 路口镇 | 419.4 |
| 3 | 石燕湖森林公园 | 省级 | 跳马乡 | 1000 |
| 4 | 乌川湖森林公园 | 省级 | 江背镇 | 271 |
| 5 | 影珠山森林公园 | 省级 | 福临镇 | 321.5 |
| 6 | 红旗湖森林公园 | 省级 | 春华镇 | 486.7 |
| 7 | 北山森林公园 | 省级 | 北山镇 | 3374 |
| 8 | 白鹭湖森林公园 | 省级 | 双江镇 | 367 |

表6—2　　　　　　　　长沙县湿地公园建设情况

单位：公顷

| 序号 | 名称 | 性质 | 类型 | 位置 | 规划面积 |
|---|---|---|---|---|---|
| 1 | 松雅湖湿地公园 | 新建 | 国家级 | 县城 | 365 |
| 2 | 金江坝湿地公园 | 新建 | 省级 | 果园镇 | 213 |
| 3 | 瞿家塅湿地公园 | 新建 | 省级 | 春华镇 | 97 |
| 4 | 九道湾湿地公园 | 新建 | 省级 | 黄兴镇 | 132 |
| 5 | 磨盘洲湿地公园 | 新建 | 省级 | 黄兴镇 | 89 |
| 6 | 梨江垸湿地公园 | 新建 | 省级 | 榔梨镇 | 27 |

（三）环境现状

2013 年，全年空气质量优良天数 204 天，空气质量优良率达 57.5%，比上年降低 33.1 个百分点。城市生活垃圾无害化处理率 100%。全县拥有污水处理厂 21 座，城市生活污水集中处理率为 100%。全县森林覆盖率达 48.2%，提高 0.1 个百分点。

1. 污染物总量逐渐下降

根据 2010—2013 年的污染物排放总量情况（见表 6—3），长沙县污染物总量逐渐下降。其中，化学需氧量和二氧化硫 2012 年排放总量较 2010 年下降较为明显，分别下降 25.5% 和 16.08%。

表 6—3 污染物排放情况（2010—2013 年）

单位：吨

| 年度 | 化学需氧量（COD） | 氨氮（$NH_3-N$） | 二氧化硫（$SO_2$） | 氮氧化物（$NO_X$） |
|---|---|---|---|---|
| 2010 | 21955.24 | 2067.22 | 3783 | 2273.6 |
| 2011 | 21786.54 | 2356 | 3346 | 2105.88 |
| 2012 | 16356.51 | 1265.05 | 3174.8 | 1944.42 |
| 2013 | 16606.15 | 1856.36 | 3174.8 | 1944.42 |

根据近三年的化学需氧量和二氧化硫排放情况可知，农业源是化学需氧量的主要来源（约占 55.1%），工业排放是二氧化硫的主要来源（约占 92.1%）（见表 6—4 和图 6—1）。

表 6—4 长沙县二氧化硫排放来源（2010—2012 年）

| 年度 | 工业排放（吨） | 生活排放（吨） | 排放总量（吨） |
|---|---|---|---|
| 2010 | 3510 | 273 | 3783 |
| 2011 | | | 3346 |
| 2012 | 2901.8 | 273.03 | 3174.8 |

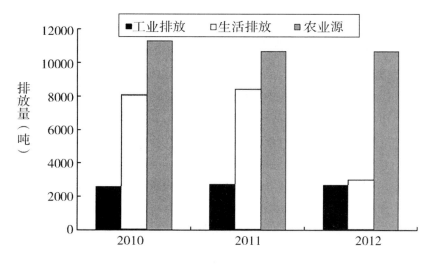

图6—1　长沙县化学需氧量排放来源（2010—2012年）

## 2. 水环境现状

### （1）地表水质量现状

长沙县的地表水水污染源主要来自生活污水、工业废水和畜禽废水。根据2012年长沙县环境质量报告（见表6—5），长沙经济技术开发区水环境质量基本稳定，但长沙县三个水厂饮用水水质粪大肠菌群、总氮、BOD5、石油等污染物较多。

表6—5　　地表水水质监测结果统计

| | | BOD5 | 总磷 | 总氮 | 粪大肠菌群 | 石油类 |
|---|---|---|---|---|---|---|
| 捞刀河黄花水厂取水口上游100米 | 年平均值（mg/L） | 5.1 | 0.015 | 2.09 | 115417 | 0.027 |
| | 二级标准（mg/L） | 3 | 0.1 | 0.5 | 2000 | 0.05 |
| | 污染指数 Pi | 1.708 | 1.533 | 4.170 | 57.708 | 0.542 |
| | 分担率（%） | 2.38 | 2.14 | 5.82 | 80.53 | 0.76 |

续表

|  |  | BOD5 | 总磷 | 总氮 | 粪大肠菌群 | 石油类 |
|---|---|---|---|---|---|---|
| 浏阳河椰梨水厂取水口上游100米 | 年平均值（mg/L） | 4.8 | 0.2 | 2.75 | 123850 | 0.04 |
|  | 二级标准（mg/L） | 3 | 0.1 | 0.5 | 2000 | 0.05 |
|  | 污染指数 Pi | 1.611 | 2.000 | 5.497 | 61.925 | 0.850 |
|  | 分担率（%） | 2.07 | 2.57 | 7.06 | 79.58 | 1.09 |
| 捞刀河星沙水厂取水口上游100米 | 年平均值（mg/L） | 4.5 | 0.20 | 2.89 | 111400 | 14.3 |
|  | 二级标准（mg/L） | 3 | 0.1 | 0.5 | 2000 | 0.05 |
|  | 污染指数 Pi | 1.508 | 1.967 | 5.770 | 55.700 | 0.954 |
|  | 分担率（%） | 2.03 | 2.64 | 7.75 | 74.79 | 1.28 |

　　浏阳河和捞刀河流域内集中了各工业企业，是工业废水的纳污水体，未经处理的部分村镇企业生产废水会严重影响河流和地下水质。2012 年，长沙县工业废水排放量为 602 万吨，为上年的47.7%；排放达标量为 568 万吨，为上年的 45.2%；工业废水排放达标率 94.4%。长沙县产业结构中工业所占比重约 70%，工业污染较严重。尤其是星沙工业园暂无污水处理厂，工业废水有部分直排浏阳河，势必污染水体。

　　近年来，长沙县全面加强工业企业用水管理，积极开展企业清洁生产工作，指导企业实施节水技术改造，引导企业应用节水技术，推广先进适用的节水技术和设备，限制高水耗项目和落后生产设备等一系列节约用水措施。通过不断的努力，长沙县工业用水重复率得到有效提高。据统计，2009 年长沙县工业用水总量 1020.20 万吨，其中新鲜耗水量 204.04 万吨，重复用水量 816.16 万吨，工业用水重复率为 80%；2010 年长沙县工业用水总量 1278.53 万吨，其中新鲜耗水量 254.04 万吨，重复用水量 1024.49 万吨，工业用水重复率为 80.13%；2011 年长沙县工业用水总量 1674.96 万吨，其中新鲜耗水量 322.60 万吨，重复用水量 1342.36 万吨，工业用水重复率为 80.14%。

（2）地下水质量现状

长沙县境内地下水丰富，一般以浅层地下水为主，居民生活用水一般为井水。对金井镇、路口镇、福临镇、高桥镇、青山铺、白沙乡、开慧乡七个乡镇地下水（井水）进行监测（见表 6—6），地下水中硝酸盐、色度、pH、锰、铜、硫酸盐、氨氮、高锰酸盐指数等指标未超过《生活饮用水卫生标准》（GB 5749—2006）表 4 标准，达标率为 100%。

表 6—6 地下水（井水）水质监测结果统计

| 监测点 | 监测项目（mg/L） | | | | | | | |
|---|---|---|---|---|---|---|---|---|
| | pH | 色度 | CODMn | 氨氮 | 硝酸盐 | 硫酸盐 | 铜 | 锰 |
| 高桥镇 | 7.53 | 1 | 2.6 | 0.20 | 4.01 | 5.0 | 0.0036 | 0.023 |
| 路口镇 | 7.21 | 1 | 2.7 | 0.14 | 1.27 | 8.6 | 0.0034 | 0.02L |
| 金井镇 | 6.32 | 1 | 2.4 | 0.18 | 12.3 | 3.4 | 0.0035 | 0.02L |
| 福临镇 | 6.84 | 1 | 2.9 | 0.16 | 10.43 | 6.0 | 0.003 | 0.207 |
| 青山铺 | 6.42 | 1 | 2.4 | 0.15 | 1.33 | 1.0 | 0.0012 | 0.02L |
| 白沙乡 | 6.51 | 1 | 2.4 | 0.13 | 5.87 | 4.2 | 0.0024 | 0.02L |
| 开慧乡 | 7.05 | 1 | 2.4 | 0.12 | 0.81 | 1.1 | 0.0036 | 0.02L |
| GB 5749—2006 表 4 标准 | 6.5—9.5 | 20 | 5 | 0.5 | 20 | 300 | 1 | 0.3 |

3. 大气环境现状

2012 年长沙经济技术开发区大气质量较去年有所改善。空气质量达到一级标准的有 61 天。达到二级标准的有 272 天，空气优良率 90.61%；空气质量为中重污染的有 6 天，全年有 264 天首要污染物为可吸入颗粒物。$SO_2$ 年均值 0.023mg/m³，达到环境空气质量二级标准要求，日均值最大浓度为 $0.114mg/m^3$，高于国家二级标准。$NO_2$ 年均值 $0.042mg/m^3$，达到环境空气质量二级标准要求；日均值最大浓度为 $0.072mg/m^3$，未超过国家标准。可吸入颗粒物年均值 $0.088mg/m^3$，达到环境空气质量二级标准要求；日均值最大浓度为 $0.591mg/m^3$，最大超标 2.94 倍，日均值超标率 8.9%。环境空气质量综合指数见表 6—7。

表 6—7　　　　　　　　环境空气质量综合指数计算结果

| 项目 | 二级标准（$mg/m^3$） | 年均值（$mg/m^3$） | 污染指数 $P_i$ | 污染分担率（%） |
|---|---|---|---|---|
| $SO_2$ | 0.06 | 0.023 | 0.23 | 15.03 |
| $NO_2$ | 0.08 | 0.042 | 0.42 | 27.45 |
| PM10 | 0.1 | 0.088 | 0.88 | 57.52 |

综合指数　1.81

可吸入颗粒物是长沙经济技术开发区环境空气质量的首要污染物，雾霾天气频繁，累计空气优良率有下降趋势。主要是城市建设工程日益增多，分布面广，多数建筑工地未采用围挡施工、洒水抑尘等尘污染防治措施，加之机动车增多，裸露地面尘土飞扬，导致扬尘污染严重。另外，长沙县空气污染与工业也有关系，属煤烟型和石油型并重的复合型污染。

4. 声环境现状

2012 年长沙经济技术开发区噪声污染以交通噪声和施工噪声为主，平均等效声级为 63.1dB（A）。长沙经济技术开发区噪声源分布状况见表 6—8。

表 6—8　　　　　　　　环境噪声质量监测结果

| 噪声源分布 | 交通 | 工业 | 施工 | 生活 | 其他 |
|---|---|---|---|---|---|
| 测量数 | 18 | 23 | 12 | 26 | 3 |
| 噪声源比率 | 22.0 | 28.0 | 14.6 | 31.7 | 3.66 |
| Leq［dB（A）］ | 63.4 | 52.4 | 62.1 | 46.2 | 42.5 |

干线两侧交通噪声有部分超标现象。随着长沙县人民群众生活水平不断提高，私家车的数量大幅增加，县道各条道路压力明显加大，上下班期间拥堵现象也日趋严重，加之干线两侧隔离带的修建不到位，使得交通噪声成为影响周边居民生活及办公的主要噪声源。

长沙县办公区、商业区和工业区四个季度的噪声测量结果见表6—9。由表6—9可知，长沙经济技术开发区噪声环境质量较好，各功能区噪声均能达到相关国家标准。

表6—9　　　　　　　　　　功能区噪声测量结果

单位：dB

| 类型 | 办公区 | 商业区 | 工业区 |
|------|--------|--------|--------|
| 测量点 | 星沙镇政府 | 板仓中路与蒸湘路交会处 | 金沙利彩印 |
| 一季度 | 52.7 | 63.8 | 54.7 |
| 二季度 | 54.0 | 64.1 | 54.3 |
| 三季度 | 53.6 | 62.9 | 55.8 |
| 四季度 | 53.0 | 62.2 | 52.9 |
| 平均 | 53.3 | 63.3 | 54.4 |

5. 农村环境现状

（1）水环境

对金井镇、路口镇、福临镇、高桥镇、青山铺、白沙乡、开慧乡七个乡镇地表水（池塘、水库）进行监测，其中地表水化学需氧量、氨氮和总磷三个指标均未超过《地表水环境质量标准》（GB 3838—2002）Ⅲ类标准要求，达标率为100%。但长沙县各村目前大部分没有专门的污水排放系统，大部分生活污水，包括厨房、洗衣等废水没有经过处理直接排放到附近的池塘或河流，对周围的水环境造成了严重影响。另外，长沙县村民居住较为分散，生活污水的产生和排放也比较分散无序。

（2）空气质量

根据2012年路口镇和高桥镇的环境空气监测可知，路口镇环境空气污染因子中可吸入颗粒、$SO_2$、$NO_2$的日均值浓度分别为 0.093 $mg/m^3$、0.023$mg/m^3$、0.046$mg/m^3$，高桥镇环境空气污染因子中可吸入颗粒、$SO_2$、$NO_2$的日均值浓度分别为 0.08$mg/m^3$、0.02$mg/m^3$、0.042$mg/m^3$，未超过《环境空气质量标准》（GB 3095—1996）二级标准。

（3）生活垃圾

虽然长沙县部分村庄建设有垃圾池、配备了垃圾桶，但尚未进行垃圾的分类收集，大量垃圾随意堆放在公路旁、田间地头、水塘沟渠边，统一收集的垃圾也仅进行了集中堆放，未进行无害化处置。

（4）绿色庭院建设

长沙县在开展庭院美化工作的过程中，部分农户受传统意识阻碍，不愿积极配合，不肯出钱出力。

（5）秸秆焚烧

对秸秆的处理仍以焚烧为主，对空气质量造成较大影响，虽然大力宣传并且进行监督，但农民找不到更好的秸秆处理办法，所以很难禁止。

6. 环保能力和环保制度现状

（1）环保考核制度现状

近年来，长沙县明确了各单位的环保职责，严格执行环保"一票否决"制度，逐步退出制革、印染、木材、麻石加工等高污染行业。扎实推进湖南省"十二五"期间十大环保工程。把生态建设和环境保护放在与经济社会建设同等重要的地位，促使各镇、街道加强对环境的保护工作。在 2013 年 10 月，长沙县顺利通过了国家生态县建设的考核验收，成为湖南省第一个通过验收的国家生态县，以"资源节约、环境友好"为要求，以"绿色考核"思想引导政府发展，倡导"两型"产业优先发展，在全国率先建立了县级"两型"建设指标体系。并且加强环保宣传力度，强化了环保意识，逐步开展政府环保绩效考核。从"考事"入手落实到"考人"，真正检验评价各镇街、各单位领导科学发展的能力与成效，切实强化了考核结果的运用。通过评优评先、奖金奖励、培训培养、提拔任用等方式，形成了良好的用人导向。同时，建立了反馈机制，坚持以工作实绩兑现考核奖惩。此外，引入公众参与制度，加强社会评价，采取电话访问、问卷调查、集中测评、入户访评等方式，对各被考核单位进行全方位、多维度评估，形成了既有"随机评价"又有"集中评价"，既有"上评""下评"，又有"官评""民评"的灵活多元评估机制，使评价结果更加准确客观，有效提升了政府行政效能，维护了社会和谐稳定。

（2）环境经济制度现状

第一，经济结构不尽合理，产业亟待升级转型。

2013年全县实现生产总值976亿元，按可比价计算，比上年增长10.8%。分产业看，第一产业实现增加值65.392亿元，增长4.5%；第二产业实现增加值695.888亿元，增长10.4%；第三产业实现增加值214.72亿元，增长13.6%。三次产业结构由上年的6.7：72.4：20.9调整为6.7：71.3：22.0。三次产业分别拉动GDP增长0.3个、7.6个、2.9个百分点。目前全县经济结构不尽合理，工业所占比重过大，产业核心竞争力不强，企业自主创新能力有待提高，现代服务业发展相对滞后。全县工业发展不平衡，工业发达地区大量废水、废气、废渣的排放让部分地区污染较为严重，三废排放不达标的企业还存在，一些乡村还在以对环境的破坏来换取当地经济的发展，农村环保设施普及率不高。

全县当前正处于经济转型、产业升级的过程中，特别是近几年在促进经济转型升级上切实加大力度，出台了促进县域经济和战略性新兴产业、现代农业、现代物流、生态旅游等产业发展的一系列政策措施。提出要加快园区品质提升、加快产业做优做强、加快企业创新创造。全力支持经开区深度托管工业基地，创建国家知识产权示范园区，加快挺进全国十强开发区，按照"两型"要求和城市新区标准规划、建设和管理园区，丰富商业元素和生活设施，加快园区经济向城市经济转轨。以构建"多业并重、重点带动、多点支撑"工业经济格局为目标，围绕龙头骨干企业，以产业基地、配套园、园中园为主要载体，引进和培育关联企业，提升产业配套率，拉长产业链条，做优工程机械产业，做强汽车及零部件、电子信息产业，做大新能源、新材料、节能环保等战略性新兴产业。以促进服务业发展提速、比重提高、水平提升为目标，依托新型工业发展生产性服务业，满足百姓需求，提升生活性服务业。以提升城郊农业产业化水平为目标，加大农业投入力度，整合"一心、两片、两廊、三带、百个现代农庄"资源，培育和壮大产业化龙头企业、现代农庄、家庭农场、示范合作社等新型主体，突出规模经营和品牌建设，努力增强农业经营效益，大力实施创新驱动战略，在工业、科技等方面引导资金，重点支持企业在主导产业核心技术、关键技术领域取得一批成果，建设技术中心、研发中心、重点实验室，开发具有自主知识产权和高附加值的新产品。鼓励企业做大做强，组建产业技术联盟，推动有条件、有需求的企业加快上市，对上市后的企业给予支持。建立创新项目扶持机制，规范创业项目服务体系，支持县内企业开拓海外市场，扶持中小企业加速成长，带动更多劳动者自主创业。

第二，生态补偿和排污权交易工作稳步推进。

长沙县在参与长沙市境内河流生态补偿工作的基础上，还开展基于自身的生态补偿工作。2010年出台了《长沙县建立生态补偿机制办法（试行）》，率先在全省探索建立生态补偿机制，构建"谁保护、谁受偿，谁受益、谁补偿，谁污染、谁治理"的运行体系。以政府为主导，加大财政对生态补偿的投入力度，以市场为补充，拓宽生态补偿市场化运作途径，通过财政预算安排、土地出让收入划拨、上级专项补助、接受社会捐助等多种渠道，设立生态补偿专项资金。全县除公益设施建设外的所有土地出让，每亩增加3万元用于生态建设和环境保护。2011年县各职能部门以项目投入的形式全面落实了这一办法，并逐步形成补偿细则。全县共开展生态补偿项目16个，合计投入资金12747万元。

2012年县林业局实施森林生态补偿机制工作方案，目标将按照不同生态区位功能划分不同等级的生态公益林，对区划的公益林政府按不同等级给予不同标准的补偿，采取封山育林、植树造林或全面禁伐等培、造、管相结合的措施，逐步将现有森林培育成多树种、多层次、多功能、多效益的生态公益林系统，为长沙县人居环境和经济全面快速发展提供优越的环境支撑和保障。2013年10月，长沙县正式出台《长沙县生态公益林管理与补偿办法》，对各级生态公益林保护和管理以及因禁止采伐利用造成的收益性损失，给予一定专项资金补助。2014 年在全省率先将各级生态公益林每年每亩补偿提高到 30 元，且纳入财政预算和政策保障。其中，27 元为林权补偿对象的管护补助资金，主要用于森林防火、林业有害生物防治、补植、抚育等管护支出和因禁止采伐利用而造成收益性损失的补偿；另外 3 元为公共管护资金，集中用于生态公益林营造、抚育、保护和村级护林员队伍建设。截至 2014 年 12 月 804 万元生态补偿资金目前已全部拨付到位。目前，长沙县林业局还成立了森林保险机构小组。长沙县现每年参保国家级生态公益林面积达 26.801 万亩，年总保费为 42.88 万元。2014 年北山镇明月村千余亩国家级生态公益林意外失火，经各部门联合现场勘查与财政审核，最终获得保险公司理赔 19.68 万元。

在河流生态补偿方面，长沙县执行《长沙市境内河流生态补偿办法》，凡是交界断面当月水质指标值超过水质控制目标，上游区、县（市）应当给予下游区、县（市）超标补偿。其中最为关注的浏阳河污染问题，由于浏阳河在长沙市境内流经浏阳市、长沙县、雨花区、芙蓉区和开福区，如果从浏阳市流出的水质超标，浏阳市就得向长沙县赔钱；同样，若长沙县流出的河水超标，则长沙县向雨花区赔钱。

排污权交易方面，根据省环保厅《关于开展主要污染物排污权初始分配核定工作的通知》（湘环函〔2013〕143 号）文件精神和长沙市《关于开展第二轮主要污染物排污权初始分配核定工作》的通知，长沙县环保局于 2013 年 5 月进行长沙县共 421 家企业单位的第二轮主要污染物排污权初始分配的申报工作，至今，共计收缴经开区和长沙县 100 家企业初始排污权使用费 193.49 万元，征收 6 个新、扩、改项目排污权有偿使用费 2.227 万元。

第三，环境经济制度体系有待进一步完善。

环境罚款和赔偿制度、排污收费制度是我国法律确定的基本环境管理制度，也是我国早期的环境经济制度，已经融入我国当前环境管理的基本体系之中。经济社会发展的新形势、新要求，需要进一步完善和健全的环境经济制度体系。在其他的环境经济制度方面，长沙县也出台过一些政策，如 2013 年《长沙县加大绿色创建力度推进城乡绿化一体化实施办法》（长县政函〔2013〕50号）中提出"积极开发绿色金融产品，实施绿色信贷、绿色保险政策，加强生态建设、新能源与可再生能源开发等领域的投融资服务"。但总体来说，长沙县环境经济制度体系并不完善，除产业转型优化、生态补偿和排污权交易等方面有实质性的工作之外，其他环境经济政策有待进一步提出和落实，环境经济制度体系有待进一步明确和完善。

（3）环境监测监管能力现状

目前长沙县环境质量监测和监管主要由长沙县环境监测中心站承担。该站成立于 1984 年，由长沙县环境保护局总管。监测站现有编制人员 19 人，大中专学历 7 人，拥有高级职称 1 人，中级职称 7人，专业技术人员占全站人员的 89.5%。中级以上技术人员占技术人员总数的 52.6%，高、中、初级技术人员比例为 1∶4∶5。

长沙县监测站现有监测用房三层共计 1380 平方米，其中实验用房面积为 1070 平方米（目前在用的实验用房面积为 680 平方米，预备改造的实验用房面积为 390 平方米）。实验室严格按照国家有关实验室建设要求配备了水、电、空调、抽湿机、排风扇以及防腐蚀、紧急救援等设施。依据工作职能，全站设有三个业务室，分别为：采样业务室（业务一室）、综合业务室（业务二室）、质控室（业务三室）。

近几年来，长沙县监测站在县政府和上级环保部门的支持下，先后更新配置了万分之一分析天平、可见光分光光度计、原子吸收分光光度计、红外分光测油仪、COD 快速测定仪等 83 台套三级站基本配置仪器设备。同时，还配置了用于应急监测的便携式多种气体分析仪、便携式多功能水质监测仪、个人防护装备、PID 监测仪等 14 台套应急环境监测仪器，基本符合了县级监测站（三级站）仪器配备要求。

为提升监测技术水平，长沙县监测站于 2000 年开展计量工作并于当年首次通过省级计量认证取得合格证书，2004 年、2007 年、

2010 年、2013 年通过计量认证复查换证评审，是国家环境监测系统中的四级站和国家环境监测网络站。通过近几年的努力，长沙县监测站形成了覆盖水、气、声等领域的监测能力，目前通过计量认证的项目共计 59 项，其中水质监测 33 项、大气监测 20 项、噪声及振动监测 6 项。

长沙县环保局承担辖区内直管企业直接执法管理责任，同时承担辖区内由省和市（州）环保部门监管企业的配合监督管理责任。近几年来，长沙县在监测队伍的发展上取得了一些成绩，通过充分发挥全站干部职工平均年龄轻、富有朝气和活力的优势，以创建"青年文明号"为载体，全面开展监测队伍自身建设，分别于 2000 年、2002 年和 2004 年获得县级、市级、省级"青年文明号"称号，并于 2008 年获得湖南省十大"杰出青年文明号"称号，成为长沙地区环保系统首个获此殊荣的单位。近年来长沙县环境监督监管取得的成绩见表 6—10。

表 6—10　　　　　　　　长沙县环境监管工作开展情况

| 年份 | 主要工作成绩 |
| --- | --- |
| 2008—2012 | （1）全面完成了两河流域内 6 家造纸企业的提质扩规和污染治理，3 家小型造纸厂实施了关闭。2009 年关闭了黄兴镇创亿化工厂、干杉镀锌厂等 21 家重点污染企业，督促 7 家企业完成限期整改、4 家企业完成搬迁。2010 年以来，对影响榔梨自来水厂饮用水安全的近 50 家小作坊进行关停、撤迁。在此基础上 2011 年继续加大两河流域工业截断污染的力度，关停造纸、制革污染企业，降减工业污染，确保用水安全。2012 年全县的造纸厂和制革厂已全部关停。<br>（2）对不符合产业政策或存在严重污染问题的 30 余个项目予以了否决。强化环境监测能力建设，对 3 家自来水厂水源每月监测 1 次，枯水期进行每周 1 次的加密监测，2010 年起，又开展了对"两河"及其 8 大支流 32 个乡镇交界断面进行每季度 1 次的常规监测，为考核乡镇环保工作提供依据。 |

续表

| 年份 | 主要工作成绩 |
|---|---|
| 2013 | （1）关闭长沙市亿利化工厂、长沙县兴旺机砖厂、长沙县榔梨镇三合机砖厂、湖南桔洲汽车制造有限公司、长沙县金井宏伟造纸厂、长沙县长旺制革厂等 6 家单位，关停长沙县天山水泥厂、长沙五江建材实业有限公司、长沙印山合力建材有限公司立窑水泥生产线。<br>（2）执法大队共计监察、巡查企业 793 次，出动执法人员 834 人次、执法车辆 276 台次，开展各类专项行动 8 次、联合行动 12 次；下达环境监察文书 829 份、《环境违法行为限期改正通知书》18 份；立案查处环境违法行为 3 起，已办结 3 起，到位罚没款累计 1.1944 万元，关停生产项目 2 起。主要针对重点涉水企业、污染源、有毒有害危险化学品生产、贮存、销售、使用单位环境监管情况及水污染防治设施运行情况进行全面的执法检查，清查环境安全事故隐患。共计检查相关企业 142 家，出动执法人员 29 人，出动执法车辆 66 台次。 |

以上成绩的取得，有以下几个原因：一是县委政府的高度重视。人大、政协加强对环境保护各项法律法规执行情况进行监督检查，形成了主要领导负总责亲自抓，分管领导具体抓，环保部门全力抓，有关部门共同抓的新格局。二是推进方法科学、措施得力。从 2008 年起，取消农业类乡镇的工业招商、工业产值等考核指标，大幅提高生态环境保护与建设在绩效考核中的权重，从原来的环境保护生态分值 3 分，逐年提升到现在工业类乡镇 18 分、农业类乡镇 23 分。长沙县在发展经济过程中实现了招商引资向招商选资的跨越，严格环境准入，实行环保前置审批，对环境保护实行一票否决，发改、国土、工商、商务、环保等多部门对建设项目联动把关，确保新建项目的环保到位。三是公众的广泛参与。通过形式多样、内容丰富的环保宣传，引起了社会各界广泛关注，公众树立环境意识和环境法制观念不断增强，"生态优先"理念逐渐树立，全县形成了关心环保、支持环保、参与环保的良好氛围。

（4）存在的问题

长沙县环境管理制度体系在"十二五"发展期间不断完善，但在监管、监测及宣教等方面仍存在一些问题。

第一，环保能力建设有待加强。近几年来，长沙县发生了几次较为严重的环境污染事故（如榔梨自来水厂镉超标事故、农大水厂水污染事故等），尽管每次都得到了妥善处理，但是在处理这类事件中，监管队伍力量薄弱、监测设备和专业技术人员缺乏、环境预警体系有待完善等突出问题显露无遗。与此同时，环境管理点多、面广，面临的压力大，环保队伍编制、人员严重不足。

第二，县、镇（街道）环境保护管理体制有待进一步理顺。经开区产业环保局和县环保局之间存在环境管理和环境监管脱节问题，乡镇（街道）还没有完全建立环保机构，大部分乡镇没有专职从事环境保护的人员。因此，很多工作不能很好推行和落实。

第三，环境执法手段相对薄弱。现行环境法律对环境违法行为的处罚手段有限、力度不足，很多时候要依靠其他部门配合才能有效推进执法。因此在寻求上下联动、部门联动的执法机制上还需进一步加强。

第四，环境监测能力建设有待提高。目前全县环境监测信息网络体系还未构建完全，监督监控还未形成统一、高速、安全、先进的网络基础环境，信息采集传输方式仍需改进，对环境监测、监察数据传输的支持能力还需提高。

第五，环境宣教力量仍不足。宣教队伍能力建设发展水平不高，总体力量还比较薄弱。宣传队伍的知识结构和学历水平虽有较大改善，但县级及以下政府宣传手段和设备比较单一，不能满足向社会公众进行环境警示教育的要求。

第六，环保考核体系虽实现了初步建立绿色 GDP 考核的转变，但实施过程仍比较艰巨，环境责任追究效率欠缺，追查力度不够。

第七，环境保护技术支撑体系与人才队伍建设有待提升。环保科研院所、高校、企业及政府的"多位一体"的环境管理技术支撑体系还未构建成功；环保科技人才队伍的培养力度仍不够。

（四）长沙县环境容量核算

1. 水环境容量核算

水环境容量包括理想水环境容量、水环境容量、最大允许排放量三套数据，它们之间的转换关系如下。

（1）理想水环境容量

在此次模型设计条件下，即在给定水域范围和水文条件（10 年最枯月流量或设计 90% 保证率流量）下，现有排污方式不变和以功能区划为水质目标的前提下，通过模型计算并进行修正的结果即为控制单元的理想水环境容量。

（2）水环境容量

理想水环境容量减去该计算单元非点源（面源）污染物入河量即为该控制单元的水环境容量。

（3）最大允许排放量

按照各控制单元工业、城市生活入河平均系数，建立水环境容量和排放量之间的转换关系，反向折算到陆上，得到最大允许排放量。

（4）剩余允许排放量

最大允许排放量减去现状点源排放量即为剩余允许排放量。

2. 控制单元划分

（1）确定水域范围

水域范围的确定是水环境容量基本控制单元确定的基本条件，是水环境容量模拟计算的基本范围。长沙县境内在 1∶25 万电子地图上有编码的河流、水库、人工渠道等划分了水环境功能区的水域均属于水环境容量核算的范围，共包括 8 个水环境功能区，见表 6—11。

（2）控制单元划分

以水环境功能区为基础，兼顾行政区划，通过污染源调查，考虑污染物排放去向、入河排污口分布、城市管网布置等因素，摸清相应的陆域范围，水陆统筹，以入河排污口沟通水环境功能区和对应的陆上汇流区，按照输入响应关系，构成控制单元，建立基于控制单元的污染物排放与水环境质量的输入响应关系，将水环境功能区的陆上汇流区定量化、具体化，作为水环境容量核定和总量分配的基本单元。

表 6—11 控制单元划分

| 水域功能单元编号 | 水系 | 水域 | 控制单元编号 | 长度（公里） | 宽度（米） | 执行标准 |
|---|---|---|---|---|---|---|
| 1 | 浏阳河 | 长沙县黄兴镇东山—长沙县椥梨镇新水厂（汤羊桥）上游 1000 米 | XJ207 | 3.4 | 48 | III |
| 2 | | 长沙县椥梨镇现在水厂下游 200 米—长沙县椥梨镇现在水厂下游 1200 米 | XJ209 | 1 | 48 | III |
| 3 | | 长沙县椥梨镇现在水厂下游 1200 米—浏阳河铁路桥东 | XJ210 | 21.7 | 48 | IV |
| 4 | 捞刀河 | 浏阳市永安镇礼仁村河边组（铁路坝）—1819 省道跨捞刀河桥（春华瞿家墩桥） | XJ220 | 14.1 | 34 | III |
| 5 | | 1819 省道跨捞刀河桥（春华镇瞿家墩桥）—黄花水厂上游 1000 米（长山湾） | XJ221 | 1 | 34 | III |
| 6 | | 黄花水厂下游 200 米（港口子）—李家湾 | XJ223 | 1 | 34 | III |
| 7 | | 李家湾—长沙县石塘湾 | XJ224 | 16 | 34 | III |
| 8 | | 长沙县石塘湾—栗家巷 | XJ225 | 1.5 | 34 | III |

3. 水文参数确定

模型计算的设计流量采用最近 10 年最枯月平均流量，或 90% 保证率下的最枯月平均流量。对于没有水文参数的计算单元，本规划根据流域面积比例法、水文参数比拟法、径流量法等方法对计算单元的流量、流速进行推算，并同时保证节点水量平衡（见表 6—12）。

表 6—12　　　　　　　　　　水文参数

| 控制单元编号 | 计算单元长度（公里） | 计算单元宽度（米） | 计算单元深度（米） | 设计流量（立方米/s） | 设计流速（米/s） |
|---|---|---|---|---|---|
| 1 | 3.4 | 48 | 1.50 | 16.5 | 0.23 |
| 2 | 1 | 48 | 1.50 | 16.5 | 0.23 |
| 3 | 21.7 | 48 | 1.50 | 16.5 | 0.23 |
| 4 | 14.1 | 34 | 1.50 | 9.16 | 0.18 |
| 5 | 1 | 34 | 1.50 | 9.16 | 0.18 |
| 6 | 1 | 34 | 1.50 | 9.16 | 0.18 |
| 7 | 16 | 34 | 1.50 | 9.16 | 0.18 |
| 8 | 1.5 | 34 | 1.50 | 9.16 | 0.18 |

### 4. 废水和污染物排放分析

（1）污染源调查范围

第一，水环境功能区作为基础调查单元，考虑水污染物的排污去向，确定水陆对应关系。然后按照其所属行政区，以市区县作为调查单位的主体，调查各类污染源的废水排放量、化学需氧量及氨氮两种污染因子的排放浓度、排放量及入河量。

第二，工业污染源（包括规模化畜禽养殖场）。工业污染源参考各种监测数据及统计资料，确定占所属市区县化学需氧量污染负荷80%以上的厂矿、企事业单位作为主要污染源，计入调查范围；规模化畜禽养殖场全部参与调查，其定义为：存栏数猪大于100头，或蛋鸡大于3000只、肉鸡大于6000只，或奶牛大于20头、肉牛大于40头的养殖场。

第三，城市生活源。各县市区政府所在城区均参与城市生活源的调查。生活污水直接排入水环境功能区，非农业人口较多、较集中的乡镇也部分列入调查范围。

第四，农村生活源。具体指农村生活中对水环境功能区能产生水污染的人或物，一般包括农村居民生活污染物、散养畜禽、家庭作坊及规模较小的乡镇企业等。

（2）污染参数的选定

对污染源汇总、计算中需用到的各类参数确定如下。

工业（含规模化畜禽养殖）废水排放量与入河量之间的转换系数按企业排放口距入河口的距离、排污管道性质进行修正。

城市生活污染物排放量以城市人均产污系数（COD 60—100 g/人·日，氨氮 4—8g/人·日）与城市非农业人口数的乘积得出。

城市生活污染物入河浓度以实测数据（或调查数据）为准。无实测数据或调查数据则参考经验数据。

各类非点源污染物入河系数取值范围：1%~10%。

农田径流源强系数 CODcr 为 1.5kg/亩·年；NH3-N 为 0.3kg/亩·年。农田径流污染物入河量按各功能区汇水区域内农田面积进行分摊。

农村面源：农村人均综合用水量定为 0.1 吨/人·天，生活污水排放系数定为 0.6。

污染物排放系数：人 COD 40g/天，$NH_3-N$ 4g/天；猪 COD 50g/天，$NH_3-N$ 10g/天。

农村面源污染物入河量按汇水区内人口数分摊。

（3）工业污染源

以县环境统计数据中 COD 排放量占当地当年工业 COD 排放总量的 80% 以上的工业污染源为主要调查对象，结合排污申报、重点污染源监测和现场调查等手段，对工业污染源进行了调查。2012 年县工业污染物排放入河数据见表 6—13。

表6—13　　2012 年长沙县工业污染源调查汇总

| 工业废水排放量（万吨/年） | 工业废水入河量（万吨/年） | 工业COD排放量（吨/年） | 工业COD入河量（吨/年） | 工业氨氮排放量（吨/年） | 工业氨氮入河量（吨/年） | 工业废水入河系数 | 工业COD入河系数 | 工业氨氮入河系数 |
|---|---|---|---|---|---|---|---|---|
| 562.3 | 455.5 | 2272.2 | 1840.5 | 95.4 | 77.3 | 0.81 | 0.81 | 0.81 |

（4）城镇生活污染源

调查城市非农业人口数量、人均社会综合用水量和排水量、城镇生活污水平均排放浓度及排放去向等，计算城市生活源污染物排放量和入河量。城市生活污染源调查数据见表6—14。

表6—14中城市生活污染物排放量＝城市非农业人口数×人均生活污染物理论产污系数；入河量＝废水入河量×污染因子入河浓度。从表6—14中可知，氨氮入河系数普遍大于COD入河系数，主要原因是湖南省多数城市还未建成生活污水处理厂，氨氮从排放到入河过程中只能依靠自然降解，而氨氮综合降解能力远比COD弱，导致其入河系数高于COD入河系数。

表6—14　2012年长沙县生活污染物排放、入河情况统计

| 人口（万人） | 废水排放量（万吨） | COD排放量（吨） | COD入河量（吨） | 氨氮排放量（吨） | 氨氮入河量（吨） | COD入河系数 | 氨氮入河系数 |
|---|---|---|---|---|---|---|---|
| 76.49 | 4695 | 7104 | 2273 | 1017 | 519 | 0.32 | 0.51 |

表6—14中各区县（市）城镇生活污染物的COD、氨氮入河系数分别为0.32和0.51。由于COD的降解系数比氨氮的降解系数大，因而其入河系数比氨氮的入河系数要小，理论入河量与实际入河量是吻合的。

（5）农业源

通过调查农村综合用水量、排水量、农业人口数、散养型畜禽养殖量等，利用农村人均综合污染物排放系数、散养畜禽污染物排放系数等计算排污总量，并按汇水区面积、人口分布情况等分摊到各水环境功能区。

农村生活源（含散养禽畜）调查数据见表6—15。

表6—15　　　　　2012年长沙县农村生活污染源情况

| 农业人口（万人） | 废水排放量（万吨/年） | COD排放量（吨/年） | COD入河量（吨/年） | 氨氮排放量（吨/年） | 氨氮入河量（吨/年） | COD入河系数 | 氨氮入河系数 |
|---|---|---|---|---|---|---|---|
| 69.7 | 1282.3 | 7938.3 | 555.7 | 768.4 | 53.8 | 0.07 | 0.07 |

（6）废水和污染物排放汇总

将长沙县污染物排放量入河量数据按地市汇总，汇总结果根据废水、COD、氨氮排放、入河情况分别列于表6—16、表6—17、表6—18中。

**表6—16　　　　　2012年长沙县废水排放量入河量情况**

| 废水排放量（万吨/年） | | | | 废水入河量（万吨/年） | | | |
| --- | --- | --- | --- | --- | --- | --- | --- |
| 工业 | 城镇生活 | 农业源 | 合计 | 工业 | 城镇生活 | 农业源 | 合计 |
| 562.3 | 4695 | 1282.3 | 6539.6 | 455.5 | 3803 | 90 | 4348.5 |

**表6—17　　　　　2012年长沙县COD排放量入河量情况**

| COD排放量（万吨/年） | | | | COD入河量（万吨/年） | | | |
| --- | --- | --- | --- | --- | --- | --- | --- |
| 工业 | 城镇生活 | 农业源 | 合计 | 工业 | 城镇生活 | 农业源 | 合计 |
| 2272.2 | 7104 | 7938.3 | 17314.5 | 1840.5 | 2273 | 555.7 | 4669.2 |

**表6—18　　　　　2012年长沙县氨氮排放量入河量情况**

| 氨氮排放量（万吨/年） | | | | 氨氮入河量（万吨/年） | | | |
| --- | --- | --- | --- | --- | --- | --- | --- |
| 工业 | 城镇生活 | 农业源 | 合计 | 工业 | 城镇生活 | 农业源 | 合计 |
| 95.4 | 1017 | 768.4 | 1880.8 | 77.3 | 519 | 53.8 | 650.1 |

5. 水环境容量核算结论

结合一般计算和典型单元重点模拟计算，系统分析后，分流域、行政区两个层次汇总，得到各控制单元、河流、水系、流域的理想水环境容量、水环境容量、最大允许排放量三组数据。核算结果如表6—19、表6—20所示。根据现状污染物入河总量对比可知，长沙县水环境剩余入河容量较小，水环境排放压力较大。

表 6—19　　　　　　　长沙县地表水 COD 环境容量核算结果　　　　单位：吨/年

| 控制单元序号 | 理想水环境容量 | 水环境容量 | 最大允许排放量 | 现状总入河量 | 现状点源入河量 | 现状点源排放量 | 剩余允许排放量 |
|---|---|---|---|---|---|---|---|
| 1 | 197.1 | 111.4 | 0.2 | 85.9 | 0.2 | 0.2 | 0 |
| 2 | 1835.8 | 1809.5 | 3.0 | 28.8 | 2.5 | 3.0 | 0 |
| 3 | 6453.7 | 6316.5 | 266.3 | 5827.0 | 5689.7 | 17151.9 | −16885.6 |
| 4 | 472.8 | 426.8 | 527.0 | 49.6 | 3.6 | 4.5 | 522.5 |
| 5 | 44.9 | 14.5 | 17.8 | 48.3 | 17.9 | 22.1 | −4.3 |
| 6 | 25.2 | 0.0 | 0.0 | 32.0 | 0.0 | 0.0 | 0 |
| 7 | 421.7 | 385.5 | 642.5 | 36.3 | 0.0 | 0.0 | 642.5 |
| 8 | 87.4 | 46.7 | 0.8 | 41.3 | 0.7 | 0.8 | 0 |

表 6—20　　　　　　　长沙县地表水氨氮环境容量核算结果　　　　单位：吨/年

| 控制单元序号 | 理想水环境容量 | 水环境容量 | 最大允许排放量 | 现状总入河量 | 现状点源入河量 | 现状点源排放量 | 剩余允许排放量 |
|---|---|---|---|---|---|---|---|
| 1 | 17.0 | 0.0 | 0.0 | 37.5 | 0.0 | 0.0 | 0.0 |
| 2 | 583.2 | 573.5 | 1.4 | 10.8 | 1.1 | 1.4 | 0.0 |
| 3 | 884.5 | 824.3 | 1623.8 | 2269.9 | 2209.7 | 1653.2 | −29.4 |
| 4 | 36.5 | 17.3 | 21.3 | 21.6 | 2.4 | 3.0 | 18.4 |
| 5 | 2.4 | 0.0 | 0.0 | 13.5 | 0.8 | 0.8 | −0.8 |
| 6 | 1.6 | 0.0 | 0.0 | 13.5 | 0.0 | 0.0 | 0.0 |
| 7 | 29.4 | 14.3 | 20.3 | 15.1 | 0.0 | 0.0 | 20.3 |
| 8 | 7.3 | 0.0 | 0.0 | 18.9 | 0.0 | 0.0 | 0.0 |

　　八个控制断面中有两个断面 3、5 的 COD 现状点源排放量超出最大允许入河排放量；有两个断面 3、5 的氨氮现状点源排放量超出最大允许排放量。急需采取严格的措施对控制范围内的面源污染进行全面控制，为城市拓展和发展腾出水环境容量。针对超标断面，应采取措施进行优先总量控制（见表 6—21）。

表 6—21　　　　　　　　　需削减控制单元汇总

| 控制单元 | 最大允许排放量（t/a） | | 现状点源排放量（t/a） | | 剩余允许排放量（t/a） | |
|---|---|---|---|---|---|---|
| | 化学需氧量 | 氨氮 | 化学需氧量 | 氨氮 | 化学需氧量 | 氨氮 |
| 3 | 266.3 | 1623.8 | 17151.9 | 1653.2 | -16885.6 | -29.4 |
| 5 | 17.8 | 0 | 22.1 | 0.8 | -4.3 | -0.8 |

3 号控制单元化学需氧量及氨氮均需削减，其污染主要来自于南干渠、长沙市第二污水处理厂、黑石渡湘江涂料排污口、丽臣排污口、黑石渡排污口、浏阳河铁路桥边、长沙市第一污水处理厂。

5 号控制单元化学需氧量及氨氮均需削减，其污染主要来自于长沙县兰松造纸厂排口。

根据以上的数据分析，长沙县 COD 的水环境容量为 9110.9，理想的水环境容量为 9538.6，目前所剩余的允许排放量为 -15724.9。长沙县水氨氮环境容量为 1429.4，理想的水环境容量为 1561.9，目前剩余的排放量为 8.5。可以看出长沙县两个排放指标的数据都不容乐观。需要减排的断面是 15 号长沙县榔梨镇现在水厂下游 1200 米—浏阳河铁路桥东这一部分水域及 24 号 1819 省道跨捞刀河桥（春华镇瞿家塅桥）—黄花水厂上游 1000 米（长山湾）这部分水域。两个水域的 COD 排放量以及氨氮排放量均需要削减。可以采用如下方法来解决问题。

第一，调整和优化产业结构，提高生产效益、减少污染。

第二，重点治理工业和生活污染源。

第三，根据本次容量测算结果，制定总量控制指标，制订和实施污染物限期削减计划。

第四，加强水质检测与监测，建立健全水质监测网络，做好水资源的保护和管理工作。

第五，建立水环境管理信息系统，为水资源管理和决策提供依据。

治理水污染对于长沙县生态环境的发展有着极其重大的影响，

根据长沙县第二产业发展的趋势分析，水污染物的排放量可能进一步增大，对环境的压力不容小觑。

6. 大气环境容量核算：核算范围、因子及控制目标

一般说来，污染物的环境容量是指某大气环境单元所允许承纳的污染物质的最大数量。所谓某环境单元指的是一个特定的环境。在城市这样一个特定环境，通常 $SO_2$ 本底非常小，基本来源于烟源，因此，$SO_2$ 的环境容量是指在一定的环境质量约束条件下，烟源 $SO_2$ 的最大允许排放量。可吸入颗粒物来源相对复杂，它来源于烟尘、扬尘、风沙、汽车尾气等，在不同的季节周期、数日甚至一日的短周期都会发生不同源对于可吸入颗粒物贡献的变化。依目前的监测条件和分析方法，难以获得完全意义上的可吸入颗粒物的容量。因此，定义的可吸入颗粒物的容量是指在一定的环境浓度贡献限值约束条件下，可进行措施控制的烟源部分的最大允许排放量。

根据长沙县规划的产业结构、能源使用及交通增长量情况，确定以 $SO_2$、PM10 和 $NO_2$ 为大气环境的主要测算因子。采用 A 值法计算长沙县内环境容量，计算长沙县总面积、各功能分区面积，再根据当地总量控制系数 A 值，即可得到各功能区的总允许排放量。

（1）区域大气环境容量计算

理想环境容量是保证区域内整体空气质量的允许污染物排放总量，当污染物输入总量小于等于当地的大气理想环境容量时，污染物不会在该体积内累积，污染物的平均浓度不会随时间增加。采用 A 值法计算理想环境容量。

（2）环境功能区划

环境功能区划是实施环境分区管理和污染物总量控制的前提和基础。根据《环境空气质量标准》（GB 3095—2012）和长沙县大气环境功能区划结论，长沙县大气环境功能区分为两类，一类区执行《环境空气质量标准》（GB 3095—2012）规定的一级标准，二类区执行二级标准，执行标准详见表 6—22。

| 表 6—22 | 环境空气质量标准 | | 单位：mg/m$^3$ |
|---|---|---|---|
| 污染物名称 | 执行标准 | | |
| | 一级标准 | 二级标准 | |
| 二氧化硫（标准态）（SO$_2$） | 0.02 | 0.06 | |
| 可吸入颗粒物（标准态）（PM10） | 0.04 | 0.07 | |
| 二氧化氮（标准态）（NO$_2$） | 0.04 | 0.04 | |

（3）大气环境总量控制区的确定

长沙县排放污染物控制区为排放量控制的基础。控制区是城区范围，称为城区控制区。在本次核算中，城区控制区以城市的建成区为主来确定，适当考虑城市的规划发展，边界尽可能顺直。长沙县控制区面积为 1997 平方公里。

总量控制区污染物排放总量的限值由下式计算：

$$Q_{ak} = \sum_{t=1}^{n} Q_{aki}$$

式中，$Q_{ak}$ 为总量控制区某种污染物年允许排放总量限值，单位为 104 t/a；$Q_{aki}$ 为第 i 功能区某种污染物年允许排放总量限值，单位为 104 t/a；n 为功能区总数；i 为总量控制区内各功能分区的编号；a 为总量下标；k 为某种污染物下标。

各功能区污染物排放总量限值由下式计算：

$$Q_{aki} = A_{ki} \frac{S_i}{\sqrt{S}}$$

$$S = \sum_{i=1}^{n} S_i$$

式中，$Q_{aki}$ 为第 i 功能区某种污染物年允许排放总量限值，单位为 104 t/a；S 为总量控制区总面积，单位为平方公里；$S_i$ 为第 i 功能区面积，单位为平方公里；$A_{ki}$ 为第 i 功能区某种污染物排放总量控制系数，单位为 104 t·a-1·km-1，计算方法如下：

$$A_{ki} = A \times C_{ki}$$

式中，$C_{ki}$ 为 GB 3095 等国家和地方有关大气环境质量标准所规定的与第 i 功能区类别相应的年日平均浓度限值，单位为 mg/m³；A 为地理区域性总量控制系数，单位为 104 km²/a。

表 6—23 列出了我国各地区总量控制系数 A、低源分担率 a、点源控制系数 P 值。

表 6—23　我国各地区总量控制系数 A、低源分担率 a、点源控制系数 P 值

| 序号 | 省（市）名 | A | α | P | |
| --- | --- | --- | --- | --- | --- |
| | | | | 总量控制区 | 非总量控制区 |
| 1 | 新疆、西藏、青海 | 7.0—8.4 | 0.15 | 100—150 | 100—200 |
| 2 | 黑龙江、吉林、辽宁、内蒙古（阴山以北） | 5.6—7.0 | 0.25 | 120—180 | 120—240 |
| 3 | 北京、天津、河北、河南、山东 | 4.2—5.6 | 0.15 | 100—180 | 120—240 |
| 4 | 内蒙古（阴山以南）、山西、陕西（秦岭以北）、宁夏、甘肃（渭河以北） | 3.5—4.9 | 0.20 | 100—150 | 100—200 |
| 5 | 上海、广东、广西、湖南、湖北、江苏、浙江、安徽、海南、台湾、福建、江西 | 3.5—4.9 | 0.25 | 50—100 | 50—150 |
| 6 | 云南、贵州、四川、甘肃（渭河以南）、陕西（秦岭以南） | 2.8—4.2 | 0.15 | 50—75 | 50—100 |
| 7 | 静风区（年平均风速小于1m/s） | 1.4—2.8 | 0.25 | 40—80 | 40—90 |

（4）计算参数确定

A 值法属于地区系数法，对于不同的城市或地区，其总量控制系数 A 值为常数。根据《制定地方大气污染物排放标准的技术办法》（GB/T 13201—91），结合规划区地理位置，A 值取值范围是 3.5—4.9。依据中国环境规划院推荐的 A 值确定原则，以规划区大

气总量控制达标率 94% 为控制目标，按公式 $A = A_{min} + 0.1 \times (A_{max} - A_{min})$ 计算出控制区所在区域的总量控制系数 A 值为 3.64。

（5）核算结果

根据以上计算方法和计算参数，结合长沙县大气环境功能区划区域面积计算，本次规划区域大气环境容量的计算结果见表 6—24。

表 6—24　　　　　　　　规划区大气环境容量计算结果

单位：104t/a

| 指标类型 | $SO_2$ | PM10 | $NO_2$ |
|---|---|---|---|
| 容量大小 | 4.012 | 4.680 | 2.675 |

长沙县每年二氧化硫的大气环境容量为 40120 吨，PM10 为 46800 吨，二氧化氮为 26750 吨，可以支持长沙县的经济社会发展而不破坏生态平衡。然而在某些极端的气象条件下，如在没有大气湍流、冷暖气团交汇、风速较低的情况下，污染物质聚集在一起不易扩散，空气污染的形势可能出现恶化。要为这些特殊情况做好相对的应对措施，解决突发情况，对于改善长沙县的大气环境有着极其重大的作用。

## 二　预测与压力分析

（一）经济社会发展预测

1. 人口增长趋势分析

（1）长沙县人口增长预测方法解析

预测长沙县人口增长趋势的目的是为环境容量、环境承载力分析以及处理设施设备、污染控制技术政策制定提供依据。在本规划的编制过程中，首先根据 2003—2013 年人口数据预测规划期长沙县人口数量，再结合相关规划，综合分析得出规划年（2020 年、2025 年）长沙县人口情况。规划中主要采用灰色系统模型方法来进行人口预测。

灰色系统模型（GM）包含模型的变量维数 m 和阶数 n，记作 GM（n，m），一般也有一阶多维 GM（1，m）和一维高阶 GM（n，

1）应用形式。高阶模型的计算复杂，精度也难以保障；同样多维模型在人口增长预测分析中的应用也不多见，普遍使用的是 GM（1，1）模型，通常用于以时间变量参数对人口增长的变化趋势进行分析，因此实际上是一种时间序列分析法。

灰色系统模型的基本思路是把原来无明显规律的时间序列，经过一次累加生成有规律的时间序列，通过处理，可弱化原时间序列的随机性，然后采用一阶一维动态模型 GM（1，1）进行拟合，用模型推求出来的生成数回代计算值，做累减还原计算，获得还原数据，误差检验后，可做趋势分析。

GM（1，1）模型法：

$$\frac{dx^{(1)}}{dt} + ax^1 = u$$

$$\hat{x}^{(1)}(t+1) = \left[ x^0(1 - \frac{u}{a}) \right] e^{-ac} + \frac{u}{a}$$

式中，a、u 为模型参数，$x^0$（1）为模型建模基准年的被预测量值，$\hat{x}^{(1)}$（t+1）为模型计算的生成量值。

具体建模方法如下：

给定观测数据列 X（0）= {X（0）（1），X（0）（2），…，X（0）（N）}

经一次累加得：X（1）= {X（1）（1），X（1）（2），…，X（1）（N）}

设 X（1）满足一阶常微分方程：

$$\frac{dX^1}{dt} + aX^1 = u$$

其中，a、u 为待定系数。此方程满足的初始条件：当 t = $t_0$ 时，X'（t）= X（1）（$t_0$）。上式的解为：

$$X^{(1)}(t) = \left[ X^{(1)}(t_0) - \frac{u}{a} \right] e^{-a(t-t_0)} + \frac{u}{a}$$

对等间隔取样的离散值则为：

$$X^{(1)}(k+1) = \left[ X^{(1)}(1) - \frac{u}{a} \right] e^{-ak} + \frac{u}{a}$$

因 $X^{(1)}$（1）留作初值用，故将 $X^{(1)}$（2），$X^{(1)}$（3），…，$X^{(1)}$

（N）分别带入方程式，用差分代替微分，又因等间隔取样，$\Delta t = (t+1) - t = 1$，故得：

$$\frac{\Delta X^{(1)}(2)}{\Delta t} = \Delta X^{(1)}(2) = X^{(1)}(2) = X^{1}(2) - X^{(1)}(1) = X^{(0)}(2)$$

类似的，有：

$$\frac{\Delta X^{(1)}(3)}{\Delta t} = X^{(0)}(3), \cdots, \frac{\Delta X^{(1)}(N)}{\Delta t} = X^{(0)}N$$

于是，有：

$$\begin{cases} X^{(0)}(2) + aX^{1}(2) = u \\ X^{(0)}(3) + aX^{(1)}(3) = u \\ X^{(0)}(N) + aX^{(1)}(N) = u \end{cases}$$

把 aX（1）（i）项移到右边，并写成向量的数量积形式：

$$\begin{cases} X^{(0)}(2) = [-X^{(1)}(2), 1] \begin{bmatrix} a \\ u \end{bmatrix} \\ X^{(0)}(3) = [-X^{(1)}(3), 1] \begin{bmatrix} a \\ u \end{bmatrix} \\ \cdots \qquad\qquad \cdots \\ X^{(0)}(N) = [-X^{(1)}(N), 1] \begin{bmatrix} a \\ u \end{bmatrix} \end{cases}$$

由于 $\frac{\Delta X^{(1)}}{\Delta t}$ 涉及累加到 X（1）的两个时刻的值，因此，X（1）（i)取前后两个时刻的平均值代替更为合理，即将 X（1）（i）替换为 $\frac{1}{2}$［X$^{(1)}$（i）+X$^{(1)}$（i-1）］（i＝2，3，…，N），将上式改写成矩阵表达式：

$$\begin{bmatrix} X^{(0)}(2) \\ X^{(0)}(3) \\ \cdots \\ X^{(0)}(N) \end{bmatrix} = \begin{bmatrix} -\frac{1}{2}[X^{(1)}(2) + X^{(1)}(1)] \\ -\frac{1}{2}[X^{(1)}(3) + X^{(1)}(2)] \\ \cdots \\ -\frac{1}{2}[X^{(1)}(N) + X^{(1)}(N-1)] \end{bmatrix} \begin{bmatrix} a \\ u \end{bmatrix}$$

令 y = [ X$^{(0)}$ （2），X$^{(0)}$ （3），…，X$^{(0)}$ （N） ] T，这里的 T 表示转置，且令：

$$\begin{bmatrix} -\frac{1}{2}[X^{(1)}(2) + X^{(1)}(1)] & 1 \\ -\frac{1}{2}[X^{(1)}(3) + X^{(1)}(2)] & 1 \\ \cdots & \cdots \\ -\frac{1}{2}[X^{(1)}(N) + X^{(1)}(N-1)] & 1 \end{bmatrix}, \quad U = \begin{bmatrix} a \\ u \end{bmatrix}$$

则矩阵形式为：

y = BU

方程组的最小二乘为：

$$\hat{U} = \begin{bmatrix} \hat{a} \\ \hat{u} \end{bmatrix} = (B^T B)^{-1} B^T y$$

把估计值 $\hat{a}$ 与 $\hat{u}$ 带入，得时间响应方程：

$$X^{(1)}(k+1) = \left[ X^{(1)}(1) - \frac{\hat{u}}{\hat{a}} \right] e^{-\hat{a}k} + \frac{\hat{u}}{\hat{a}}$$

当 k = 1，2，…，N-1 时，计算得到 X$^{(1)}$ （k+1） 是拟合值；当 k ≥ N 时，X$^{(1)}$ （k+1） 为预报值，这是相对于依次累加序列 X$^{(1)}$ 的拟合值。然后减运算还原，当 k = 1，2，…，N-1 时，就得到原始序列的拟合值；当 k ≥ N 时可得原始序列的预报值。

在本次规划中，拟采用灰色系统模型分析方法，对规划年（2020 年、2025 年）长沙县人口增长趋势进行预测分析。

（2）长沙县人口增长预测分析

2004—2013 年长沙县历年人口变化情况如表 6—25 所示。由表 6—25 可以看出，近 10 年长沙县总的人口数量呈现逐年上升的趋势，其人口自然增长率有的年份达到 10.3‰，2013 年的户籍总人口达到 81.9 万人。

表6—25　　　　　2004—2013年长沙县历年人口变动情况

| 年份 | 年末总人口（万人） | 出生率（‰） | 死亡率（‰） | 自然增长率（‰） |
|------|------------------|------------|------------|----------------|
| 2004 | 73.76 | 9.9 | 5.7 | 4.2 |
| 2006 | 75.55 | 8.2 | 2.7 | 5.5 |
| 2007 | 76.49 | 8.8 | 5.7 | 3.0 |
| 2008 | 77.58 | 9.9 | 3.2 | 6.7 |
| 2009 | 78.20 | 11.7 | 6.1 | 5.6 |
| 2010 | 78.86 | 13.8 | 13.8 | 0.0 |
| 2011 | 80.39 | 14.2 | 3.9 | 10.3 |
| 2012 | 81.34 | 15.2 | 10.1 | 5.1 |
| 2013 | 81.9 | 14.8 | 13.0 | 1.8 |

　　根据2004—2013年户籍人口数据，对于总人口数规划采用灰色系统模型分析方法，对于出生率和死亡率采取取平均值的方法预测长沙县2014—2025年人口数量及变化情况，再结合相关规划，综合得到规划期长沙县人口情况。预测结果如表6—26所示。

表6—26　　　　2014—2025年长沙县历年人口变动情况预测

单位：万人

| 年份 | 总人口 | 出生人数 | 死亡人数 |
|------|--------|----------|----------|
| 2014 | 83.21 | 8.71 | 7.70 |
| 2015 | 84.22 | 8.81 | 7.78 |
| 2016 | 85.25 | 8.92 | 7.88 |
| 2017 | 86.29 | 9.03 | 7.98 |
| 2018 | 87.34 | 9.14 | 8.07 |
| 2019 | 88.41 | 9.25 | 8.18 |
| 2020 | 89.48 | 9.36 | 8.27 |
| 2021 | 90.57 | 9.48 | 8.37 |

续表

| 年份 | 总人口 | 出生人数 | 死亡人数 |
|---|---|---|---|
| 2022 | 91.68 | 9.59 | 8.47 |
| 2023 | 92.80 | 9.71 | 8.58 |
| 2024 | 93.93 | 9.83 | 8.69 |
| 2025 | 95.07 | 9.95 | 8.79 |

　　针对以上数据统计,规划认为,随着长沙县社会经济、基础社会的发展,以及相关区域经济政策的出台,将产生人口积聚作用,吸引人口来此居住和工作。因此,长沙县的人口数量还将进一步上升。预测结果表明,到2020年长沙县人口将达89.48万人;2025年人口将达95.07万人。长沙县的总人口数还是保持着一个逐年上升的趋势,是长沙县的经济发展所带来的必然结果。随着经济的发展,更多的人前来长沙县定居;与之相对应的出生人口和死亡人口数也有所上升;同时,由于医疗卫生水平和人民思想水平的提高,死亡人口和出生人口上升趋势相对较小。

　　综合分析历史数据和规划中的预测数据,长沙县的土地面积约1997.15平方公里,对于人口增长带来的压力能有较强的抵抗力,按预测结果人均用地面积约为2100平方米,人口密度相对高密度城市而言,公共服务设施与教育医疗机构等带来的压力不大,对区域生态环境影响与污染排放的数量也能很好地进行控制,生态文明建设也会达较好效果。就长沙县的人口增长情况来看,人口增长压力不大,能应对来自人口增长方面带来的问题。

　　2. GDP及产业结构趋势预测分析

　　(1)长沙县GDP总量预测

　　在本规划的编制过程中,首先根据2003—2013年长沙县GDP数据(见表6—27)预测规划期长沙县GDP总量变化趋势,再结合相关规划,综合分析得出规划年(2020年、2025年)长沙县GDP总量情况。

表6—27　2003—2013年长沙县生产总值及各产业总值变化

| 年份 | GDP总量（亿元） | 第一产业 | | 第二产业 | | 第三产业 | | 人均（元/人） |
|---|---|---|---|---|---|---|---|---|
| | | 总量（亿元） | 占比（%） | 总量（亿元） | 占比（%） | 总量（亿元） | 占比（%） | |
| 2003 | 125.42 | 20.4434 | 16.3 | 73.2452 | 58.4 | 29.9753 | 23.9 | 15506 |
| 2004 | 149.49 | 24.3668 | 16.3 | 88.3485 | 59.1 | 36.7745 | 24.6 | — |
| 2006 | 230.02 | 28.7525 | 12.5 | 143.072 | 62.2 | 58.1950 | 25.3 | 29407 |
| 2007 | 285.97 | 32.8865 | 11.5 | 194.173 | 67.9 | 65.9446 | 23.06 | 36516 |
| 2008 | 369.60 | 37.6992 | 10.2 | 250.958 | 67.9 | 80.9424 | 21.9 | 54221 |
| 2009 | 514.87 | 39.6449 | 7.7 | 352.685 | 68.5 | 122.539 | 23.8 | 64019 |
| 2010 | 630.11 | 42.2173 | 6.7 | 446.747 | 70.9 | 141.144 | 22.4 | — |
| 2011 | 789.95 | 51.3467 | 6.5 | 578.243 | 73.2 | 160.359 | 20.3 | 80356 |
| 2012 | 880.09 | 58.9660 | 6.7 | 637.185 | 72.4 | 183.938 | 20.9 | 88678 |
| 2013 | 976 | 65.392 | 6.7 | 695.888 | 71.3 | 214.72 | 22.0 | 97249 |

针对以上数据统计，分析2003—2013年长沙县GDP变化可发现，GDP增速在10.89%—39.30%，其中2009年GDP增速最高，达到了39.30%。长沙县十年GDP增速均远远高于全国平均水平，分析其原因可知，近十年为长沙县高速发展的十年，GDP增速主要由投资拉动，而这种增长在强调环境保护与"两型"社会和谐发展的将来不可复制。

（2）GDP增长分析预测四种方案

为了更好地模拟和预测未来20年长沙县发展变化，本规划拟采取以下四种方案对GDP增长进行核算和预测分析。

方案一：基于2003—2013年GDP数据，采用灰色系统模型分析法对近四年（2014—2017年）GDP增速进行预测，2018—2020年GDP增速取值8.0%，2021—2023年GDP增速取值7.0%，2024—2025年GDP增速取值6.0%。

方案二：2014—2025年度GDP增速取值8.0%。

方案三：2014—2025年度GDP增速取值7.0%。

方案四：2014—2025 年度 GDP 增速取值 6.0%。

根据四种方案预测结果见表 6—28。

表 6—28　　　　　2014—2025 年长沙县 GDP 总量预测　　　　单位：亿元

| 年份 | 方案一 | 方案二 | 方案三 | 方案四 |
| --- | --- | --- | --- | --- |
| 2014 | 1174.96 | 1054.08 | 1044.32 | 1034.56 |
| 2015 | 1464.30 | 1138.4064 | 1117.4224 | 1096.6336 |
| 2016 | 1824.89 | 1229.47891 | 1195.64196 | 1162.43161 |
| 2017 | 2274.28 | 1327.83722 | 1279.3369 | 1232.17751 |
| 2018 | 2834.34 | 1434.06420 | 1368.89048 | 1306.10816 |
| 2019 | 3061.09 | 1548.78933 | 1464.71282 | 1384.47465 |
| 2020 | 3305.97 | 1672.69248 | 1567.24272 | 1467.54313 |
| 2021 | 3570.45 | 1806.50788 | 1676.94971 | 1555.59572 |
| 2022 | 3856.09 | 1951.02851 | 1794.33619 | 1648.93146 |
| 2023 | 4164.58 | 2107.11079 | 1919.93972 | 1747.86735 |
| 2024 | 4497.74 | 2275.67966 | 2054.33550 | 1852.73939 |
| 2025 | 4812.58 | 2457.73403 | 2198.13899 | 1963.90375 |

针对以上数据分析，长沙县的总体经济呈现一个稳步上升的趋势。考虑到未来以提高经济增长质量为主，因此规划中采用第三套预测方案，也就是到 2025 年 GDP 总值将会达到 2198.13899 亿元，并保持增长趋势。2003—2013 年长沙县的三次产业结构总体保持稳定，但呈现第二产业持续上升，第一产业持续下降，第三产业波动下降的趋势。2013 年，长沙县 GDP 中第一产业的比重为 6.7%，第二产业比重为 71.3%，第三产业的比重为 22.0%，表现为比较严重的产业失衡，第三产业比重偏低。

2014—2015 年长沙县产业结构预测结果如表 6—29。

表 6—29　　　　　2014—2025 年长沙县产业结构预测　　　　单位:%

| 年份 | 第一产业 | 第二产业 | 第三产业 |
|---|---|---|---|
| 2014 | 6. 10437 | 72. 93411985 | 20. 96151015 |
| 2015 | 5. 561691507 | 73. 97950888 | 20. 45879961 |
| 2016 | 5. 067257132 | 75. 03988181 | 19. 89286105 |
| 2017 | 4. 616777973 | 76. 11545343 | 19. 2677686 |
| 2018 | 4. 206346411 | 77. 20644157 | 18. 58721202 |
| 2019 | 3. 832402215 | 78. 31306721 | 17. 85453058 |
| 2020 | 3. 491701658 | 79. 43555448 | 17. 07274387 |
| 2021 | 3. 181289381 | 80. 57413073 | 16. 24457989 |
| 2022 | 2. 898472755 | 81. 72902658 | 15. 37250067 |
| 2023 | 2. 640798527 | 82. 90047593 | 14. 45872554 |
| 2024 | 2. 406031538 | 84. 08871606 | 13. 5052524 |
| 2025 | 2. 192135334 | 85. 29398763 | 12. 51387704 |

　　根据表 6—28 和表 6—29 的数据分析,长沙县的经济结构存在一些问题,突出的表现在第三产业在国民经济中的比重严重偏低。同时,根据三次产业结构的预测结果,未来 10 年内长沙县第二产业比重仍将增加,第三产业比重还有所降低。其中,到 2020 年,第三产业的比重将降低到 17.07%,这对于长沙县生态环境的保护将带来更大的压力。而长沙县要建设成为国家级生态文明示范县建设,第三产业比重应该达到 50% 以上。因此,如何有效地改善经济结构,从源头上改善生态环境是长沙县未来一段时间内应该重点考虑的问题。

　　在规划年间(2015—2025 年),长沙县第二产业稳步发展,人均 GDP 迅速上升,但第一、第三产业总值变化不大,甚至有下降的趋势。长沙县处在快速发展阶段,受承接经济转型和高新技术产业发展的影响第二产业的发展速度与增长状况体现比较明显,工业的总量相对其他产业存在较明显的优势。但是依据正常的社会发展趋势,长沙县第二产业的比重应当逐步下降,第三产业的比重应当上升，三次产业结构将趋向合理。第二产业过度发展对环境的影响比较大，会增大环境压力。

根据表 6—30 的数据分析，长沙县在规划年间（2015—2025年）人均 GDP 稳步上升。在规划年 2020 年达到了 11.33 万元，2025 年达到了 12.64 万元，社会的经济有所发展。长沙县处在快速发展阶段，人均 GDP 的提高也反映出长沙县经济实力和人民生活水平的提高。

表 6—30　　　　　　　　　长沙县人均 GDP 预测表

单位：万元

| 年份 | 2014 | 2015 | 2016 | 2017 | 2018 | 2019 |
|---|---|---|---|---|---|---|
| 人均 GDP | 9.94 | 10.16 | 10.38 | 10.61 | 10.85 | 11.09 |
| 年份 | 2020 | 2021 | 2022 | 2023 | 2024 | 2025 |
| 人均 GDP | 11.33 | 11.58 | 11.84 | 12.10 | 12.37 | 12.64 |

## 3. 城市化水平预测分析

（1）预测方法——趋势外推法

趋势外推法是时间序列法中的一种，预测基础是历年的城市化水平数据。预测模型如下：

$$Q_1 = Q_{to} \times (1 + a)^{t-t_0}$$

式中，$Q_1$ 表示规划年人口数量，单位为 $10^4/a$；$Q_{to}$ 表示基准年人口数量，单位为 $10^4/a$；$a$ 表示年均增长率；$t$ 表示规划年；$to$ 表示基准年。

通过对等号两边取对数，将上式转化为线性方程：

$\ln(Q_1) = \ln(Q_{t0}) + (t - t_0)\ln(1 + a)$

令 $Q = \ln(Q_1)$，$a = \ln(Q_{t0}) + (t-t_0)\ln(1+a)$，得：

$Q = a + bT$

上式表明，$Q$ 和 $T$ 呈线性关系，式中系数 a 和 b 可根据多年数据用最小二乘法求得。

在社会结构和经济结构没有重大变化的情况下，这种方法简单易行，也有一定的精确度。

（2）预测结果与分析

2008—2013 年长沙县的城镇人口数及城市化率数据如表 6—31 所示。长沙县的城市化水平中等，截至 2013 年，长沙县的城市化率为 54.4%，并呈现出逐年递增的趋势。

表 6—31　　　　　　长沙县 2008—2013 年城市化水平

| 年份 | 城镇总人口数（万人） | 城市化率（%） |
|---|---|---|
| 2008 | 77.5815 | 46.6 |
| 2009 | 78.1972 | 48.2 |
| 2010 | 78.8566 | 58.3 |
| 2011 | 80.3861 | 51.9 |
| 2012 | 81.3395 | 52.4 |
| 2013 | 81.8874 | 54.4 |

根据表 6—31 长沙县 2008—2013 年城市化水平数据分析，对至规划年的长沙县城市化率使用趋势外推法进行预测，测得 a = 1.56%。对于城镇总人口数，使用灰色系统预测法来进行预测。2008—2013 年长沙县城市化水平如表 6—32 所示。

表 6—32　　　　　　长沙县 2014—2025 年城市化水平预测

| 年份 | 城镇总人口数（万人） | 城市化率（%） | 年份 | 城镇总人口数（万人） | 城市化率（%） |
|---|---|---|---|---|---|
| 2014 | 83.21 | 55.25 | 2020 | 89.48 | 60.63 |
| 2015 | 84.22 | 56.11 | 2021 | 90.57 | 61.57 |
| 2016 | 85.25 | 56.99 | 2022 | 91.68 | 62.53 |
| 2017 | 86.29 | 57.87 | 2023 | 92.80 | 63.51 |
| 2018 | 87.34 | 58.78 | 2024 | 93.93 | 64.50 |
| 2019 | 88.41 | 59.69 | 2025 | 95.07 | 65.50 |

根据趋势外推分析，基于 2008—2013 年长沙县城市化率水平进行预测，可得到 2020 年长沙县城市化率水平为 60.6258366%，2025 年长沙县城市化率水平为 65.5045105%，城市化水平与人口的增长、区域经济发展和社会事业的提升有重大关系，按现有政策和发展状态，长沙县城市化水平将有巨大进步空间，长沙县的农业人口将保持稳定增长水平。因此，长沙县应大力发展第三产业，吸引人口进城就业。长沙县的城市化率呈现稳步上升的趋势，长沙县在发展城市建设的同时，应注意城市化过程中可能带来的问题。

当前中国城市化发展存在五大战略性弊端：一是在世界格局中，中国的城市化明显滞后于工业化所对应的非匹配弊端；二是中国的城市化进程中，明显地表达出土地城市化快于人口城市化的非规整弊端；三是中国的城市化亟须克服"城市和农村、户籍人口与常住人口"的非公平弊端；四是中国的城市化偏重城市发展的数量和规模，忽略资源和环境的代价，呈现出粗放式生产的非集约弊端；五是中国的城市化必须解决如何进入现代管理制度、消除"城市病"的非成熟弊端。

（二）环境保护

1. 污染源预测方法

依据长沙县历年（主要为 2003—2012 年）污染物排放及资源能源消耗情况，本规划拟对长沙县 2020 年（中期）及 2025 年（长期）的污染物排放及资源能源消耗情况进行预测，主要包括工业废气、大气污染、工业废水、城镇及农村废水、农业面源污染、固体废物污染等，从而对未来长沙县的生态环境、污染物排放及资源能源消耗压力进行分析。

污染源预测是一个复杂的过程。目前的污染源预测技术各有特点，不过都还难以达到准确预测程度。即便如此，通过预测，人们还是可以预见到污染源在一个时期内的变化趋势，为宏观决策分析提供一定的依据。目前常用的污染源预测方法有趋势外推法、万元产值预测法、定额预测法、弹性系数法等方法。

2. 趋势外推法

趋势外推法是时间序列法中的一种，预测基础是历年的污染源监测数据。预测模型如下：

$$Q_1 = Q_{t0} \times (1 + a)^{t-t_0}$$

式中，$Q_1$ 表示规划年污染物排放量，单位为 $10^4$ m/a；$Q_{t0}$ 表示基准年污染物排放量，单位为 104 $m^3$/a；a 表示年均增长率；t 表示规划年；$t_0$ 表示基准年。

通过对等号两边取对数，将上式化为线性方程：

$$\ln(Q_1) = \ln(Q_{t_0}) + (t-t_0)\ln(1+a)$$

令 $Q = \ln(Q_1)$，$a = \ln(Q_{t_0}) + (t-t_0)\ln(1+a)$，得：

$$Q = a + bT$$

上式表明，Q 和 T 呈线性关系，式中系数 a 和 b 可根据多年数据用最小二乘法求得。

在社会结构和经济结构没有重大变化的情况下，这种方法简单易行，也有一定的精确度。

3. 长沙县主要污染源预测分析

（1）大气特征污染物将得到有效控制

根据《长沙县环境质量报告书》统计，截至 2012 年，长沙县共有工业锅炉 259 台，工业窑炉 116 座。长沙县能源结构以煤为主，工业煤炭消耗量达 479 万吨。长沙县煤炭消耗主要集中于望城区、宁乡县、长沙县及浏阳市，其他区域煤炭消耗仅占全市 9%。2003—2013 年长沙县工业废气排放量及主要污染物指标如表 6—33 所示。

表 6—33　2003—2012 年长沙县工业废气排放量及主要污染物

| 年份 | 工业废气排放量（万立方米） | 二氧化硫排放量（万吨） | 工业烟尘排放达标率（%） |
|---|---|---|---|
| 2003 | 479024 | — | — |
| 2004 | 616848 | — | — |
| 2005 | 774418 | — | — |
| 2006 | 967574 | 12543 | 58 |
| 2007 | 998824 | 981 | 58 |

| 年份 | 工业废气排放量（万立方米） | 二氧化硫排放量（万吨） | 工业烟尘排放达标率（%） |
|------|------|------|------|
| 2008 | 1655473.7 | — | 58.5 |
| 2009 | 704032 | 1.05529 | 70.0 |
| 2010 | 35040.2 | 1.0130 | 72.6 |
| 2011 | 33813.8 | 0.3707 | 75.8 |
| 2012 | 34517 | — | 95.08 |
| 2013 | 730978.91 | — | 96.8 |

由表 6—33 的数据可知，在最开始的几年，随着经济的发展，长沙县工业废气的排放量不断上升，到了 2008 年达到了最高值 1655473.7 万立方米，是长沙县在初期发展经济时不注意对环境影响的结果，在 2008 年以后工业废气的排放量逐年递减。由于特殊情况，在 2013 年又有了较大的排放量，达到 730978.91 万立方米。因此，为了保证预测的准确性，在计算数据的时候，可把 2008 年、2013 年作为奇异点处理以不影响整体的实验结果。

自 2008 年后长沙县工业废气排放量呈现一个下降趋势，到了 2010 年前后更是有着极大幅度，下降到 35040.2 万立方米，2011 年为 33813.8 万立方米，2012 年为 34517 立方米。这也证实了近几年来对于工业污染的治理取得了效果，比对于表 6—29 经济结构的发展趋势的数据分析，证实了在发展工业的同时兼顾保护环境的可行性。长沙县在发展经济的同时也注重保护环境，随着社会经济的发展，虽然对于环境造成了污染，但是与之相对应的处理污染的技术也有了提高，为了防止对生态造成严重的影响，长沙县应该加大对环保方面的科技力量投入。

本预测采用趋势外推法进行运算，除去 2008 年及 2013 年两个奇异点，由表 6—34 可知，到规划年 2020 年长沙县工业废气排放量为 22076.29763 万立方米，2025 年为 16695.88672 万立方米，长沙县的工业废气排放总量有所下降；与此同时，二氧化硫的排放量将大幅度下降，至规划年 2025 年排放量基本为 0.1，工业烟尘的排放也将基本全部达标，对于长沙县的空气质量改善有重要作用。

表 6—34　　　　　长沙县工业废气排放量及主要污染物预测

| 类型<br>年份 | 工业废气<br>排放量（万立方米） | 二氧化硫<br>排放量（万吨） | 工业烟尘<br>排放达标率（%） |
|---|---|---|---|
| 2020 | 22076.29763 | 0.1 | 99.99 |
| 2025 | 16695.88672 | 0.1 | 99.99 |

（2）水污染物将大幅增加

长沙县 2003—2013 年工业废水排放情况如表 6—35 所示。

表 6—35　　　　2003—2013 年长沙县工业废水排放情况

| 年份 | 工业废水排放达标率（%） | 工业废水排放量（万吨） |
|---|---|---|
| 2003 | 83.47 | 202.25 |
| 2004 | 99.49 | 423.02 |
| 2005 | 98.61 | 693.48 |
| 2006 | 95.28 | 981 |
| 2007 | 95.6 | 981 |
| 2008 | 96.9 | 1385.3 |
| 2009 | 91.6 | 372 |
| 2010 | 97.6 | 1300 |
| 2011 | 99.7 | 1261 |
| 2012 | 94.4 | 602 |
| 2013 | 96.9 | 712.87 |

针对以上统计数据，长沙县近几年的工业废水的排放量呈现一

个曲折波动的情况，在 2008 年时达到顶峰 1385.3 万吨，在 2009 年大幅度下降，随后又逐年递减，至 2013 年为 712.87 万吨。工业废水的排放达标率则是在逐年上升，呈现良好的趋势。从 2004—2013 年一直保持在 90% 以上，处于一个较为稳定的态势。至 2013 年的排放达标率为 96.9%，随着社会科学技术力量的进步与发展，这个趋势将会一直保持下去，并逐渐接近 100% 的排放合格率。

本规划采用趋势外推法计算规划年（2020 年、2025 年）工业废水及主要污染物排放量，得到规划年排放量如表 6—36 所示。

表 6—36　　　　　　　　长沙县工业废水排放情况预测

| 年份 | 排放达标率（%） | 工业废水排放量（万吨） |
| --- | --- | --- |
| 2020 | 99.99 | 1576.484 |
| 2025 | 99.99 | 2779.003 |

由表 6—36 可知，随着社会经济的发展，在规划年长沙县工业废水总量将在现有基础上有所上升，预计在规划年 2020 年达到 1576.484 万吨，2025 年将会达到 2779.003 万吨，但是排放达标率将基本做到全部达标。可以预测对于长沙县的环境不会造成巨大的影响，属于可以支持社会进一步发展的范围之内。

（3）固体废物产生量保持稳定

工业固体废弃物一直是城市污染物的一个重要组成部分，对于环境情况的分析和评估有着极其重大的作用。长沙县 2007—2013 年的工业固体废弃物的排放情况如表 6—37 所示。

表 6—37　　　　　2007—2013 年长沙县工业固体废弃物情况

| 年份 | 2007 | 2008 | 2009 | 2010 | 2011 | 2012 | 2013 |
| --- | --- | --- | --- | --- | --- | --- | --- |
| 工业固体废物产生量（万吨） | 39.1 | 11.36 | 9.73 | 3.3 | 3.1 | 1.35 | 1.7 |
| 综合利用率（%） | 97.4 | 97.7 | 99.38 | 84.84 | 80.00 | 99.00 | 95.29 |

如表 6—37 所示，长沙县的工业固体废弃物的排放量呈现一个

逐年下降的趋势，从 2007 年的 39.1 万吨至 2013 年的 1.7 万吨，削减了 95% 左右，固体废弃物排放量的降低减轻了长沙县的环境压力，对于长沙县社会经济的发展有极其重大的作用。长沙县的工业固体废物综合利用率基本保持在一个较高的水平，在 2013 年达到了 95.29% 的水平，即使在最低的 2011 年，也没有低于 80%，此前的 2012 年、2009 年更是达到了 99% 以上。随着社会科学技术的发展，这个数值将会有着进一步的提高与上升。

本规划采用趋势外推法计算规划年（2020 年、2025 年）城市固体废弃物产生量和综合利用率，得到规划年数据如表 6—38 所示。由表 6—38 中数据分析可知，到规划年 2020 年工业固体废弃物的产生量为 1217.88 吨，2025 年为 185.16 吨，固体废弃物产生量将大幅度减少，与此同时综合利用率也将达到 99.99%。对于长沙县的生活环境的改善起到重要作用。

表 6—38　　　2007—2013 年长沙县工业固体废弃物情况预测

| 年份 | 工业固体废物产生量（吨） | 综合利用率（%） |
| --- | --- | --- |
| 2020 | 1217.88 | 99.99 |
| 2025 | 185.16 | 99.99 |

### 三　问题分析

（一）水环境质量有待改善，浏阳河和捞刀河水环境质量有待提高

由于经济技术开发区污水处理设施和相关管线建设的滞后，以及集镇缺乏足够的污水处理设施和完善的截污管网系统，生活污水和畜禽养殖废水直接入河，使得长沙县浏阳河和捞刀河上两个水文单元的水环境容量严重超标，均已经没有环境容量空间，且严重影响区域饮用水安全。

（二）大气环境质量有待进一步提升

由于机动车保有量的大幅增加、施工扬尘、油烟污染以及邻近长沙市区的影响，长沙县的大气环境质量欠佳，2013 年 AQI 优良率

仅为 57.5%，还远远不能满足生态文明示范区的要求。

（三）产业结构的严重失衡将对生态环境的保护带来巨大的压力

由于政府对 GDP 的高度重视，长沙县的工业企业发展迅速，在 GDP 的比重中工业的比重达到 70% 以上，第三产业比重仅为 20% 左右，且将来还有逐步降低的趋势，这将对区域环境质量和生态环境保护带来巨大的压力。

（四）环保机制体制建设有待完善

缺少基于环境保护的政府绩效考核制度；缺少促进产业结构转型，并使第三产业跨越式发展的环境经济政策；缺少强有力的环保决策机构，使得环境保护在整个国民经济中的地位有待提升。

（五）环保能力有待进一步增强

环境监管和监测能力，包括监管和监测设备、用房以及相关专业技术人员不能满足目前环境监管和监测的需求，也没有达到国家关于区县环境监测标准三级站的建设要求。

# 第二节　发展目标与指标体系

## 一　发展目标

规划坚持低碳发展、绿色发展、循环发展、全民参与的理念，结合长沙县实际，针对长沙县的主要生态环境问题，通过生态安全体系建设、环境污染综合防控以及相关的机制体制建设，将长沙县建设成为绿带覆城、绿色覆县的生态园林之县；天蓝水绿、城乡一体的环境友好之县；低碳产业、低碳消费的资源节约之县；人与自然高度和谐，生态环境优良的宜居、宜业和宜游的国家生态文明建设示范区。

## 二　指标体系

（一）指标体系确定原则

1. 科学性原则

长沙县生态环境保护规划指标体系中指标的选择必须以科学的

理论准则为依据。反映指标的数据来源要可靠，具有准确性；处理方法具有科学依据，指标目的清楚，定义准确，能够量化处理。

2. 系统性原则

指标体系要能够综合、全面反映长沙县社会经济发展的各个方面，各指标之间具有层次性和不重复性，上层是下层的目标，下层是上层的反映因子。

3. 动态性原则

根据不同阶段的特点，设计相应的指标量化目标值。指标体系既能反映可持续发展的历史特点和现状，又能反映发展的趋势。

4. 可操作性原则

指标的主要因子选取时应该兼顾可操作性，选取的指标能够简单直观地反映长沙县生态环境的现状特征，更应便于操作，易于获取评价所需数据。

5. 整体性原则

长沙县生态环境规划指标体系要求环境规划指标完整全面，既有反映生态环境规划全部内容的环境指标，又包括在环境规划中所使用的社会、经济等项指标，由此构成一个完整的规划指标体系。

6. 适应性原则

长沙县生态环境规划指标体系既要适应环境规划的要求，也要适应环境统计工作的要求，在尽量满足环境规划工作需要的同时，还要考虑实际可能的条件。

（二）指标体系确定

1. 基本条件

第一，建立生态文明建设党委、政府领导工作机制，研究制定生态文明建设规划，通过人大审议并颁布实施四年以上；国家和上级政府颁布的有关建设生态文明，加强生态环境保护，建设资源节约型、环境友好型社会等相关法律法规、政策制度得到有效贯彻落实。实施系列区域性行业生态文明管理制度和全社会共同遵循的生态文明行为规范，生态文明良好社会氛围基本形成。

第二，达到国家生态县建设标准并通过考核验收。所辖乡镇

（涉农街道）全部获得国家级美丽乡镇命名。辖区内国家级工业园区建成国家生态工业示范园区；50%以上的国家级风景名胜区、国家级森林公园建成国家生态旅游示范区。县级市建成国家环保模范城市。

第三，完成上级政府下达的节能减排任务，总量控制考核指标达到国家和地方总量控制要求。矿产、森林、草原等主要自然资源保护、水土保持、荒漠化防治、安全监管等达到相应考核要求。严守耕地红线、水资源红线、生态红线。

第四，环境质量（水、大气、噪声、土壤、海域）达到功能区标准并持续改善。当地存在的突出环境问题和环境信访得到有效解决，近三年辖区内未发生重大、特大突发环境事件，政府环境安全监管责任和企业环境安全主体责任有效落实。区域环境应急关键能力显著增强，辖区中具有环境风险的企事业单位有突发环境事件应急预案并进行演练。危险废物的处理处置达到相关规定要求，实施生活垃圾分类，实现无害化处理。新建化工企业全部进入化工园区。生态灾害得到有效防范，无重大森林、草原、基本农田、湿地、水资源、矿产资源、海岸线等人为破坏事件发生，无跨界重大污染和危险废物向其他地区非法转移、倾倒事件。生态环境质量保持稳定或持续好转。

第五，实施主体功能区规划，划定生态红线并严格遵守。严格执行规划（战略）环评制度。区域空间开发和产业布局符合主体功能区规划、生态功能区划和环境功能区划要求，产业结构及技术符合国家相关政策。开展循环经济试点和推广工作，应当实施清洁生产审核的企业全部通过审核。

2. 指标体系

在综合国家生态文明建设试点示范县的考核指标基础上，结合长沙县的实际情况，确定长沙县生态环境保护的指标体系（见表6—39）。其中全年 AQI 优良率、主要污染物氨氮排放强度、单位工业增加值新鲜水耗、生态环保投资占财政收入比例属于难达标指标，其他均为已达标或易达标指标。

表 6—39　　　　　　　　**长沙县生态环境保护指标体系**

| | 序号 | 指标 | 单位 | 责任主体 | 指标类型 | 现状值 | 目标值 | 标准值 |
|---|---|---|---|---|---|---|---|---|
| 生态环境质量指标 | 1 | 森林覆盖率 | % | 林业局 | 参考性指标 | 48.2 | 50 | ≥50 |
| | 2 | 受保护区占国土比例 | % | 林业局、住建局、国土局、环保局 | 参考性指标 | 25 | ≥25 | |
| | 3 | 生态用地比例 | % | 林业局、住建局、国土局、林业局 | 参考性指标 | | 55 | ≥55 |
| | 4 | 集中式饮用水源地水质达标率 | % | 水务局、环保局 | 参考性指标 | | 100 | — |
| 污染物控制指标 | 5 | 城镇生活污水集中处理率 | % | 水务局、环保局 | 约束性指标 | 100 | 100 | |
| | 6 | 国控、省控、市控断面水质达标比例 | % | 水务局、环保局 | 约束性指标 | | 100 | |
| | 7 | 城市生活垃圾无害化处理率 | % | 城管局、环保局 | 约束性指标 | 100 | 100 | |
| | 8 | 工业固体废物处置利用率 | % | 经信局、环保局 | 参考性指标 | | 100 | |
| | 9 | 全年 AQI 优良率 | % | 环保局 | 约束性指标 | 57.5 | 85 | — |
| | 10 | 污染土壤修复率 | % | 国土局、环保局 | 参考性指标 | | | ≥80 |
| | 11 | 主要污染物排放强度：<br>(1) $SO_2$<br>(2) COD<br>(3) 氨氮<br>(4) 氮氧化物 | t/km² | 环保局 | 约束性指标 | 1.59<br>8.19 | 3.5<br>4.5<br>0.5<br>4.0 | ≤3.5<br>≤4.5<br>≤0.5<br>≤4.0 |

续表

| | 序号 | 指标 | 单位 | 责任主体 | 指标类型 | 现状值 | 目标值 | 标准值 |
|---|---|---|---|---|---|---|---|---|
| 管理指标 | 12 | 生态环保投资占财政收入比例 | % | 财政局、环保局 | 参考性指标 | 1.79 | 15 | ≥15 |
| | 13 | 生态环保工作占党政实绩考核的比例 | % | 政府各部门 | 参考性指标 | | 22 | ≥22 |
| | 14 | 环境信息公开率 | % | 环保局 | 参考性指标 | | 100 | 100 |
| | 15 | 环保项目公众参与率 | % | 环保局 | 参考性指标 | | 100 | 100 |
| 社会经济指标 | 16 | 公众对环境质量的满意率 | % | 政府各部门 | 参考性指标 | | 90 | ≥85 |
| | 17 | 单位工业增加值新鲜水耗 | m³/万元 | 经信局、环保局 | 参考性指标 | 15.1 | 12 | ≤12 |
| | 18 | 单位GDP能耗 | t标煤/万元 | 经信局、环保局 | 约束性指标 | | 045 | ≤0.45 |
| | 19 | 碳排放强度 | 千克/万元 | 经信局、环保局 | 约束性指标 | | 450 | ≤450 |
| | 20 | 第三产业占比 | % | 政府各部门 | 参考性指标 | 22.0 | 50 | — |

# 第三节 规划总则

## 一 项目范围及编制时限

项目范围：长沙县生态环境保护顶层设计的范围包括长沙县全县18个镇、5个街道、228个村，总面积为1997平方公里。

编制期限：编制基期为2013年，项目实施期为2015—2020年。

## 二　指导思想

深入贯彻落实党的十八大，十八届三中、四中全会关于加强环境保护、建设生态文明、全面推进依法治国的战略部署和改革要求，牢固树立保护生态环境就是保护生产力、改善生态环境就是发展生产力的理念，以广大人民群众对生态环境建设的迫切期盼为导向，着重突出环境保护在经济社会发展战略体系中的引导和约束作用，切实解决影响长沙县在经济转型创新发展进程中出现的损害群众健康的突出环境问题，努力提高长沙县的生态文明水平，为将长沙县建设成为国家级生态文明示范区、实现经济社会又好又快发展奠定坚实的环境基础。

## 三　规划原则

（一）坚持科学发展、建设"两型"社会、改善环境质量的原则

长沙县环境保护规划必须坚持"以人为本"的科学发展观原则，以建设"两型"社会示范区为目标，通过统筹协调，实现长沙县环境质量的切实改善和社会经济的可持续发展。规划将在深入分析现状的基础上，着重关注关系民生的突出环境问题，切实改善环境质量，维护人民群众的环境权益，努力促进社会的和谐稳定。

（二）坚持经济效益、社会效益和环境效益相统一的原则

正确处理好环境保护、经济发展和社会进步三者之间的关系，尊重区域生态系统的发展规律，将生态环境承载力作为经济社会发展的重要前提。按照建设国家生态文明示范区的要求，进一步推进长沙县人与自然的高度和谐，实现"环境效益、社会效益和经济效益"的有机统一。

（三）坚持经济社会发展规划、土地利用规划、城市总体规划和环境保护规划相结合原则

长沙县环境保护建设的开展与长沙县经济社会和城市发展、土地利用等紧密相关，同时也和长沙县环境经济社会建设及相关规划密切相关。本规划将坚持与长沙市和长沙县的城市总体规划、

社会经济发展规划和土地利用规划等规划紧密衔接，并使之互相协调。

（四）坚持统一规划、分步实施、突出重点的原则

充分发挥政府的组织、引导、协调作用，调动各方力量，形成政府主导、全民参与的格局。统筹安排各项建设任务，协调局部与全局的关系，妥善处理好发展与保护、城镇与农村的关系，分区域实施各项具体政策，以期解决快速城镇化进程中影响人民群众健康和可持续发展等较为突出的环境问题。

### 四　规划依据

（一）国家法律法规及规划

《中华人民共和国环境保护法》（2014年）

《中华人民共和国水污染防治法》（2008年）

《中华人民共和国固体废物环境污染防治法》（2004年）

《中华人民共和国生活饮用水卫生标准》（GB 5749—2006）

《全国促进城镇化健康发展规划（2011—2020年）》

《国家环境保护"十二五"规划》

《饮用水水源保护区划分技术规范》（HJ/T 338—2007）

《饮用水水源保护区标志技术要求》（HJ/T 433—2008）

（二）省市法规及规划

《湖南省重金属污染综合防治"十二五"规划》

《湖南省"十二五"环境保护规划》

《湖南省国民经济和社会发展"十二五"规划纲要》

《湘江流域重金属污染治理实施方案》（2011年）

《绿色湖南建设纲要》（2012年）

《长沙市水资源管理条例》（2011年）

《长沙市人民政府办公厅关于推进城乡生态环境一体化发展实施意见》（2012年）

《长沙市建设工程扬尘整治工作方案》（2008年）

《中共长沙市委推进城乡一体化发展工作纲要》（2009年）

《长沙市城市总体规划（2003—2020年）》（2014年修订）

《长沙市环境保护中长期规划（2015—2030 年）》

（三）规划区域相关文件

《长沙县建设工地降尘整治管理办法》

《长沙县重要饮用水源地确界立碑实施方案》

《长沙县农村环境连片综合整治示范工作实施方案》

《长沙县畜禽养殖转产扶助鼓励暂行办法》

《长沙县加大绿色创建力度推进城乡绿化一体化实施办法》

## 五　技术路线（见图 6—2）

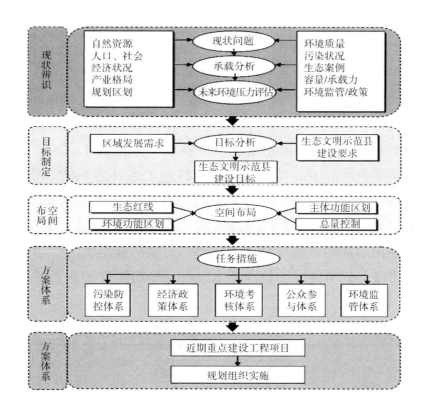

图6—2　长沙县生态环境保护规划技术路线图

# 第四节 环境功能分区和生态红线划定

## 一 环境功能分区

（一）水环境功能分区

根据《地表水环境质量标准》（GB 3838—2002），依据地表水水域环境功能和保护目标，按功能高低依次划分为五类。

I 类主要适用于源头水、国家自然保护区；

II 类主要适用于集中式生活饮用水地表水源地一级保护区、珍稀水生生物栖息地、鱼虾类产卵场、仔稚幼鱼的索饵场等；

III 类主要适用于集中式生活饮用水地表水源地二级保护区、鱼虾类越冬场、洄游通道、水产养殖区等渔业水域及游泳区；

IV 类主要适用于一般工业用水区及人体非直接接触的娱乐用水区；

V 类主要适用于农业用水区及一般景观要求水域。

对应地表水上述五类水域功能，将地表水环境质量标准基本项目标准值分为五类，不同功能类别分别执行相应类别的标准值。水域功能类别高的标准值严于水域功能类别低的标准值。同一水域兼有多类使用功能的，执行最高功能类别对应的标准值。

根据以上分类标准，长沙县地表水环境功能分区见表6—40。

表 6—40　　　　　　　长沙县地表水环境功能分区

| 序号 | 水体 | 水域 | 长度（公里） | 面积（平方公里） | 功能区类型 | 执行标准 |
|---|---|---|---|---|---|---|
| 1 | 浏阳河 | 韩家港、长沙县黄兴镇东山 | 82.7 | | 农业用水区 | III |

续表

| 序号 | 水体 | 水域 | 长度（公里） | 面积（平方公里） | 功能区类型 | 执行标准 |
|---|---|---|---|---|---|---|
| 2 | 浏阳河 | 长沙县黄兴镇东山至椰梨镇新水厂取水口上游 1000 米以及距河两岸河堤各 1000 米陆域 | 3.4 | | 饮用水水源保护区 | III |
| 3 | 浏阳河 | 长沙县椰梨镇新水厂取水口上游 1000 米至镇原水厂取水口下游 200 米以及距河两岸河堤各 1000 米陆域 | 1.8 | | 饮用水水源保护区 | II |
| 4 | 浏阳河 | 长沙县椰梨镇原水厂取水口下游 200 米至下游 1200 米以及距河两岸河堤各 1000 米陆域 | 1.0 | | 饮用水水源保护区 | III |
| 5 | 浏阳河 | 长沙县椰梨镇原水厂下游 1200 米至浏阳河铁路桥东 | 21.7 | | 工业用水区 | IV |
| 6 | 浏阳河乌川水库 | 乌川水库以及水库边界 500 米陆域范围 | | 1.41 | 饮用水水源保护区 | II |
| 7 | 捞刀河金井河 | 金井河（长沙县马岭—长沙县白石湾） | 63 | | 农业用水区 | V |
| 8 | 捞刀河白沙河 | 白沙河（长沙县坳上屋）—长沙县瑶湾（入捞刀河口） | 46 | | 农业用水区 | V |

续表

| 序号 | 水体 | 水域 | 长度（公里） | 面积（平方公里） | 功能区类型 | 执行标准 |
|---|---|---|---|---|---|---|
| 9 | 捞刀河 | 永安镇礼仁村河边组（铁路坝）至1819省道跨捞刀河桥（春华瞿家塅桥） | 14.1 | | 农业用水区 | V |
| 10 | 捞刀河 | 1819省道跨捞刀河河桥（春华瞿家塅桥）至黄花水厂取水口上游1000米（长山湾）以及距河两岸河堤各1000米陆域 | 1.0 | | 饮用水水源保护区 | III |
| 11 | 捞刀河 | 黄花水厂（郭公渡）取水口上游1000米（长山湾）至下游200米（港口子）以及距河两岸河堤各1000米陆域 | 1.2 | | 饮用水水源保护区 | II |
| 12 | 捞刀河 | 黄花水厂取水口下游200米（港口子）至李家湾以及距河两岸河堤各1000米陆域 | 1.0 | | 饮用水水源保护区 | III |
| 13 | 捞刀河 | 李家湾至石塘湾 | 16.0 | | 农业用水区 | V |
| 14 | 捞刀河 | 石塘湾至栗家巷以及距河两岸河堤各1000米陆域 | 1.5 | | 饮用水水源保护区 | III |

续表

| 序号 | 水体 | 水域 | 长度（公里） | 面积（平方公里） | 功能区类型 | 执行标准 |
|---|---|---|---|---|---|---|
| 15 | 捞刀河 | 粟家巷至水渡河大坝（含U形松桠河段4.2公里）以及距河两岸河堤各1000米陆域 | 2.8 | | 饮用水水源保护区 | II |
| 16 | 捞刀河 | 红旗水库 | | 1.84 | 农业用水区 | V |
| 17 | 捞刀河 | 桐仁桥水库 | | 1.61 | 饮用水水源保护区 | II |
| 18 | 湘江 | 暮云镇（湘潭、昭山）两市交界处至长沙市二水厂（新址）取水口上游1000米及其沿河两岸汇水区陆域 | 17.1 | | 饮用水水源保护区 | III |
| 19 | 湘江汩罗江 | 长沙县汩罗江流域 | 83.6 | | 饮用水水源保护区 | III |

（二）大气环境功能分区

1. 分区原则

第一，充分利用现行行政区界或自然分界线作为功能区划地边界；

第二，宜粗不宜细，不划三类区；

第三，既要考虑环境空气质量现状，又要兼顾城市发展规划；

第四，不能随意降低原已划定的功能区的类别；

第五，区划便于管理，区划结果可操作，各类功能区和污染物排放控制划分明确。

2. 分区结果

依据《环境空气质量标准》（GB 3095—2012），为保护生态环境和人群健康，将环境空气功能区分为两类：一类区为自然保护区、风景名胜区和其他需要特殊保护的区域；二类区为居住区、商业交通居民混合区、文化区、工业区和农村地区。

综合分析长沙县内各环境单元的社会功能现状与发展趋势及其大气环境敏感度的分布情况与城市生态环境综合分区结果，确定各环境单元的主导功能，根据被保护对象对大气环境质量的要求，将长沙县环境空气质量功能区划分为两类环境空气质量功能区。

一类区为自然保护区、风景名胜区和其他需要特殊保护的区域，主要包括大山冲森林公园、影珠山森林公园、北山森林公园等，一类区适用 GB 3095—2012 中规定一级浓度限值。

二类区为居住区、商业交通居民混合区、文化区、工业区和农村地区，除一类区以外的区域为二类区，二类区适用 GB 3095—2012 中规定的二级浓度限值。

（三）声环境功能分区

1. 基本依据

根据《声环境质量标准》（GB 3096—2008），按区域的使用功能特点和环境质量要求，声环境功能区分为以下五种类型。

0 类功能区：指康复疗养区等特别需要安静的区域。

1 类声环境功能区：指以居民住宅、医疗卫生、文化教育、科研设计、行政办公为主要功能，需要保持安静的区域。

2 类声环境功能区：指以商业金融、集市贸易为主要功能，或者居住、商业、工业混杂，需要维护住宅安静的区域。

3 类声环境功能区：指以工业生产、仓储物流为主要功能，需要防止工业噪声对周围环境产生严重影响的区域。

4 类声环境功能区：指交通干线两侧一定距离之内，需要防止交通噪声对周围环境产生严重影响的区域，包括 4a 类和 4b 类两种类型。4a 类为高速公路、一级公路、二级公路、城市快速路、城市主干路、城市次干路、城市轨道交通（地面段）、内河航道两侧区域；4b 类为铁路干线两侧区域。

2. 分区结果

据上述声功能区分类，结合长沙县内自然生态环境和社会环境的现状，以及城乡总体规划、用地规划，将长沙县声环境功能区划分为四类，详见表 6—41。

表 6—41 长沙县声环境功能分区

| 声环境功能区 | 范围 | 执行标准 |
|---|---|---|
| 1 类 | 大山冲森林公园、影珠山森林公园、北山森林公园等 | 昼间 55 分贝<br>夜间 45 分贝 |
| 2 类 | 居住、文教机关为主的区域，商业、工业混合区，以及工业区内集中居住、商业和工业混合区 | 昼间 60 分贝<br>夜间 50 分贝 |
| 3 类 | 规划工业区和已形成的工业集中地带（长沙经济技术开发区等） | 昼间 65 分贝<br>夜间 55 分贝 |
| 4 类 | 城镇道路交通干线（京珠高速、京珠高速东移线、长株高速、机场高速、三环路、107 国道、207 省道等）两侧区域，穿越城区的内河航道两侧区域 | 昼间 70 分贝<br>夜间 55 分贝 |

## 二 生态红线划分

### （一）生态红线内涵

生态红线是为维护国家或区域生态安全和可持续发展，根据生态系统完整性和连通性，科学划定的需实施特殊保护的区域。主要分为重要或重点生态功能区、生态脆弱敏感区和生物多样性保育区三大类。生态红线是分层次的体系，主要包括点集、线簇、区位。点集是区域层面的，就是分散的、具有重要生态价值和保护价值的敏感保护目标；线簇是流域层面的，指呈带状的河流及其近岸区域或多个空间距离接近敏感保护点源的集合；区位是国家层面的，指具有重要或特殊生态服务功能价值和生态敏感性极高、极其脆弱的特定区域。生态红线具有客观性、尺度性、强制性和长期性的突出特征。

### 1. 客观性

生态红线是依据生态系统结构、过程、功能的相互联系和相互作用，在充分分析生态系统特征和遵循客观自然规律的基础上科学划分的，其维护生态安全的作用具有不可替代性，属于区域的自然属性和客观存在，与区域生态系统密不可分。区域生态系统遭到破坏，生态系统功能一旦丧失，将对国家生态安全产生重大影响。因此，对生态红线必须实施严格保护。这也决定了生态红线不能与耕地红线政策类似，实施占补平衡。

2. 尺度性

生态学强调尺度概念，格局、功能与过程研究都必须考虑尺度效应。基于生态系统特征的生态红线，也具有明显的尺度特征。在国家尺度上，更关注宏观生态安全，更关注经济社会与资源开发的大格局对区域的影响，如碳循环过程和生物多样性保护的需求。在地方层面上，更需关注水源保护、水土流失、本地物种保护、城市生态稳定性等具体生态环境问题。但是，不同尺度的生态红线是紧密相关的，国家层面的生态红线应是地方层面生态红线的主要部分，国家生态红线的管理需求应严格于地方层面的生态红线。

3. 强制性

生态红线一旦划定，要根据其特点，通过严格的生态保护措施，维持自然状况，禁止在生态红线范围内进行城镇化和工业化建设。生态红线的生态环境管理措施和政策应通过法律法规赋予其强制性，其相关的政策管理要达到刚性约束的条件，具有可实施和可操作性。

4. 长期性

生态红线的划分、范围和管理政策需要在我国生态环境保护领域长期执行，因此，空间红线的划定、面积红线的确定和管理红线的制定，需要充分考虑我国经济社会中长期发展需求。另外，随着我国经济社会发展水平的提高，对生态系统服务的需求不断提升，我国生态环境保护工作的要求也将不断变化，这需建立生态红线的定期修编制度，以保证生态红线实施和管理的可行性和可操作性。

（二）生态红线划分原则

划定并严守生态红线，能够保护对人类持续繁衍发展及经济社会可持续发展具有重要作用的自然生态系统，是国家和区域生态安全不可逾越的底线，是人居环境与经济社会发展的基本生态功能保障线；能够优化工业化和城镇化开发格局，遏制生态系统不断退化的趋势，保持并提高生态产品供给能力。通过对生态系统从格局、结构到功能保护的全过程管理，构建科学、合理的城镇化推进格局、农业发展格局、生态安全格局。

划定生态红线，严格按照优化开发、重点开发、限制开发、禁止开发的主体功能定位，以资源环境承载力为基础，以自然规律为准则，把对保障国家和区域生态安全、提高生态服务功能具有重要作用的区域保护起来。划定生态红线，应遵循以下原则。

1. 生态重要性

划入生态红线的是国家和区域生态保护的重要地区，应具有珍稀濒危性、特有性、代表性及不可替代性等特征，对于人类生存与经济社会发展具有重要的支撑作用。

2. 分类划定

生态红线划定是一项系统工程，应在不同区域范围内，根据生态红线的功能与类型，分别划定生态红线，通过叠加形成国家或区域生态红线。

3. 尊重现实

生态红线划定应基于现有各类生态保护地空间分布现状，结合主体功能区划实施，充分考虑区域实际情况，与受保护对象、经济支撑能力和当前监管能力相适应，突出重点，限定有限目标，确保划定的生态红线得到有效管护。充分利用现行各级自然保护区、风景名胜区以及饮用水水源保护区划定的边界，同时考虑具有重要生态功能的节点如河口湿地等，不随意降低原已划定功能区的类别。

4. 统筹衔接

统筹兼顾经济社会发展与环境保护的关系，衔接城市总规、土地总规等规划，预留适当的发展空间和环境容量空间，合理确定生态红线区的面积。

5. 科学评估

充分评估确认周边污染源对红线范围内区域的环境质量影响趋势，并以此为依据调整红线内区域及周边缓冲区域的边界。

（三）生态红线范围及管理级别划定

根据《长沙县生态建设规划修编》及《湖南省长沙县城乡一体化规划》的生态功能区划，在长沙县生态红线的划分过程中，主要包含以下几种区域：一级水源保护区、自然保护区、森林及郊野公园、集中成片的基本农田保护区；主干河流、水库、湿地；维护生态系统完整性的生态廊道和绿地；生态服务极重要和生态环境极敏感区域；其他需要进行基本生态控制的区域等。

从长沙县城乡生态发展实际和管理措施的严格程度，将长沙县生态红线分为两个级别：一级生态红线和二级生态红线。一级生态红线主要是长沙县内生态功能区极重要区、生态环境极敏感区、河流及湖泊水面以及饮用水水源保护区。二级生态红线主要是长沙县内基本农田保护区、自然保护区、森林公园、公园绿地及风景名胜区以及主干河流和道路缓冲区、生态廊道等重要廊道等。

（四）长沙县生态红线划分方法

长沙县生态红线的划分采用分级管理的思路，划分为两级红线区。生态红线一级区需要严格保护，严格禁止经济开发建设活动；生态红线二级区为限制开发区域，可以在其内部进行一些干扰较小的经济开发和人类活动，以生态旅游和生态农业为主。

具体划分方法如下。

第一，对长沙县生物多样性、水源涵养和土壤保持三种主要生态功能进行评估，划分出长沙县生态系统服务重要区域；

第二，对长沙县生态敏感性进行评价，划分出长沙县生态敏感区域；

第三，对《长沙县环境保护规划》《长沙县生态建设规划修编》《湖南省长沙县城乡一体化规划》等相关规划成果进行整理和分析，将其中需要划入生态红线管控区域的部分划入生态红线；

第四，划分生态红线一级区，主要考虑生态功能极重要区域、生态极敏感区域、饮用水水源地一级保护区、具有生态廊道功能的主干河流、水库等；

第五，生态红线二级区，主要考虑水源地二级保护区、基本农田保护区、风景名胜区、森林公园、湿地以及河流、道路生态廊道绿化控制区等。

（五）长沙县生态红线管控区域

根据环境保护的强度和管理措施的严格程度，将长沙县生态红线分为两级管理。依据县境内各区域单元的生态服务功能重要性和生态敏感性特征，评估划分出长沙县生态红线一级区和生态红线二级区。生态红线一级区是严格保护区域，禁止在生态红线一级区新建任何与生态保护无关的基础设施和人为设施，已有开发应逐步退出，减少人类干扰，促进自然恢复；生态红线二级区严禁有损主导生态功能的开发建设活动，限制城市化和工业化，不能建设工业项目和污染项目，除具有系统性影响、确需建设的道路交通设施和市政公用设施，生态型农业设施，公园绿地及必要的风景游赏设施，确需建设的军事、保密等特殊用途设施，生态型休闲度假项目，必要的公益性服务设施，其他经规划行政主管部门会同相关部门论证，与生态保护不相抵触，资源消耗低，环境影响小，经市人民政府批准同意建设的项目外，生态红线区内禁止建设其他项目。确需建设的项目，需严格执行环境影响评价，并制定保护措施。生态红线具体区域见表6—42。

表 6—42　　　　　　　　长沙县生态红线控制区域

| 序号 | 级别 | 类型 | 区域 | 红线所在地 |
|---|---|---|---|---|
| 1 | 一级生态红线规划区 | 生态环境极敏感区 | 坡度>20度的山林区 | 主要分布在金井镇、路口镇、果园镇、跳马乡及江背镇 |
| 2 | | 饮用水水源地 | 浏阳河饮用水一级保护区 | 县域内浏阳河 |
| 3 | | | 捞刀河饮用水一级保护区 | 县域内捞刀河 |
| 4 | | 水源地、生态极重要区域 | 汨罗江与洪河源头区 | 开慧乡、白沙中部 |
| 5 | | | 白沙河源头区 | 北山镇西部 |
| 6 | | | 浏阳河支流源头区 | 江背镇东部、跳马乡中南部 |
| 7 | | 水库、饮用水水源地 | 桐仁桥水库 | 金井镇 |
| 8 | | | 金井水库 | 金井镇 |
| 9 | | | 红旗水库 | 春华镇 |
| 10 | | | 龙华水库 | 双江镇 |
| 11 | | | 乌川水库 | 江背镇 |

续表

| 序号 | 级别 | 类型 | 区域 | 红线所在地 |
|---|---|---|---|---|
| 12 | 二级生态红线规划区 | 饮用水水源地 | 浏阳河饮用水二级保护区 | 长沙县 |
| 13 | | | 捞刀河饮用水二级保护区 | 长沙县 |
| 14 | | 自然保护区 | 长沙龙头山自然保护区 | 长沙县北部 |
| 15 | | 森林公园 | 大山冲森林公园 | 路口镇 |
| 16 | | | 石燕湖森林公园 | 跳马乡 |
| 17 | | | 乌川湖森林公园 | 江背镇 |
| 18 | | | 影珠山森林公园 | 福临镇 |
| 19 | | | 红旗湖森林公园 | 春华镇 |
| 20 | | | 明月山森林公园 | 北山镇 |
| 21 | | | 白鹭湖森林公园 | 双江镇 |
| 22 | | 生态公园 | 石燕湖生态公园 | 跳马乡 |
| 23 | | 湿地公园 | 松雅湖湿地公园 | 长沙县 |
| 24 | | | 金江坝湿地公园 | 果园镇 |
| 25 | | | 瞿家塅湿地公园 | 春华镇 |
| 26 | | | 九道湾湿地公园 | 黄兴镇 |
| 27 | | | 磨盘洲湿地公园 | 黄兴镇 |
| 28 | | | 梨江垸湿地公园 | 榔梨镇 |
| 29 | | 基本农田 | 基本农田保护区 | 长沙县 |
| 30 | | 中小型水库 | 县域内其他中小型水库 | 长沙县 |
| 31 | | 生态缓冲区 | 浏阳河干流堤岸缓冲区 | 长沙县 |
| 32 | | | 捞刀河干流堤岸缓冲区 | 长沙县 |
| 33 | | | 主干道绿化带缓冲区 | 长沙县 |
| 34 | | 生态廊道 | 县域内沿河、沿港生态廊道 | 长沙县 |

# 第五节　生态安全体系建设

## 一　重要生态功能区建设与保护

（一）重要生态功能区概况

重要生态功能区主要是指在维持生态系统的状态和功能中具有举足轻重作用的区域。重要生态功能区具有生物多样性保护、水源涵养、土壤保持、防风固沙、洪水调蓄等重要生态功能，如果丧失往往会造成区域生态系统的崩溃和丧失。重要生态功能区主要包括各级自然保护区、森林公园、风景名胜区、湿地保护区、生态公益林、生态廊道等。

长沙县现有龙头山自然保护区 1 个，面积约 1927.1 公顷，现有大山冲国家级森林公园 1 个、石燕湖等省级森林公园 6 个，总面积约 6239.6 公顷，现有松雅湖国家级湿地公园 1 个、金江坝等在建及拟建省级湿地公园 5 个，总面积约 923 公顷。

（二）加强生态源地区保护

根据《湖南省长沙县城乡一体化规划》，长沙县生态源地包括林地源地、水域源地和草地源地。林地源地指郁闭度大于 30% 的天然木和人工林，郁闭度大于 40%、高度在 2 米以下的矮林地和灌丛林地，并且面积大于 10 万平方米；水域源地主要包括河流、水库、湿地等，面积大于 10 万平方米；草地源地主要选取覆盖度在大于 50% 的天然草地、改良草地和割草地等，面积大于 10 万平方米。长沙县境内需要重点保护的生态源地区包括金井镇观佳—白石洞、桐仁桥—金井水库、路口镇大山冲、春华镇红旗水库、果园镇、安沙镇花桥—双冲、北山镇黑麋峰、江背镇乌川湖、跳马乡石燕湖、黄兴干杉的仙人市—沿江山等地。

（三）加强生态廊道建设

1. 河流生态廊道建设

加强捞刀河、浏阳河等重要流域两岸生态保护区的建设，重点沿捞刀河、浏阳河、金井河、浔龙河、榨山港、梨江港、白沙河等建设沿岸生态绿化带，使河流及其沿岸带成为自然廊道，可以成为野生动物迁移的通道。捞刀河和浏阳河两条主要河流两侧 200 米、其他河流两侧 100 米范围不得进行新建建设，保护现有农田、丘陵地貌，有条件的地区建设水源涵养林。

2. 交通生态廊道建设

以主要高速公路、铁路、快速路等较高等级道路为生态廊道，两侧建设防护绿地：高速公路、铁路两侧各 100 米，城市快速路两侧各 50 米，国道两侧各 20 米、省道两侧各 10 米范围建设防护绿地。县域主要交通生态廊道由京株高速、京株高速东移线、长株高速、机场高速、三环路、107 国道、207 省道、东八线（南伸、北延）、武广铁路、沪昆高速铁路、长浏铁路等重要交通线。

（四）加强森林公园、湿地公园保护与建设

1. 加强森林公园、湿地公园管理机构建设

建立专门的管理机构，落实专门的管理人员。县级以上的森林公园、湿地公园主管部门应相应成立"森林公园/湿地公园管理办公室"等专门的森林公园、湿地公园管理机构；全面落实管理人员编制，森林公园、湿地公园管护机构经费由各级财政部门核拨；不断增加园区科技人员的比率，以提高园区管理队伍的整体素质。同时，要建立一套完整的规范的业务管理体系，使森林公园、湿地公园管理工作尽快走上规范化的轨道。

各管理区需指定严格的管理制度，设定允许行为（科学研究等）、禁止行为（采矿、森林采伐等）。

2. 开拓资金渠道，切实解决森林公园、湿地公园建设和管理经费

首先，应把森林公园、湿地公园的建设纳入地方国民经济和社会发展计划中去，所需事业经费纳入各级政府财政预算。其次，在积极争取上级资金支持的同时，切实加大地方经费的投入，确保投入森林公园、湿地公园的资金得以到位，从而促进森林公园、湿地公园建设及申报工作顺利进行。最后，对于经济条件比较差且生态价值高的森林公园、重要湿地应在财政上给予优先扶持。

3. 完善森林公园、湿地公园管护基础设施建设

森林公园、湿地公园管护基础设施指用于森林公园、湿地公园保护、管理、科研、监测、宣传教育的基础设施，包括标桩、标牌、道路、公园管理局（处）建筑物、保护管理站、哨卡、瞭望台和其他基础设施。

加强园区某些地段和景点设置保护性设施建设，以明确分清公园园区的范围、边界，加强对公园内重要景点的保护、管理和宣传等。公园园区需设置周边界分界碑、不同功能区界标、解说性标牌、宣传性标牌、指示性标牌等。分界碑和区界标应采用永久性的钢质混凝土材料制成，应达到易识别、清晰明显、坚固耐久标准。

4. 制定优惠政策，促进森林公园、湿地公园保护事业的发展

制定优惠政策，扶持发展森林公园、湿地公园周边经济。各级政府部门要以对国土安全高度负责和对人民群众利益高度关心的政

治责任感来扶持森林公园、湿地公园及其周边经济的发展，制定扶持政策，在水、电、交通、通信、物价等方面给予倾斜，在公园建设项目的立项审批、建设补助等方面给予优先照顾。通过采取优惠措施，来拉动和扶持公园周边农村产业和生态经济的发展，切实提高公园周边居民的生产生活水平，从而降低他们对自然资源的直接利用程度，有效缓解他们与公园园区保护的矛盾，确保林区和湿地的社会稳定。

5. 加强湿地生态保护与修复

加强湿地污染治理、生态恢复与有害生物防治等湿地综合治理，发挥湿地对生物多样性保护及废水、污水处理能力；建立持续的湿地监控、管理机制，扭转湿地面积萎缩和功能退化的趋势；重点修复保护金江坝、瞿家塅、九道湾等湿地生态系统；进一步加强松雅湖国家级湿地公园的水体、水质、景观、生物多样性、生态环境综合保护以及湿地保护设施建设和科研监测。

6. 开展有针对性的监测工作

通过开展系统的、有针对性的监测与科学研究，掌握森林公园、重要湿地内动植物及其生态环境的变化情况，解决保护区管理中面临的实际问题。

一是在公园内建立定位监测站、监测点和环志站。

二是开展自然资源和社会经济本底调查，查清公园内的动植物资源情况和环境质量状况，了解当地社区对自然资源的使用情况和对保护区的认识与看法，为公园今后的科研与监测提供基础资料，也为保护管理工作提供理论依据。

三是开展定期监测。定期对公园内的主要物种的种群动态、物种行为、栖息地和环境条件、社会经济状况等进行监测，掌握区内受保护区物种的种群动态、物种行为、栖息地和环境条件的现状及其变化情况，了解公园现有管理措施的有效程度，以便在今后的保护管理中采取更加有效的管理措施。

四是建立数据库和信息网站。将现有数据和通过科研与监测活动收集来的数据以及购买来的数据进行分析、整理，为公园管理工作提供理论依据和研究基础。

### 二  重要资源保护与建设

（一）水资源保护

**1. 水资源的可持续开发利用**

按照"上蓄、中滞、下泄"的原则，进行水利工程建设，加强蓄水能力和供水能力建设，改善水利基础设施，增强水资源的供给保障能力。加强水库、电站工程建设及水库安全防险。在发展小水电时，必须从防洪防灾和生境保护等方面综合考虑小水电的经济效益和生态效益；对已经失去其原有功能的小水利、小水电设施，应当及时进行调整和改造。持续提高工业用水效率和重复利用率；大力推行节水器具和节水技术，合理制定城市工业、生活和农业用水定额，开展工农业和生活节水工作，降低工农业和生活耗水总量。

**2. 水生态安全保障措施**

严格控制污染源和进入水体的污染物总量，实施污染排放总量控制，加强工业污染治理，清理和整顿沿河两岸的污染源。进一步加强水土保持工作，改善生态环境，采取生物措施、工程措施等，进一步治理水土流失。开展小流域综合治理和河道疏浚，提高河道的行洪和抵御洪水的能力。加强防灾减灾宣传教育，建立健全抗洪防旱监测和信息系统，完善"预防为主，防御与救助相结合"的抗洪防旱体系，建立流域防洪减灾体系和流域洪水调度决策系统，提高减灾指挥和抗洪系统的能力。

**3. 积极推进节水型社会建设**

加大投入，大力推广节水应用先进技术，深入推进节水技改工程。积极引导城市绿化、市政环卫和洗车等行业逐步使用再生水，提高水资源的循环利用水平。积极引导工业企业发展循环经济，开展清洁生产审核，切实提高企业的节约用水管理水平，将节水理念渗透到企业管理的各个环节，促进企业向节能环保型转变，水污染防治由末端治理变为过程控制，提高了水资源利用效率。对不符合长沙县总体规划和经济发展的，不符合国家产业政策的，能耗高、水耗大、污染严重的项目，严格执行环评制度，一律不得引入。

### 4. 加强水资源管理

建立以流域为基础的水管体制，实现统一规划、统一调度、统一管理健全水资源开发、管理与保护的法规体系，实施严格的水资源管理政策。建立水资源保障体系，以合理的水价机制为手段，实现区域水资源优化配置。厉行节约用水，提高重复利用。实施科学调水，以丰补枯。尝试建立排污权交易，建立资源循环的生态产业，加强水生态系统保护。运用法律、行政、经济手段，开发利用和保护好水资源。不断完善水资源管理政策，政府宏观调控分配水权，水行政主管部门依法管理水资源，对新建、扩建、改建的各类工程，严格按照有关规定进行水资源论证，加强取水办证管理，合理安排各用水单位的水量，保证经济用水的有序进行。加大水资源费征收，取之于水，用之于水，不断加强水资源的保护、改善和管理，确保经济用水的正常，促进市国民经济的快速增长。

### 5. 加强水源地保护

对于饮用水源一级保护区和二级保护区内的开发利用活动应符合《中华人民共和国水污染防治法》《长沙市水资源管理条例》等法律、法规的相关规定。禁止在饮用水水源一级保护区内新建、改建、扩建与供水设施和保护水源无关的建设项目；已经设置排污口、建成与供水设施和保护水源无关的建设项目，县人民政府应当在省人民政府规定期限内组织拆除或者关闭；禁止堆放和存放工业废渣、城市垃圾、粪便和其他废弃物；禁止从事种植、放养禽畜，严格控制网箱养殖活动；禁止可能污染水源的旅游活动和其他活动。二级保护区内，不准新建、扩建向水体排放污染物的建设项目。改建项目必须依照水体纳污能力削减污染物排放量；原有排污口必须根据水行政主管部门的要求削减污染物排放量，保证保护区内水质满足规定的水质标准；禁止设立装卸垃圾、粪便、油类和有毒物质的码头。

实施饮用水水源保护区隔离保护措施。选择适宜树木种类建设防护林生物隔离，在河堤两岸设置30米宽的绿化隔离带，防止水源受到污染。在平地区域，加强水体周围植被建设，进而控制种植业面源污染。隔离工程原则上应沿着保护区的边界建设，各地可根据保护区的大小、周边污染情况等因素合理确定隔离工程的范围。加强保护区违章建筑整治，对一级水源保护区实施封闭式管理，拆除所有与水源无关的建筑物，关闭排污口，人口迁出，通过植被修复，水土保持，建造水源涵养林，对现状用地功能进行调整和改造。一级水源保护区内用地类型包括水域用地、水源涵养林用地、天然湿地等三种。确保一级保护区内无任何与取水无关建筑物的目标。取水构筑物及水厂生产区的防护范围为 200 米，可种植花草树木，不得使用工业废水或生活污水灌溉和施用有持久性或剧毒的农药。按照《饮用水水源保护区标志技术要求》（HJ/T 433—2008）和《长沙县重要饮用水源地确界立碑实施方案》要求，完成饮用水水源保护区标志工作，包括界标、交通警示牌、宣传牌。

长沙县具体的饮用水源保护区见表 6—43。

（二）森林资源保护

为使长沙县森林资源结构进一步优化，森林覆盖率、森林生态服务价值、森林质量进一步提高，应采取以下措施加强森林资源保护。

第一，实行森林资源消长目标责任制，通过将森林覆盖率、森林保有量目标分解到乡镇，逐级签订责任状，落实保护管理责任。

第二，加强对现有未成林地、疏林地和灌木林地的培育，通过实施优材更替、无节良材培育、中幼林抚育等森林质量工程，采取人工造林和封山育林等措施提高林地利用率。

第三，加大造林力度将无立木林地转化为有林地，通过实施未利用地治理、矿区植被保护与恢复工程、生态移民后恢复植被等重点林业生态工程以及油茶基地建设、毛竹基地建设等特色基地建设工程，增加森林面积，改善生态环境。

第四，严格保护公益林。严格按照《湖南省生态公益林管理办法》，加强对公益林的保护管理，确保国土生态安全和生态环境的持续改善。对公益林中的生态区位极端重要和生态环境极端脆弱的地域，按禁伐林施策，禁止一切方式采伐和破坏土壤、植被的活动，确保森林群落的自然演替；对公益林中的国防林、风景林、环境保护林和天然林，按生态疏伐施策，以采伐后保留林分郁闭度 0.6

表 6—43　长沙县饮用水源保护区范围及保护措施

| 序号 | 饮用水源保护区 | | 范围 | 类型 | 污染防治措施 |
|---|---|---|---|---|---|
| 1 | 长沙星沙供水有限公司 | 一级饮用水水源保护区 | 水渡河水闸和松雅河正常蓄水位以下水域，正常蓄水位以上 200 米陆域 | 河流型 | 1. 设置 30 米绿化隔离带；<br>2. 建设生态护岸。 |
| | | 二级饮用水源保护区 | 水域长度为在一级保护区的上游侧边界向上游延伸不小于 2000 米，下游侧边界为一级保护区的下游边界向下游延伸不小于 200 米，水域宽度为所处河段整个河面，陆域宽度为沿岸纵深范围小于 2000 米，以及松雅河河滩河集雨面积范围内区域 | | 1. 控制保护区内土地开发强度；<br>2. 饮用水源地界标志；<br>3. 控制捞刀河及支流排污，确保来水水质达标；<br>4. 禁止保护区河滩及上游河滩地农业种植；<br>5. 建设生态护岸。 |
| 2 | 长沙黄花供水工程有限公司 | 一级饮用水水源保护区 | 水域长度为取水口上游 1000 米至下游 100 米水域，水域宽度为五年一遇洪水所能淹没的区域 | 河流型 | 1. 设置绿化隔离带，取缔保护区内农业种植；<br>2. 饮用水源地界标志；<br>3. 逐步迁出保护区内人口，拆除所有与引用水源保护及取水区无关的构筑物；<br>4. 建设生态护岸。 |
| | | 二级饮用水水源保护区 | 水域长度为在一级保护区的上游侧边界向上游延伸不小于 2000 米，下游侧边界为一级保护区的下游边界向下游延伸不小于 200 米，水域宽度为所处河段整个河面，陆域宽度为沿岸纵深范围小于 2000 米 | | 1. 严格控制保护区内农业施肥强度和农药使用强度；<br>2. 退出规模化养殖，严格控制畜禽散养；<br>3. 迁出保护区内工业企业，关闭所有排污口；<br>4. 建设生态护岸。 |

续表

| 序号 | 饮用水源保护区 | | 范围 | 类型 | 污染防治措施 |
|---|---|---|---|---|---|
| 3 | 椰梨自来水有限公司 | 一级饮用水水源保护区 | 水域长度为取水口上游 1000 米至下游 100 米水域，水域宽度为五年一遇洪水所能淹没的区域 | 河流型 | 1. 设置绿化隔离带；<br>2. 拆除排水无法纳入污水处理厂的建筑，有条件时逐步迁出保护区内人口。 |
| | | 二级饮用水水源保护区 | 水域长度为在一级保护区的上游侧边界向上游延伸界外 2000 米，下游侧向外边界为一级保护区的下游边界向下游延伸不小于 200 米，水域宽度为所处河段整个河面，陆域宽度为沿岸纵深范围不小于 2000 米 | | 1. 严格控制在保护区内建设垃圾中转站；<br>2. 拆除保护区内现有排污口；<br>3. 禁止河滩地农业种植；<br>4. 严格控制保护区内农业施肥强度和农药使用强度；<br>5. 退出规模化养殖，严格控制畜禽散养；<br>6. 建设生态护岸。 |
| 4 | 白鹭湖供水公司 | 一级饮用水水源保护区 | 桐仁桥水库正常蓄水位以下区域，正常蓄水位以上 200 米陆域 | 湖泊型 | 1. 水库周边植树林绿化；<br>2. 禁止从事网箱养殖、旅游、游泳、游船、垂钓等活动，禁止设立码头；<br>3. 现阶段生活污水引至保护区外处理排放，逐步迁出保护区内人口，条件成熟时拆除所有与饮用水源保护无关的构筑物。 |
| | | 二级饮用水水源保护区 | 桐仁桥水库集雨面积范围内区域 | | 1. 建立水源涵养林；<br>2. 严格控制保护区内农业施肥强度和农药使用强度；<br>3. 退出规模化养殖，严格控制畜禽散养；<br>4. 迁出保护区内工业企业，关闭所有排污口；<br>5. 散户建设无害化卫生厕所。 |

续表

| 序号 | 饮用水源保护区 | | 范围 | 类型 | 污染防治措施 |
|---|---|---|---|---|---|
| 5 | 长沙县乌川水厂 | 一级饮用水水源保护区 | 乌川水库正常蓄水位以下区域，正常蓄水位以上 200 米陆域 | | 1. 水库周边植林绿化；<br>2. 取缔投肥养鱼；<br>3. 逐步迁出保护区内人口，拆除所有与引用水源保护及取水无关的构筑物。 |
| | | 二级饮用水水源保护区 | 乌川水库集雨面积范围内区域 | 湖泊型 | 1. 建设水源涵养林；<br>2. 严格控制保护区内农业施肥强度和农药使用强度；<br>3. 退出规模化养殖，严格控制畜禽散养；<br>4. 迁出保护区内工业企业，关闭所有排污口；<br>5. 散户建设无害化卫生厕所；<br>6. 生物控藻、机械打捞。 |
| 6 | 长沙县红旗水库 | 一级饮用水水源保护区 | 红旗水库正常蓄水位以下区域，正常蓄水位以上 200 米陆域 | | 1. 水库周边植林绿化；<br>2. 禁止从事网箱养殖、旅游、游泳、游船、垂钓等活动；<br>3. 逐步迁出保护区内人口，拆除所有与引用水源保护及取水无关的构筑物。 |
| | | 二级饮用水水源保护区 | 红旗水库集雨面积范围内区域 | 湖泊型 | 1. 坡度 25 度以上的农田退田还林，建设水源涵养林；<br>2. 严格控制保护区内农业施肥强度和农药使用强度，发展有机农业；<br>3. 退出规模化养殖，严格控制畜禽散养；<br>4. 迁出保护区内工业企业，关闭、转运站，散户建设无害化卫生厕所，集中居民区生活污水引至保护区外处理排放。 |

续表

| 序号 | 饮用水水源保护区 | | 范围 | 类型 | 污染防治措施 |
|---|---|---|---|---|---|
| 7 | 长沙县金井水库 | 一级饮用水水源保护区 | 金井水库正常蓄水位以下区域，正常蓄水位以上200米陆域 | 湖泊型 | 1. 水库周边植林绿化；<br>2. 取缔投肥养鱼；<br>3. 逐步迁出保护区内人口，拆除所有与引用水源保护及取水无关的构筑物；<br>4. 禁止农业种植。 |
| | | 二级饮用水水源保护区 | 金井水库集雨面面积范围内区域 | | 1. 坡度25度以上的农田退田还林，建设水源涵养林；<br>2. 严格控制保护区内农业施肥强度和农药使用强度，发展有机农业；<br>3. 退出规模化养殖，严格控制畜禽散养；<br>4. 迁出保护区内工业企业，关闭所有排污口；<br>5. 建立垃圾集中收集、转运站，散户建设无害化卫生厕所，集中居民区生活污水引至保护区外处理排放；<br>6. 生物控藻、机械打捞。 |
| 8 | 长沙县团结水库 | 一级饮用水水源保护区 | 团结水库正常蓄水位以下区域，正常蓄水位以上200米陆域 | 湖泊型 | 1. 水库周边植林绿化；<br>2. 取缔投肥养鱼；<br>3. 逐步迁出保护区内人口，拆除所有与引用水源保护及取水无关的构筑物；<br>4. 禁止农业种植。 |
| | | 二级饮用水水源保护区 | 团结水库集雨面面积范围内区域 | | 1. 建设水源涵养林；<br>2. 严格控制保护区内农业施肥强度和农药使用强度；<br>3. 退出规模化养殖，严格控制畜禽散养；<br>4. 散户建设无害化卫生厕所。 |

续表

| 序号 | 饮用水源保护区 | | 范围 | 类型 | 污染防治措施 |
|---|---|---|---|---|---|
| 9 | 长沙双江自来水厂 | 一级饮用水水源保护区 | 螃蟹洞水库正常蓄水位以下区域，正常蓄水位以上200米陆域 | 湖泊型 | 1. 水库周边植植林绿化；<br>2. 取缔投肥养鱼；<br>3. 逐步迁出保护区内人口，拆除所有与引用水源保护及取水无关的构筑物；<br>4. 禁止农业种植。 |
| | | 二级饮用水水源保护区 | 螃蟹洞水库集雨面积范围内区域 | | 1. 建设水源涵养林；<br>2. 严格控制保护区内农业施肥强度和农药使用强度；<br>3. 退出规模化养殖，严格控制畜禽散养；<br>4. 散户建设无害化卫生厕所。 |

为最低下限，林分中的阔叶树为保留木，同时确保林下植被不受破坏；对公益林中除了Ⅰ级保护和Ⅱ级保护区域以外的人工林，按林分改造施策，将第一代林分按梯度经营模式进行采伐针叶林，更新阔叶林，逐步将林分改造成针阔混交的复层林，增加生态防护功能和生物多样性功能。

第五，严格实行年森林采伐限额制度。根据湖南省下达的年度采伐限额，严格控制年森林采伐限额总量不突破。积极转变林木采伐方式，对成过熟单层林、中幼龄树木少的异龄林等林分，鼓励采用择伐方式采伐，以培育大径材、复层林、异龄林、混交林，增强森林生态整体功能。

第六，坚持依法治林，保护森林资源。进一步加强和规范林业执法，持续开展专项行动，切实加大对乱征滥占林地、乱盗滥伐林木、非法收购和运输木材等各种破坏森林资源违法犯罪行为的打击力度，完善森林采伐管理和监督机制，切实保护森林资源。

第七，加强森林火灾、林业有害生物的防控防治。高度重视森林火灾防控工作，完善森林火险预警监测体系，提高生物防火林带密度，完成森林防火信息网络系统，提高森林消防专业队伍装备水平、快速反应与火灾扑救能力。切实做好林业有害生物防控，加强预警监测、检疫御灾、防治减灾、应急反应和防治公共服务体系建设，加大对外来有害生物的检疫防范和除治力度，最大限度地减少森林火灾、林业有害生物对森林造成的损失。

（三）土地资源保护

1. 严格保护耕地，特别是基本农田

始终坚持把增加有效耕地面积、稳定基本农田保护面积、提高粮食综合生产能力和改善生态环境作为首要任务；坚持数量保护与质量保护并重，确保建设占用耕地占补平衡，保障国家粮食安全和城镇"菜篮子"工程，稳步提高耕地生产效益。

2. 大力推进节约和集约用地，构建节约型社会

坚持内涵挖潜与开源节流并举，新增建设用地的供给必须以盘活闲置地、低效利用土地为前提；结合新农村建设，促进农村建设用地减少与城镇建设用地增加相挂钩，有效控制农村建设用地总量，

促进农村建设用地的集约节约利用。

3. 控制建设用地总量，保障重点建设项目用地

落实国家产业政策，保障城乡基础设施、国家和省重点建设项目、关系国计民生项目的用地需求；控制城镇用地总规模特别是新增规模，实行项目用地供给与项目用地效益挂钩制度；建设用地向重点区域、重点城镇、重点开发园区和重点建设项目倾斜。

4. 统筹城乡各业用地，促进全面和谐发展

按照保障重点、兼顾一般的原则，统筹城乡发展和各行各业发展的用地需求。根据城乡之间、经济区之间、土地利用区之间不同的发展功能与基础，资源禀赋条件，土地承载能力，环境容量，合理配置城乡用地结构、数量、布局，协调各行各业土地供需关系，促进城乡之间、各行各业之间的协调、健康、全面、和谐发展。

5. 可持续发展的土地利用战略

创建环境友好型土地利用模式，统筹经济发展、社会发展、生态发展，以保护耕地为核心，保护土地资源、生态环境，统筹各业用地，在保护中谋发展、发展中促保护，充分发挥土地资源的整体功能和整体效益，保持和提高可持续发展能力。重点是建设国家级生态示范县和省级基本农田建设示范县，强化江河流域综合整治，加强地质灾害防治和水土保持工作，发展生态农业、严格控制工业污染、积极发展中心城区。

6. 保障重点区域、重点行业、重点产业用地战略

建设用地供应始终实行有保有压，保障重点原则。建设用地配置向"半小时经济圈"、中心城市、重点城镇倾斜；工业用地向电子信息、机械制造、矿产品精深加工业、循环经济、农产品加工业等新型工业倾斜，向重点开发园区和重点城镇工业小区倾斜；保障交通、水利、能源电力产业用地及城乡基础设施用地，保障医疗、教育、卫生、社会保障、经济适用房、廉租房等民生事业用地；保障城乡救灾、防洪、抢险用地。

### 三　城镇绿地保护与建设

#### （一）加强公共绿地系统建设

增加城区绿地面积和绿地结构占总面积（含水景）的份额、人均公共绿地面积。完成居住区 500 米以内有可到达的公共空间、在 3000 米以内有可到达噪声水平低于 45dB 的公园和公共空间的基础要求。同时力求实现居住区 50 米以内有可到达小绿地、200 米内可到达邻里绿地（1—5 公顷）、500 米以内可到达城区绿地（1—5 公顷）和 1000 米以内可到达城市绿地（>10 公顷）的目标。

#### （二）加强防护绿地、道路、居住区及单位附属绿地建设

在浏阳河、捞刀河、金井河、白沙河、梨江港、榨山港、三叉河、双溪港等县域内主要河流两侧建设沿河绿化带；工厂企业应在单位四周设置适宜宽度的防护隔离带，产生污染的工厂与居住区间设置不小于 50 米宽的绿化隔离带；全面开展城市道路两侧绿地建设，重点推进林荫道路建设，建成城市道路绿荫网络；积极开展园林式单位和园林式小区创建，提高庭院小区的绿化覆盖率和绿化景观效果；大力推广立体绿化，丰富城镇景观空间。

### 四　农村生态环境保护与建设

#### （一）改善农村人居环境

以治理农村"脏、乱、差"为重点，大力推进农村环境综合整治，逐步解决乡镇环保基础设施建设滞后的问题，建设一批适合当地实际情况的乡镇和村庄的生活垃圾收运、处理系统，生活污水处理设施。加快捞刀河及其周边、浏阳河及周边、金井河、白沙河等重点流域污染综合整治步伐。安排专项资金投入流域污染治理。

#### （二）全面整治畜禽养殖污染

继续按照禁养区、限养区要求，倡导科学养殖、生态养殖，全县生猪养殖 50 头以上的猪舍均采用"室外零排放、沼气池加四池净化、种养平衡"方法实现达标排放，消除养殖污染直排现象。同时，对规模养殖场实行排放监测，促进已建设施有效运转，进一步减轻养殖面源污染。加强规模化养殖场污染治理，实现人畜粪便和农作

物秸秆资源化。畜禽养殖实行总量控制、科学布局、达标排放，推动传统养殖向健康生态养殖发展。

畜禽养殖场必须符合城镇总体规划和环境功能区要求，合理布局。严格执行新建、扩建、改建项目的环境影响评价和"三同时"制度。对畜禽养殖场污染物排放应严格实行排污许可证制度，按规定取得排污许可证，同时根据核定的排污量排放污染物，并按排污费征收相关规定做好相应的排污费征收工作。

按照资源化、无害化和减量化的原则，采取将畜禽废渣还田、生产沼气、制造有机肥料、制造再生饲料等方法开展畜禽养殖污染物综合利用。在畜禽养殖、蔬菜种植、农产品加工生产系统中建立畜—沼—肥—菜"四位一体"的循环经济模式，打造经济高效、污染物循环利用的绿色养殖基地。畜禽养殖场通过设置沉淀池等方法防止畜禽粪便污水对周围环境造成污染，对运输畜禽废渣，必须采取防渗漏、防流失、防遗撒等防止污染环境的措施妥善处置。以安沙镇新华村为例，由政府引导，修建污水处理系统，采取"格栅池+厌氧池+接触氧化池+沉淀池+人工湿地"技术，使养殖场畜禽粪便资源化利用，废水达标排放。采用生物发酵技术和浓缩技术，建立以畜禽养殖业污水为原料的商品液体有机肥料生产企业，也可将污水进行无害化处理后回灌农田。

（三）大力推进农村新能源的使用

以沼气建设为重点，实施沼气生态工程。近期规划：到2020年，将全县农村沼气池发展到50万户，建两省灶40万个，沼气池、两省灶的入户率达到90%以上，使沼气成为农村的主要能源。同时将农村能源建设同改厨、改厕、改栏、改水和改浴结合起来，积极推广"猪—沼—果"、"猪—沼—菜"等农业生态模式。中远期规划：沼气池、两省灶的入户率达到100%。实施小水电代燃料生态工程，减缓因燃料不足而引发的乱砍滥伐问题，据估计每年可减少砍伐薪柴0.42亿立方米，有效保护森林27.6万亩，减少水土流失面积14.8万亩；还可以加快治理日趋恶化的生态环境，加强生态保护和保障退耕还林还草工作的顺利实施。鼓励利用太阳能。在太阳能资源相对丰富的地区，推广太阳能热水、采暖、干燥、种植、杀虫等技术。利用国内外的农村新能源技术研究成果，选择条件适宜的农村，因地制宜，精心规划，建成新能源利用示范点，以此带动周边村庄新能源项目的发展，利用以点带片、以片带乡的方式来推进农村新能源建设。

（四）大力推进生态示范创建活动

生态示范县（镇、乡）、环境优美乡镇和生态文明村创建是一个地方或一个区域实现环境、社会、经济协调可持续发展的重要抓手，对推进农村环境综合整治，改善农村生态环境质量，构建和谐社会，实现生态文明具有重要意义。在开展生态文明示范试点县创建的同时，要注重抓好环境优美城镇和生态文明村的创建，力争创建5个国家级优美乡镇、10个国家级生态村，每年创建1—2个省级生态文明村、农村清洁工程示范村和优美乡镇。人均收入超过5000元的村，乡、镇政府所在地的村应强化创建工作，必须创建国家、省级生态文明村，以带动全县的生态创建活动蓬勃开展起来。生态文明村的创建要与社会主义新农村建设有机结合，突出重点，发挥农村环境综合整治的作用。要与农村"一池三改"沼气工程建设结合起来，解决农村人畜分离、改善庭院环境，有效推动农村能源建设；要与垃圾清运、处理结合起来，尽快改变垃圾围镇、垃圾围村的状况，加快建立"村收集、乡运输、县处理"的垃圾处理体系。各县市区要高度重视，加强协调和督导，认真组织，明确责任，确保完成任务，顺利通过省环保局组织的验收。

# 第六节　污染防控体系建设

## 一　水污染防控

（一）全面开展饮用水资源保护

1. 加强集中饮用水水源保护

长沙县资源性缺水和水质性缺水形势依然严峻，突出表现在水资源可利用量不足、时空分布不均、利用率不高、污染严重等四个方面。在干旱期间，水库枯竭，导致全县大面积受灾，部分地方出现人畜饮水困难。确保饮用水安全，让人民群众喝上干净的水，是环境保护工作的重中之重。重点抓好浏阳河和捞刀河周边区域水土流失综合治理，落实长沙县饮用水水源取水区、乡镇集中式饮用水水源地挂牌保护工作，确保集中饮用水安全。到2020年，全县要实现所有集中式饮用水水源水质100%达到国家标准。

对已划定的集中式饮用水水源一级、二级保护区内的排污口、码头、游泳场及与水源保护无关的建筑物，进行彻底的清理整顿，关闭排污口、游泳场，拆除一切违章建筑物。同时，加强水源地汇水区工业污染源有毒有害物质的控管，严格控制一类污染物的产生和排放；推进水源地水质全指标监测；完善饮用水水源环境信息公开制度。重点解决长沙县部分集镇水源地受粪大肠菌群、氨氮和石油类等特征污染物威胁问题。

目前，长沙县部分水源地取水口实施了12次/年的监测制度，包括浏阳河榔梨水厂、捞刀河黄花水厂、松雅河星沙水厂等。需要完善的是将其他水源地都纳入监测体系，建立和完善水源地纵横监测网络，形成科学的网络运行机制。长沙县人民政府应当在饮用水水源一级保护区内设置水质、水量自动监测设施，对饮用水水源、供水设施进行实时监测；在枯水期或者发生重大水污染事故等特殊时期，应当增加监测次数和监测点，及时掌握水质状况。

重点加强汨罗江与洪河源头区、白沙河源头区，桐仁桥水库、金井水库、红旗水库、龙华水库、乌川水库，以及浏阳河和捞刀河等饮用水源工程保护建设，在划定河流源头水域及水库水源保护区周边200米范围内严禁各类建设项目的审批和建设。通过"生态补偿""以奖促治"等生态保护与环境治理政策，对长沙县饮用水源和应急水源进行重点建设和保护。实施饮用水水源保护区隔离保护措施，选择适宜树木种类建设防护林生物隔离。在河堤两岸设置30米宽的绿化隔离带，防止水源受到污染。在平地区域，加强水体周围植被建设，进而控制种植业面源污染。按照《饮用水水源保护区标志技术要求》（HJ/T 433—2008）和《长沙县重要饮用水源地确界立碑实施方案》要求，完成饮用水水源保护区标志工作，包括界标、交通警示牌、宣传牌。

## 2. 加强农村分散饮用水水源保护

分散居民饮用水水源主要是各家各户的水井、集中使用水井以及山上山泉取水点。根据分散饮用水水源地保护的相关要求，户用水井应有井台、井栏和井盖，宜采用相对封闭的水井；井底与井壁要确保水井的卫生防护；大口井井口应高出地面40厘米，并保证地面排水畅通。室外管井井口应高出地面20厘米，周围应设半径不小于1.5米的不透水散水坡。在泉水水源附近建设引泉池，泉水周围100米及上游500米处应修建栅栏等隔离防护设施，在泉水旁设简易导流沟，避免雨水或污水携带大量污染物直接进入泉水。引泉池应设顶盖封闭，并设通风管。引泉池进口、检修孔孔盖应高出周边地面一定距离。池壁应密封不透水，壁外用黏土夯实封固。引泉池周围应作不透水层，地面应建设一定坡度坡向的排水沟。引泉池池壁上部应设置溢流管，池底应设置排空管。

靠近重点控制河道且经济条件较好的小城镇或中心村（如榔梨、黄花、金井、江背等镇），结合社会主义新农村建设规划建设简易的、低成本的污水处理设施。如利用当地的小型湖泊与坑塘、沟渠及沼泽湿地等，因地制宜地改建成多级稳定塘生态净化系统。在有坡度的地方，可利用地形建成无动力、阶梯式多级水生态净化系统。

### （二）加快集镇生活污水集中处理设施建设

#### 1. 加强集镇生活污水收集系统和管网的建设

遵循提高效率、城乡并重的原则，继续推进污水处理厂及配套管网建设。县城污水收集系统要与污水处理及排放系统同步规划、同步建设。按照雨污分流和分片集中处理的要求，加快对现有排水系统的分片截流改造。继续完善已建成污水处理厂的扩容、扩改、接转工程及其配套管网工程建设。继续完善双江、江背、青山铺等镇管网的修复、更换工作，做到与主次管网的对接，保证所有污水进管道。

#### 2. 提高集镇生活污水处理水平

长沙县现有18座集镇污水处理厂，建设总规模8.66万吨/日，已建管网总长度93741米，均已正式投运。加快长沙县污水处理厂及配套管网建设，全面提升集镇污水处理水平。到2020年，长沙县城镇污水处理率提高至95%以上。

3. 加快镇区生活污水再生利用设施建设

大力提倡和鼓励中水回用，加快建设中水回用系统，集镇景观湖库、园林绿化、道路冲洒等优先利用中水。积极开展污水回用和中水利用工程试点，创建节水型企业、节水型工业园区等。重视生活污水处理后的再利用，处理达标后可作为农业灌溉用水、市政及生活杂用水及环境用水等。

（三）加强工业污水治理

根据2013年长沙县国民经济和社会发展统计资料，长沙县规模以上工业企业326个，目前全县工业总量约占长沙市的1/3，形成了"一区八园"产业布局（"一区"指国家级长沙经开区，"八园"指暮云、江背、榔梨、黄花、金井、安沙、干杉、星沙配套产业园等八个乡镇配套产业园区）。工程机械、汽车及零件、电子信息是长沙县三大支柱产业。2013年，长沙县工业废水排放量为712.87万吨，排放达标量为688.63万吨，排放达标率96.6%，工业废水治理设施合计有187套。

1. 实施工业废水总量控制

积极推动重点污染行业工业废水的分质处理，确保污染治理设施稳定运行。集中处理工业废水，达到工业废水的循环使用和污染物零排放，把废水和污染物作为有用资源回收利用或实行闭路循环，以达到县城污水的排放总量控制。产业特色明显的工业园区要积极尝试工业废水集中治理，鼓励从城市水污染防治的总体效益出发，根据污染源的分布、污染物的种类，以及区域水环境的特点进行集中治理控制。核查辖区内排水企业，实施总量控制和稳定达标管理，逐步淘汰工艺落后、污染严重的企业。

2. 推进工业清洁生产

把削减工业污染物排放总量作为主线，积极推行清洁生产和技术进步，建立清洁生产试点企业，实现节水减污，从源头减少水污染物的产生和排放。积极引导工业企业发展循环经济，开展清洁生产审核，切实提高企业的节约用水管理水平，将节水理念渗透到企业管理的各个环节，促进企业向节能环保型转变，水污染防治由末端治理变为过程控制，提高水资源利用效率。加大投入，大力推广节水应用先进技术，节水技改工程不断深入推进。积极引导城市绿化、环卫和洗车等行业逐步使用再生水，提高水资源的循环利用水平。积极开展清洁生产，鼓励企业开展 ISO 14000 环境管理体系认证工作。对所有重点污染源安装在线监控装置，使园区污水处理率达到 100%。

3. 加强重污染企业进行污染整治力度

加强对水泥、矿产等行业涉水重污染企业进行污染整治力度，实现工业污水达标排放制度与总量控制制度有机结合。所有未全面达标的工业企业均限期治理，对停产整顿仍未达标和治理无望的工业企业，实施关、停、转、迁。支持企业开展中水回用，降低单位工业增加值用水量。对不符合长沙县总体规划和经济发展的，不符合国家产业政策的，能耗高、水耗大、污染严重的项目，严格执行环评制度、排污许可证制度。加大长沙县高能耗、高污染和资源型项目的排查力度，对涉水的污染企业进行执法后督察。对不符合产业政策要求、消耗能源资源大、严重破坏环境的"五小企业"必须坚决依法关闭。大力推进结构减排，降低污染物排放强度，通过促成高水耗能耗、高污染企业退出，减排污染物，促进经济发展方式的转变。到 2020 年，所有工业园区污水治理稳定达标，工业用水重复利用率达到 90% 以上，工业废水排放达标率达到 100%。

4. 强化农村地区工业污染防治

农村地区涉水污染项目一律引导进园区集中。对环境基础设施不完善的工业园区，一律不再审批新建项目。开展乡镇工业企业污染整治。浏阳河、捞刀河流域所有乡镇工业企业污染治理全面达标排放，对不能达标排放的企业通过关停并转、技术改造等措施实现产业升级，减少环境污染。在重点流域沿岸设立环境隔离区，流域周边污染较重的工业企业应逐步搬迁至工业园区。

（四）加强农业面源污染控制

1. 提高化肥农药利用率

第一，减少化肥农药施用量。在发展长沙县农村生态经济中，促使稻田—果园—猪（畜、禽）场等生态食物链建设，进一步提高绿色农作物生产水平，减少化肥农药施用量。全面禁止使用剧毒、高残留性农药，大力提倡使用高效、低毒、低残留农药，提倡科学施肥、科学用药。积极改善用肥结构，坚持有机肥和无机肥配合施用，大力推广测土配方施肥及秸秆综合利用技术，提高化肥利用率。

第二，推广生物农药和生物防治技术。结合农业和农村经济结构调整，积极发展生态农业和有机农业，大力建设无公害农产品、绿色食品、有机食品生产基地，加强管理，减轻农业面源污染。推广农业废物综合利用的新技术，重点推广秸秆养畜，畜粪尿还田。大力推广农作物病虫综合防治技术，建立安全用药制度，推广高效低毒低残留农药，开展以虫治虫、以菌治菌等生物防治示范，采取诱杀等农业防治措施。

2. 加强养殖污染整治

第一，深入推进养殖污染整治。长沙县乡镇中心集镇建成区、捞刀河和浏阳河县城内干流及主要支流河岸线两侧50米范围内区域、县城中型水库及周边陆域200米范围内为禁止养殖区；县城范围内除禁止养殖区外，捞刀河和浏阳河河岸线两侧500米范围内区域均为限制养殖区。继续按照禁养区、限养区要求，倡导科学养殖、生态养殖，全县生猪养殖50头以上的猪舍均采用"室外零排放、沼气池加四池净化、种养平衡"方法实现达标排放，消除养殖污染直排现象。将以规模化畜禽养殖场和养殖小区为主要切入点，将农业污染源纳入污染物总量减排体系。禁养区内畜禽养殖业全面退出；限养、适养区采取措施全面治理畜禽污染，新建、改建、扩建畜禽养殖业项目严格执行环保"三同时"制度。对畜禽养殖场污染物排放应严格实行排污许可证制度，按规定取得排污许可证。

第二，加强畜禽养殖场污水的资源化利用。按照资源化、无害化和减量化的原则，采取将畜禽废渣还田、生产沼气、制造有机肥料、制造再生饲料等方法开展畜禽养殖污染物综合利用。在畜禽养殖、蔬菜种植、农产品加工生产系统中建立畜—沼—肥—菜"四位一体"的循环经济模式，打造经济高效、污染物循环利用的绿色养殖基地。对新建畜禽养殖场和旧栏舍进行改造或扩建，积极采用种养平衡、工业化生态湿地和生物垫料等治理模式，使畜禽养殖污水稳定达标排放。在农村地区建设一批规模化畜禽养殖场粪污治理示范工程和以畜禽粪便为原料的商品肥料生产企业。深入开展水产养殖污染防治，减少围网养殖面积，推进特种水产养殖尾水的处理。可采用生物发酵技术和浓缩技术，建立以畜禽养殖业污水为原料的商品液体有机肥料生产企业，也可将污水进行无害化处理后回灌农田。

第三，加强畜禽养殖场的环保日常监督管理和项目审批。畜禽养殖场每年应至少两次定期向当地环境保护行政主管部门报告污水处理设施和粪便处理设施的运行情况，提交排放污水、废气、恶臭以及粪肥的无害化指标的监测报告。环保部门对粪便污水处理设施的水质应定期进行监测，确保达标排放。对规模养殖场实行排放监测，促进已建设施有效运转，进一步减轻养殖面源污染。加强规模化养殖场污染治理，实现人畜粪便和农作物秸秆资源化。畜禽养殖实行总量控制、科学布局、达标排放，推动传统养殖向健康生态养殖发展。

## 二 大气污染防控

### （一）工业大气污染防治

#### 1. 加强二氧化硫的全面减排

酸雨问题是长沙县主要环境问题之一，近年来降水酸度居高不下，酸雨频率均在91%以上。长沙县酸雨的来源与工业区各种燃料燃烧有关。另外，酸雨问题不只是该地区环境污染引起，周边地区也有相当大的贡献率。长沙县大气污染控制应以酸雨控制区二氧化硫污染综合防治为重点，降低二氧化硫排放。至2020年二氧化硫排放强度低于0.65千克/万元国内生产总值，年均二氧化硫排放量低于9吨/人。实施二氧化硫排污许可证制度，强化管理，控制二氧化硫排污总量；逐步提高二氧化硫排污收费标准，促进排污单位治理污染。

严控大气污染源头，严格建设项目的环境准入，加强水泥等重点行业项目的审批管理。强化新型干化水泥脱硝除尘设施监管，加速推进立窑水泥生产线的淘汰退出。现有工业燃煤设施安装高效脱硫，大力开展水泥行业新型干法窑低氮燃烧技术和烟气脱硝示范工程。对于污染较为严重企业，责令技术改造，并结合实际情况，对部分污染严重的企业计划逐步外迁或关、停、并、转。对于现有企业的改、扩建项目，在审批过程中一定要坚持总量控制、"增产不增污"的原则，严格执行国家清洁生产和能源政策。星沙新城300平方公里范围内的所有水泥、砖厂生产行业全线退出；不再扩建或新建工艺落后、粉尘严重的水泥企业。淘汰年产1000万块以下的砖瓦生产企业；降尘产生量每年削减3%。严格企业准入标准，严格执行环境影响评价制度、"三同时"制度和大气污染物排放许可证制度。长沙县北部整体定位为生态保护区，此地的重污染单位建议直接关闭或退出北部乡镇。

2. 加强工业锅炉污染治理

加强工业锅炉烟尘污染的防治，全面提高工业锅炉准入标准，禁止新建、扩建和改建燃煤锅炉，凡申请新建、扩建、改建锅炉的，一律要求使用电、天然气、液化石油气、轻质燃油、水煤浆、生物质成型燃料等低污染燃料。实行低硫煤政策，禁止使用含硫量大于1%，含灰量大于20%的燃煤；全县已建1吨/小时以上燃煤锅炉必须全面实施脱硫除尘；1蒸吨/小时以下的锅炉必须全部使用清洁燃料，加强集中供热工程建设。1蒸吨/小时以下锅炉鼓励采用电锅炉。全面淘汰燃煤手烧锅炉，非法燃煤手烧锅炉坚决予以查处。同时，巩固以主要交通主干两旁可视范围及镇中心为重点的冒黑烟企业整治。

要控制工业窑炉、锅炉二氧化硫排放，分批淘汰高能耗、重污染的各类窑炉、锅炉，工业窑炉、锅炉优先考虑使用电、气体燃料。积极鼓励采用洁净煤、优质生物型煤替代原煤，提高锅炉燃煤质量。对于使用燃煤作为燃料的中小型企业，首先要加强煤来源的控制，严格禁止高硫煤的使用，同时上脱硫除尘设备，否则责令技改使用清洁能源。特别是要加强对小作坊使用燃煤的监察力度，因为小作坊大气污染物主要是无组织排放，对区域环境影响最大。燃料消耗量较大的项目应集中规划于工业园，便于集中供气或供热，便于环保监督管理。

（二）加强以雾霾治理为重点的大气污染防治

长沙县累计空气优良率有下降趋势。加强雾霾天气的治理工作刻不容缓。现在提出的 PM 2.5 主要污染源有：汽车及建筑施工扬尘、非清洁能源的使用、汽车尾气、农村秸秆垃圾焚烧和户外露天烧烤、餐饮油烟污染、工业粉尘和 VOC、外来漂浮物等。

加大环保科研攻关力度，设立重大科技专项，依托湖南大学、省环境保护科学研究院等重点科研院所，开展细颗粒物（PM 2.5）源解析工作，识别其主要来源和贡献率，提出有针对性的细颗粒物（PM 2.5）排放削减方案，为长沙县 PM 2.5 污染控制提供科学依据和技术支撑。开展 PM 2.5 空气自动监测仪器与手工采样分析的比对工作，适时启动研究大气环境监测超级站建设工作。积极参与 PM 2.5 成因分析课题研究，进一步开展新标准预报和污染预警课题研究，完善空气污染时段应急预案。积极推进重点企业在线监控，力争 2020 年大气环境重点监管企业在线监控率达到 100%。

（三）严格控制交通污染排放

1. 加强报废黄标车的管理制度

严格执行黄标车淘汰制度。联合相关职能部门，制订切实可行的黄标车淘汰计划，并认真严格实施；应市政府要求，为加快推进长沙县黄标车淘汰，进一步减少机动车排气污染，应积极推进长沙县黄标车提前淘汰奖励补贴制度；对按规定报废的黄标车应严格执行回收拆解，并建立报废黄标车回收拆解档案和数据库，联合商务主管部门和公安机关，定期对汽车拆解企业进行抽查，严防报废黄标车再次上路。实行机动车排气定期检测制度。

2. 实行机动车限行

黄标车限行：在长沙县重点空气环境保护区域内实行黄色环保标志的机动车限制通行措施。

区域限行：当机动车数量超过县城道路负荷或县城区域大气污染严重超标时，可实行单双号限行等方法，减少路面行驶机动车的总量，缓解机动车尾气污染。适时扩大城区禁止货车白天通行的道路范围，适时实行机动车限行措施。

3. 提高公共交通运载效率

合理规划各种交通运营系统，大幅度提高公共交通覆盖面积和运行效率，提高城市交通通行能力，减少机动车尾气污染。采取财政补贴等综合措施鼓励使用新能源汽车，其中政府机关、公交、出租、环卫等行业用车要率先推广新能源汽车。积极推荐绿色出行交通方式。提倡乘坐公共交通、混合动力汽车、电动车等低碳交通出行。在成熟的大型社区建立完善的公共自行车服务点，鼓励环保出行。

4. 加强机动车排气污染控制

第一，提升燃油品质。全面实施环保部 2013 年 9 月 17 日发布的《轻型汽车污染物排放限值及测量方法（中国第五阶段）》（简称国 V 标准）。相对于国 IV 标准，国 V 标准进一步提高了排放量控制要求，其中氮氧化物排放限值严格控制在 25%—28%、颗粒物排放限值严格控制在 82%，并增加了污染控制新指标颗粒物粒子数量。国 V 标准适用最大总质量小于 3.5 吨的汽车，包括汽油车、柴油车、气体燃料车、两用燃料车及混合动力车等，适用于新车定型、生产和销售环节，不涉及已经使用的在用车辆。配合质监部门启动长沙县国 V 车用燃油标准的制定工作，提前或同步强制使用适合于同期新车排放标准的车用燃油。国 V 标准进一步突出了"车油适配"，全面采用国 V 标准的车用燃油，以减少城市化过程中机动车带来的大气污染问题。石油炼化企业要合理安排生产和改造计划，燃油监管部门要制定合格油品监测管理方案，严厉打击非法生产、销售不合格燃油的行为。

第二，使用机前燃油净化技术。除了通过提高汽、柴油的品质外，还可以在燃油中添加适当的添加剂，使燃油充分燃烧，以此种方法减少尾气中有害物质的排放；提倡替代燃料的使用，如液化石油气、天然气、醇类、生物柴油等燃料。

（四）扬尘污染防治

随着城市建设、房地产业的蓬勃发展，扬尘污染很大部分来自建筑工地、露天堆放场以及道路二次扬尘。当空气质量为重度污染和气象预报风速达 5 级以上时，停止爆破、土方和拆迁施工，并做好覆盖工作。长沙县内建筑垃圾（含渣土、砂卵石等）运输车辆全部采取密闭措施。

1. 加强建筑工地的管理

第一，深入推进创建"绿色建筑工地"活动，严格落实《城区建设项目环境影响评价扬尘污染控制若干规定》。加强建筑工地和露天堆放场的管理，制定建筑施工扬尘管理规定，实行施工场地全围闭作业，严禁泥头车开敞式运输。道路施工实行交通高峰错时分段推进；对现有工地裸露地面强制性落实绿网覆盖、喷洒水或抑尘剂等措施，控制扬尘污染。重点施工工地（建设用地面积≥20万平方米的建设工程工地及建设用地面积≥5万平方米的房屋拆除改造工地）和采石取土场采用视频监控管理。

第二，控制堆放场地扬尘。堆放和装卸煤炭、煤矸石、矿石、建筑材料等易产生扬尘污染物料的堆场，需采取严格的扬尘污染防治措施，堆场的地面应当进行硬化处理；采用混凝土围墙或者天棚的储库，库内应配备喷淋或者其他抑尘设施；采用密闭输送设备作业的，应当在装料、卸料处配备吸尘、喷淋等防尘设施，并保持防尘设施的正常使用；露天装卸作业时，应当采取洒水等抑尘措施；对堆场内易产生扬尘的物料堆，应采用防尘网和防尘布覆盖，必要时进行喷淋、固化处理；堆场内要划分料区和道路界线，及时清除散落的物料，保持道路整洁，并及时清洗。

第三，积极发挥部门联动作用，严格落实施工工地围蔽和清运余泥渣土、喷水降尘等措施，努力做到"六个100%"（即施工现场100%围挡，工地砂土100%覆盖，工地路面100%硬化，拆除工程100%洒水，出工地运输车辆100%冲净车轮车身、密闭无撒漏，暂不开发的场地100%绿化）。

2. 加强道路扬尘控制

第一，加强城市扬尘全过程控制。开展扬尘污染控制区创建工作，扬尘污染控制区达到建成区面积的80%以上。采用先进科学的扬尘控制措施，控制范围包括经开区、榔梨镇和长沙县县城等，由施工工地扩展至渣土运输线路及弃渣场地，实现"全覆盖冲洗汽车、全封闭运输渣土、全围挡施工建设、全过程控制扬尘"。

第二，完善市政道路建设，建设龟背形路面，避免道路出现坑坑洼洼的现象，对可能产生扬尘的地方进行修补。加强城市主次干线道路两侧隔离带建设；加强路面保洁和洒水消尘，减少扬尘污染；加强机动车辆的保洁和清洗，严禁带泥汽车进入中心城区。控制交通扬尘，对规划区内的等级外道路和未铺筑道路进行铺筑路面。定时清扫街道，包括冲刷路面、机扫路面等。逐步发展使用真空吸尘式道路清洁器械对路面进行日常清扫。装载车辆尽量密闭，不得超载，并加上苫盖，避免遗撒。加强市区内裸露土地的绿化或铺装，落实路面保洁、洒水防尘制度，减少道路扬尘污染。加快基础设施、市政道路、园林绿化、环境景观整治等施工工地收尾完工，并完成环境复绿。加强道路两侧绿化，减少路边土地裸露，及时进行道路冲刷和清扫，确保裸露地面机器清扫率不低于50%。

（五）油烟污染控制

对涉及饮食单位进行重点监管，将学校、繁华街道、居民住宅集中区和旅游风景点等环境敏感区作为重点保护区域，在宾馆酒店、餐饮企业、单位职工食堂等餐饮单位安装油烟净化装置，解决油烟污染扰民问题。加强餐饮油烟治理，城区内排放油烟的所有餐饮企业和单位食堂必须安装油烟净化装置，县城区范围内的纯居民住宅楼，不得设置产生油烟污染的饮食服务经营场所。规划作为商住楼，需要从事餐饮服务的场所，需要解决油烟噪声扰民问题。任何单位和个人不得在政府划定的禁止范围内露天烧烤食品或者为露天烧烤食品提供场地。

（六）优化能源结构，提高能源利用效率

1. 调整能源消费结构

第一，鼓励使用清洁能源。严格控制煤炭消耗总量，通过清洁能源替代，加快燃煤锅炉整治。鼓励和支持使用天然气、太阳能、液化气、电等清洁能源，建立清洁能源长效机制。建设天然气管网配套设施，改造城市电网，增大容量；提高天然气、电和其他清洁能源所占比重，20蒸吨/小时以下中小型燃煤工业锅炉鼓励使用低灰优质煤或清洁能源。对燃煤电厂实行限煤量、限煤质和限排放措施。推广经济、适用、高效的脱硫技术和设施。

第二，推进农村生物质能技术。以新农村建设为契机，进一步在农村地区普及和推广先进的沼气技术，以及其他生物质能技术。调整广大农村、场镇的能源结构，开发、推广新能源，如沼气、植物秸秆的煤气化等，削减薪柴、原煤的用量。优先发展可再生能源，形成与常规能源相互衔接、相互补充的能源利用模式。鼓励发展农村清洁能源，加大农村地区秸秆禁烧力度，严格控制城乡接合部地区的垃圾焚烧。围绕高速公路、铁路和旅游景区等划分秸秆综合利用和禁烧重点区域。大力发展农村沼气，推广生物质成型燃料技术，鼓励使用秸秆收贮和还田以及农作物秸秆综合利用。

2. 推进"禁燃区"建设

禁止使用高污染燃料（煤、重油等）的区域简称为"禁燃区"。"禁燃区"建设是落实国家大气污染防治法的要求，是污染物总量削减的主要措施，有助于改善空气质量、改善生态环境，是一项惠民利民的民生实事工程。

长沙县"禁燃区"是由长沙市人民政府在《关于实施第二阶段控制大气污染措施的通告》（长政发〔2004〕28号）中划定，包括星沙街道、湘龙街道、泉塘街道、榔梨街道、暮云街道、南托街道、长龙街道。禁止在"禁燃区"燃烧原煤、洗选煤、蜂窝煤、焦煤、木炭、煤矿石、煤泥、重油、渣油等燃料；禁止燃烧各种可燃废物和直接燃用生物质燃料，以及污染物含量超过国家规定限值的柴油、煤油、人工煤气等高污染燃料；已建成的使用高污染燃料的各类设施限期拆除或改造成使用管道天然气、液化石油气、管道煤气、电或其他清洁能源。"禁燃区"内禁止新建使用燃煤设施的建设项目，违者由环保部门责令拆除并依法处罚。"禁燃区"现有燃煤设施单位在进行新建、改建、扩建项目时，须同时对原有燃煤设施进行清洁能源改烧。"禁燃区"内原有燃煤设施未改烧前，禁止使用含硫量大于1%、含灰量大于20%的燃煤，违者由环保部门责令拆除或没收燃料设施。在推进"禁燃区"建设过程中，要把淘汰燃煤、燃油锅炉与淘汰落后产能以及企业搬迁集聚相结合，借势推进产业优化升级，不断提高经济发展质量和效益。重点区域内，地方政府和施工单位要相互协调、加强配合，前者要及时做好前期政策处理工作，后者要加快管网铺设进度，提高供热、供气能力。相关部门要提高办事效率，缩短管线施工审批时间。针对部分区域无供热、供气管网覆盖情况，则要积极寻找其他清洁能源替代。

3. 提高能源使用效率

面对环境污染严重、生态系统退化的严峻形势，以化石资源为代价的传统发展模式已难以为继，亟须由"高碳"经济向"低碳"经济转型。而避免燃煤污染的治本之策，就是要使用清洁能源，从源头上减少污染排放。

第一，提高能源使用效率。大力研发新的应用技术或者是改进能源消耗设备来提高能源的使用效率。对禁燃区外的工业园及产业聚集地区，鼓励采用建设热点联产机组等方式集中供热。控制高耗能项目的建设，新建高耗能项目必须达到国内外先进水平。加强天然气、煤气建设，2020 年气化率达到 95% 以上，减少燃煤使用量；实行低硫煤政策，禁止使用含硫量大于 1%、含灰量大于 20% 的燃煤；长沙县已建 1 蒸吨/小时以上的燃煤锅炉必须全面实施脱硫除尘；1 蒸吨/小时以下的锅炉必须全部使用清洁燃料，加强集中供热工程建设。

第二，严格落实节能评估审查制度。对能源消耗超过国家和省级规定的单位产品能耗限额标准的企业和单位，严格执行惩罚性电价。积极发展绿色建筑，新建建筑要严格执行强制性节能标准，推广使用太阳能热水系统、光伏建筑一体化等技术和设备。政府投资的公共建筑、保障性住房等要率先执行绿色建筑标准。到 2020 年基本形成以清洁能源为主的能源结构，力争单位 GDP 能源消耗降低到 0.7 吨标煤/万元的水平。

（七）全面规划，合理布局

1. 控制产业环境的准入

严格控制产业环境的准入，加快淘汰落后产能。将二氧化硫、氮氧化物、烟粉尘和颗粒物等排放量作为环评审核的前提条件。严格控制新建石化、有色、化工、焦化等行业以及燃煤锅炉项目，对新建的上述项目执行大气污染物特别排放限值；不得新增钢铁、水泥、电解铝、平板玻璃等产能严重过剩项目，逐步淘汰落后产能项目。在机关、学校、医院、居民住宅区等地方，禁止从事石油化工、油漆涂料、塑料橡胶、造纸印刷、饲料加工、养殖屠宰、餐厨垃圾处置等产生有毒有害或者恶臭气体的生产活动。

在加快发展、引进项目的同时，坚持"四个决不"，即决不把降低环保和安全门槛作为招商引资的优惠条件，决不在产业转移过程中接受污染转移，决不让传统工业集中区成为新的污染源，决不以牺牲环境为代价换取一时的发展。通过严格的项目环评、环境准入和有效的奖惩激励，倒逼和引导企业不断加快科技创新与升级，推动长沙县园区产业升级改造和生态化改造。鼓励和加快发展节能环保低碳产业，减少大气污染排放。

2. 合理规划工业布局

合理的工业布局既可以充分利用大气的自净能力，也可以减轻对大气的污染，因此，合理规划工业布局是解决大气污染问题的重要途径。合理规划工业布局既包括对新建工业进行合理布置，也包括调整现有的不合理的工业布局，有计划地迁移严重污染大气的工业企业。

第一，严控"两高"行业新增产能。结合长沙县的实际情况，严格执行国家产业政策和《产业结构调整指导目录（2011 年本）（修正）》（国家发改委令第 21 号），严格控制"两高"和产能过剩行业新增产能，新建、改建、扩建项目实行产能等量或减量置换。有条件的地区要制定符合当地功能定位、严于国家要求的产业准入目录。严格执行贸易禁止类和限制类目录，禁止高耗能、高污染和资源性产品在长沙县开展加工贸易业务。

第二，加大落后产能淘汰力度。对布局分散、装备水平低、环保设施差的小型工业企业进行全面排查，制定并实施长沙县产业发展指导目录，制定综合整改方案，实施分类治理。逐步淘汰各政府机关、厂矿企业小型燃煤锅炉。使用清洁能源，对无法整改完成的，完善脱硫除尘设施的建设和改造。制定落后产能淘汰任务，倒逼产业转型升级。对未按期完成淘汰任务的地区，暂停办理该地区重点行业建设项目审批、核准和备案手续。

3. 推进清洁生产和循环经济

第一，加强企业科研研发。加大大气污染防治关键、共性技术攻关力度，重点支持脱硫、脱硝、高效除尘、挥发性有机物控制等技术及其成套设备研发，支持大气污染治理技术研发企业与高校、科研机构共建工程技术研究中心、重点实验室等科技创新平台，创新产学研合作研发机制，推动重大节能减排技术联合攻关。

第二，大力发展循环经济。鼓励产业集聚发展，实施园区循环化改造，推进能源梯级利用、水资源循环利用、废物交换利用、土地节约集约利用，促进企业循环式生产、园区循环式发展、产业循环式组合，构建循环型工业体系。推动水泥等工业窑炉、高炉实施废物协同处置。大力发展机电产品再制造，推进资源再生利用产业发展。

第三，推行清洁生产。企业要推进清洁生产，靠科技的投入转变生产方式，使用天然气、太阳能等清洁能源，减少污染气体的排放，进而实现节能减排。按照"减量化、再利用、资源化"原则，尽可能地减少资源消耗和环境代价，以取得最大的经济产出和最少的污染排放，从而实现经济、环境和社会效益的统一。积极推进水泥等大气污染物排放重点行业清洁生产，针对节能减排关键领域和薄弱环节，督促企业采用先进适用技术、工艺和装备，实施清洁生产技术改造。淘汰燃煤锅炉以及小炉窑，鼓励开发和使用清洁能源，建立清洁能源长效机制；淘汰落后产能，工业园区燃煤设施安装高效脱硫脱氮除尘设备，强化工业废气治理和总量排放控制。大力培育节能环保产业，着力把大气污染治理的政策要求有效转化为节能环保产业发展的市场需求，促进重大环保技术装备、产品的创新开发与产业化应用。

### 三 固体废物污染防控

（一）生活垃圾污染控制

1. 生活垃圾收运系统

长沙县城镇基本实现一镇一垃圾站，星沙镇的垃圾回收设施更加完善。但是并非所有行政村都能对生活垃圾进行分类回收和处理，一部分村庄农村生活垃圾露天堆放、倒入河塘或是实行简单焚烧，对农村生态环境造成较大污染。因此，必须采取措施对农村生活垃圾进行分类收集处理。

长沙县内城镇混合垃圾建议采用保洁公司收集、镇压缩中转、县集中处理的运作模式，并推行垃圾分类回收处理。对于农村生活垃圾，农户将其倒入垃圾池内，定期分拣可降解和不可降解的垃圾。积极推进生活垃圾的分类收集，建立健全生活垃圾分类收集的政策措施和制度规定。制定垃圾分类相关的政策和标准，出台垃圾分类收集与垃圾收费管理办法；选取基础条件较好的小区，开展住宅小区垃圾分类试点，并根据垃圾分类收集试点小区的经验推广普及；加快推进垃圾集中分选设施建设，提高分选率；发展废旧物资回收网络，建成覆盖全县、运作规范的再生资源回收体系。

完善生活垃圾收运系统。对长沙县具备改造条件的中转站，建成封闭式垃圾中转站，除臭、排污、降尘、压缩等设备一次到位；对于不具备改造条件的中转站，则采取垃圾分流、垃圾结构调整等方式进行改造。建设和完善县（区）、乡镇、村、户四级农村垃圾收集处置体系。全面推广并形成"户分类减量、村收集利用、镇少量中转、县处理处置"等符合长沙县农村实情、具有特色的农村垃圾收集处理体系，实现城乡生活垃圾处置全覆盖。以小型转运站为主、大型转运站为辅，局部地区还可以建设垃圾管道自动收集系统，共同构建高效环保的生活垃圾收运系统。

2. 生活垃圾无害化处理

长沙县生活垃圾主要是统一运送至长沙县青山铺汉山垃圾填埋场进行处理。

第一，完善生活垃圾无害化处理配套设施。建成一批规模大、技术先进、现代化程度高的生活垃圾无害化处理设施，使全县生活垃圾全部得到妥善处理。此外，还建成一批污水处理厂污泥处置、有机垃圾堆肥、餐厨垃圾处理、垃圾分选、大件垃圾破碎等设施。合理规划垃圾中转、垃圾焚烧和卫生填埋等终端处理设施布局要求。

第二，加强生活垃圾无害化处理能力的建设。对于生活垃圾的处理，建设科学的收集、分类、运输和处理体系，最后统一采取卫生填埋、清洁焚烧等措施进行无害化和资源化处理。实施餐厨废物综合处理项目，推进餐厨废物资源化技术与装备示范，鼓励食用废油生产生物柴油、化工制品和高效有机肥产品等。到2020年，城镇生活垃圾无害化处置率达到100%，农村生活垃圾无害化处置率达70%以上。

（二）工业固体废物污染控制

1. 加强工业固体废物管理体系建设

按照"谁受益，谁出资""谁治理，谁收费"的产业化运营法则，鼓励固体废物的综合利用，促进静脉产业发展。推动企业开展清洁生产和环境管理体系认证，推行强制性清洁生产审核，实现工业固体废物源头减量。合理规划资源与能源的利用，加强对工业固体废物回收利用，拓展资源化利用途径，提高工业固体废物综合利用效率。加强固体废物源头控制和全过程监督管理，逐步建立综合利用与安全处置相结合的固体废物处理处置体系。到2020年，工业固体废物综合利用率达90%以上。

2. 工业固体废物贮存或处置

开展固体废物的"减量化、资源化、无害化"处置，加快长沙县固废处理处置设施建设的步伐。逐步实施工业固体废物分类收集，分类处理。

采取集中和分散相结合的方法，对工厂企业产生的那些不能利用或产生量少自身又无法治理的工业固体废物进行集中资源化和处理处置，以有效控制和消除固体废物污染；另外对于有回收利用和处理处置废物能力的工厂企业，在环保部门的监督指导下，将产生的固体废物在系统内部进行资源化利用和各种处理处置。

制定工业固体废物污染环境防治工作规划，建设工业固体废物贮存或处置的设施和场所。建设可再生废旧物资回收系统，对可再生废旧资源，推进回收利用，提高废旧物的综合利用率。充分利用经济手段和政策的杠杆作用，制定企业报废产品召回制度，开展废纸、废旧机电产品、报废汽车等多种"城市矿产"资源的循环利用，启动废旧塑料处置中心、电子废弃物处置中心、废旧机械和汽车再利用处置中心等废旧资源处置中心建设。加强再生资源如废杂金属、废旧塑料、废橡胶和废旧电子电器产品等回收利用技术；组建废旧电子电器收集网络，规划期内集镇至少设置一个收集点，废旧电子电器收集率达70%。完善再生资源回收利用体系，实现废旧电子电器的规范化、无害化综合利用。将无法综合利用的工业固体废物送至工业固体废物处置中心进行最终处置。

（三）危险废物污染控制规划

1. 工业危险废物

健全危险废物产业企业管理台账，规范危险废物的转移手续和流程，对跨地区转移引发环境事件的转移方和接受方进行同等的严厉的处罚。鼓励和促进危险废物利用和处置行业产业化、专业化和规模化发展。健全工业危险固体废物收集、清运体系，完善工业危险固体废物管理系统。

全面落实危险废物环境管理制度，稳步推进有毒有害废物处理处置设施等环境基础设施建设和危险废物处理处置工程。积极实施危险废物申报登记制度、危险废物转移联单制度，加强危险废物污染防治工作。危险废物需要转移的，必须按照国家有关规定填写危险废物转移联单，并向危险废物移出地设区的市级以上地方人民政府环境保护行政主管部门提出申请。严格控制危险固废的输入。建立从产生、转运到处置的全过程监管体系，对危险固体废物进行集中处置，建立专门的处置中心，严禁危险废物外排，危险废物处置率保持100%。开展危险废物处置全过程环境监理，严防施工过程中二次污染。长沙县北山镇危险废物处置中心不可处理任何放射性（辐射性）废物、爆炸性废物等高危废物。

2. 医疗废物

贯彻落实《危险废物经营许可证管理办法》，加强全县医疗废物安全管理，全部按国家有关规定进行贮存、利用和处置。加快建设以长沙县医疗废物处置中心为核心的医废收集处置系统，建立专门的医疗废物处置中心，对各医院产生的医疗废物进行分类处置及集中焚烧。加快医疗、危废固体废物处理中心建设，强化对各类污染源危险废物的产生、收集、贮存、转移、利用和处置的监管，确保合法处置利用危险废物。到2020年，全县及乡镇所有医疗卫生机构医废全部纳入收集处置系统，危险废物和医疗废物等固体废物处置率继续稳定在100%。

（四）建筑垃圾和渣土处置

1. 建筑垃圾收集处理

建筑垃圾、工程渣土堆放在建筑施工工地以外的，周围应当设置高于1米的遮挡围栏。渣土管理实行统一规划、统一管理、统一调配处置、统一车辆运输、统一收取渣土处置相关费用、统一安排运输渣土的道路清理。鼓励和提倡建筑垃圾分类收集和处理，鼓励建筑垃圾资源化利用。承运渣土过程中车辆必须符合密闭要求，不得超载、超限，不沿途撒落、飘扬、滴漏、带泥运行；必须按照指定的时间、路线行驶，在指定的地点倾卸；不得在运输途中偷卸、乱倒渣土。非密闭式专用车辆不得从事渣土运输。有毒有害垃圾由环保部门监督，谁生产，谁处置；有毒有害垃圾和有机垃圾不得进入余泥土方；可回收垃圾进入城市废品回收系统；易燃垃圾送垃圾焚烧厂或就地解决；剩余部分运往指定的建筑垃圾处理场。

2. 回填工程

建设建筑渣土处置场，并进行统筹规划，建立建筑垃圾渣土统筹管理制度，任何单位和个人在排放施工渣土前，办理排放相关手续，指定地点进行排放。建筑渣土处置场可优先选址城市规划绿地、取土场、采石场等地势低洼处，便于渣土覆盖回填。余泥土方可用于城市建设中的回填工程。产生余泥土方的单位，应在施工开始前向市环卫部门申报处置计划，并委托环卫部门的专业清运队伍到指定的余泥土方收纳场，不得任意处置。新建、扩建余泥渣土收纳场。

## 四　土壤环境保护

（一）开展土壤调查

结合全国土壤污染状况调查工作的部署，加强沟通协调，有效整合资源，强化质量管理，落实配套资金，组织开展长沙县土壤污染调查，全面、系统、准确地掌握全县土壤环境质量总体状况，查明重点污染源地区土壤污染类型、程度及其成因，对土壤理化性质、重金属、有机污染物的污染情况进行综合评价。切实搞好长沙县城及周边土壤污染普查，尤其是开展重污染工矿企业、重金属污染重点区域以及重点搬迁企业土壤环境质量调查，掌握土壤污染物种类、污染范围和污染程度。按照统一技术规定，全面完成样品采集、分析测试、数据处理和报告编写工作，同时建立长沙县土壤环境数据库，对污染严重的重点场地或敏感区开展环境风险评估，确定土壤环境安全级别，提出土壤环境保护措施和污染控制对策。

（二）建立土壤信息系统

在土壤污染调查的基础上，对长沙县土壤环境功能进行区划，建立长沙县土壤环境和污染土壤数据库，筛选建立优先修复污染土壤清单。在3S技术的支持下，在对研究区域不同空间尺度的数据进行处理的基础上，建立一个较为系统的土壤环境信息系统数据库，包含不同尺度上的土壤空间数据、土壤剖面属性数据、土壤空间与属性融合后的土壤专题区域空间化数据、土壤类型参比数据等。

（三）加强土壤污染监测评价和风险评估管理体系建设

对重点敏感区和浓度高值区进行加密监测、跟踪监测和风险评估，禁止未经评估和无害化治理的污染场地进行土地流转和二次开发，防止污染场地不当开发造成污染事件。

第一，完善土壤环境保护标准体系，制（修）订土壤环境质量、污染土壤风险评估、被污染土壤治理与修复、主要土壤污染物分析测试、土壤样品、肥料中重金属等有毒有害物质限量等标准；制定土壤环境质量评估和等级划分、被污染地块环境风险评估、土壤污染治理与修复等技术规范；研究制定土壤环境保护成效评估和考核技术规程。加强土壤环境保护和综合治理基础和应用研究，适时启动实施重大科技专项。研发推广适合长沙县的土壤环境保护和综合治理技术和装备。

第二，把土壤环境质量监测纳入先进的环境监测预警体系建设，制订土壤环境监测计划并组织落实。进一步加大投入，不断提高环境监测能力，逐步建立和完善长沙县土壤环境监测网络，定期公布土壤环境质量状况。加强工业、交通、生活等方面的污染源监管，排除土壤污染隐患，制定土壤污染事故应急处理处置预案。加强土壤环境保护队伍建设，加大培训力度，培养和引进一批专门人才。

编制土壤污染防治专项规划，并组织实施。环境保护规划应包括土壤污染防治的内容，并提出具体的目标、任务和措施。

（四）建立土壤污染治理修复和污染土壤管制制度

根据土壤污染等级和危害程度，建立优先修复污染土壤清单，制订分区、分类、分期修复计划。针对农田、饮用水水源地周边、重金属采选企业周边、废物堆存场地以及发生过重大污染事件的典型污染区域，采用生物工程、物理化学等技术开展治理、修复和风险控制示范，对于污染严重，不适宜种植、养殖的土地，依法调整土地用途，提高农产品安全保障水平。对于土壤污染严重影响人体健康的区域，实施居民搬迁，并防止污染扩散。

1. 土壤环境的重点污染源监管

第一，加强土壤场地污染监管。严格控制土壤场地污染，减少二次污染。受污染土壤主要集中在重污染行业企业、工业遗留场地、固废堆放及处理处置场所、矿区、规模化养殖场、交通干线两侧及周边地区。在识别场地的污染物特性、迁移方式、暴露途径及最终对受体影响基础上，分析场地污染的风险，采用修复或非修复（工程控制及制度控制等）措施，控制污染场地对人体健康及环境的影响达到可接受水平。对污染场地进行层次化的风险评估，逐渐减少不确定性。根据场地调查和风险评估，确定土壤预修复目标。确定修复目标可达后，则应结合场地的特征条件，从修复成本、资源需求、安全健康环境、时间等方面，通过矩阵评分法详细分析备选技术的经济、技术可行性和环境可接受性，筛选和评价修复技术，确定最佳修复技术。

第二，面源土壤污染防治。以基本农田、重要农产品产地特别是"菜篮子"基地为防治重点，开展农用土壤环境监测、评估与安全性划分。严格控制主要粮食产地和蔬菜基地的污水灌溉、污泥农用，农业灌溉水水质要达到国家有关标准；禁止未经检验和安全处理的污水处理厂污泥、清淤底泥、尾矿等固体废弃物用于农业生产。强化对农药、化肥及其废弃包装物、农膜使用的环境管理，科学施用化肥，鼓励使用有机肥；严格执行国家有关高毒、高残留农药生产、销售和使用的管理规定，引导和鼓励使用生物农药和高效、低毒、低残留农药；通过设立农村环保合作社和倡导垃圾分类减量，探索建立农药包装容器等废弃物回收制度。加大农业面源污染控制力度，积极引导生态农业、有机农业，加强绿色、有机农产品生产基地建设。

2. 重金属污染土壤治理

加强受重金属污染土壤治理。根据各重点工矿区土壤受重金属污染程度轻重情况，因地制宜采取科学、高效、经济的治理对策。对超土壤质量标准三级 3 倍以内的污染耕地，调整部分作物种类、改种非食用作物，同时添加改良剂，逐步恢复耕地的肥力和功能；对超过三级 3—20 倍污染耕地，采取客土置换、土壤淋洗、生物修复等综合治理手段进行试点示范，技术成熟后进行推广修复；对超过三级 20 倍以上污染土壤（林地和山地除外），争取改变土地使用性质，调整为工业用地或变耕地为林地。对城郊区污染严重治理困难的农业用地转变为城市建设用地，对农村地区污染严重不宜继续耕种的耕地，实行退耕造林。加快重金属污染土壤治理的探索实践。针对典型土壤重金属污染，加快研制高效修复剂及其制备技术与工艺，研发砷、镉、铅等重金属复合污染土壤的生物、物化联合修复技术，开发植物修复收获物安全处理处置与资源化利用关键技术，发展重金属污染土壤的联合修复集成技术，并建立示范工程，制定相应的修复效率评价方法和修复技术规范。

## 五　噪声污染控制

（一）噪声污染治理

1. 交通噪声污染控制

随着长沙县经济建设的快速发展，机动车保有量增势迅猛，交通噪声也逐渐成为最大的噪声污染源之一。

全面落实《地面交通噪声污染防治技术政策》，完善城镇道路系统，改善路面状况，开展降噪渗水路面建设。交通路网规划和干线道路选线注意避开学校、医院、居住区等噪声敏感目标；新建公路和已有道路改造时，充分考虑周围敏感声环境目标的保护要求，推广使用低噪路面材料；对道路两侧敏感噪声目标超标路段，采取种植绿化隔离带、安装隔音降噪装置减轻噪声污染；根据环境保护目标和声环境质量的要求，重新划定禁鸣范围。禁鸣区域内全面实施机动车禁鸣，增设禁鸣标志，完善标牌，加强交通噪声禁鸣执法，在敏感路段显著位置设立交通噪声自动监控显示屏，及时采取分流、限速等措施控制噪声污染，实现所有敏感地段满足声环境功能区要求。黄花机场附近，75 分贝以上的区域应原则上予以搬迁，尤其是医院、学校和养老院应搬迁至 75 分贝以下区域。

2. 建筑施工噪声污染控制

随着长沙县城镇化建设迅猛发展，施工噪声扰民问题日益突出。由于施工噪声是固定噪声源，对施工场所附近居民影响较大。

将噪声控制贯穿到建筑工程项目的全过程，包括设计阶段的噪声控制、建筑工程的噪声控制和施工期噪声控制，严格限制建筑机械的施工作业时间，禁止在夜间（22：00—次日 6：00）进行机械打桩、搅拌或振捣混凝土、挖掘推土等噪声作业；使用低噪声施工机械和采用低噪声作业方式，使噪声控制成为创立绿色建筑的重要指标之一。严格执行《建筑施工场界噪声限值》，查处施工噪声超过排放标准的行为；严格执行建筑施工排放污染物申报登记和夜间施工许可证行政审批制度，加强施工现场监督管理和执法工作，推进噪声自动监测系统对建筑施工进行实时监督。加强在中考、高考等特殊时期施工噪声整治；加强建筑施工噪声公众参与监督管理。

3. 工业噪声污染控制

长沙县工业企业主要是集中在 319 国道以南的工业园区，较为集中，便于管理。高起点，高标准地引入那些科技含量高、能耗低、污染小的企业入驻园区，从污染源头控制噪声。贯彻执行《工业企业厂界环境噪声排放标准》，建立噪声污染源申报登记管理制度，确保厂界噪声达标率100%。新建工业企业应尽量远离医院、学校、居住区等敏感点，禁止在医疗区、文教科研区、机关办公区、居民住宅区，以及风景名胜区、自然保护区等区域内新建、扩建产生噪声超标的工业企业。对新建、扩建、改建项目要严格执行噪声污染环境影响评价和"三同时"制度。对产生环境噪声污染的工业企业，采用低噪声设备减轻环境噪声污染，达到工业企业厂界噪声排放标准。对高噪声设备进行隔音或消音处理，减少工业噪声外泄；推动企业采取有效减噪措施，对工业企业噪声源厂界噪声不达标的要限期治理。在噪声敏感集中区域，禁止机械切割钢材、铝合金等金属材料，机械加工石材等非金属材料以及严重干扰居民正常休息的工业生产活动。

4. 社会生活噪声污染控制

随着经济的快速发展，人民生活水平不断提高，各种娱乐活动也越来越丰富。社会生活噪声主要是一些社会服务行业、文化娱乐场所、餐饮饭店、商业以及人为的嘈杂声等。这类噪声是城市噪声的主要来源，噪声强度可达60—120分贝不等。

加强社会生活噪声的监管，控制和降低社会活动场所噪声源的产生强度。加强对达标率低的重要时段和敏感区域的噪声控制，强化对商业网点、娱乐场所、饮食行业等主要生活噪声源的管理，减少经营活动造成的噪声滋扰，区域环境噪声平均值不超过56分贝；建设安静示范小区，取得经验后，逐步推广。对营业性文化娱乐场所和商业经营活动中可能产生环境噪声污染的设备、设施，严格执行《社会生活环境噪声排放标准》（GB 22337—2008）。强化对商业网点、娱乐场所、餐饮行业等生活噪声源的管理，强化对居民区、学校、医院等敏感区的环境噪声控制，加强对高音喇叭、音响设备、机动车防盗报警器的监管，采取经济措施禁止或限制在人流高度集中商业街区采用高分贝音响设备招纳生意或进行促销活动。到2020年，所有营业性文化娱乐场所和商业经营活动场所噪声排放均达到《社会生活环境噪声排放标准》。

# 第七节 环保制度体系建设

在五年内要实现长沙县环保能力制度根本性的改革和发展，必须以环保考核制度建设、环保经济制度建设和环保能力制度建设三方面为抓手，大力发展各项建设内容，力求环境管理制度体系质的飞跃。

## 一　环保考核制度建设

### （一）现有政府绩效考核制度

绩效考核是指主管或相关人员对员工工作所作的系统评价。绩效被应用于政府行为效果的衡量，反映的是政府绩效，是由国家组织专门的机构或者人员，运用一定的理论和考核办法，对考核单位依法进行经济性、效率性和效果性的考核。在西方国家又称为国家生产力、公共生产力、公共组织绩效等，指的是政府在社会管理活动中取得的结果、效益及其在管理工作中发挥的效能，是政府在行使功能、实现意志过程中体现出的管理能力。在中国，政府绩效考核从总体上来看，以经济发展为主线，经历了从探索"社会主义市场经济"时的混沌增长阶段，到以 GDP 为主的单向增长阶段，以及以"分类""全面"为主的科学增长三个阶段。从框架上主要分为三个方面，包括社会绩效、经济绩效和政治绩效。其中，政府绩效考核是政府绩效管理的核心，是提高政府绩效的有效途径，随着我国行政管理改革的深入和对外开放，政府越来越认识到传统的行政管理模式必须变革，绩效考核作为一种有效的管理技术在我国政府管理中具有重要的意义。通过绩效考核可以合理界定政府角色，推进政府职能转变；促进行政管理方式变革，提升政府信誉；节约行政成本，提高行政服务质量和效益。此外，还可为政府改革和公共管理提供新的视野，对我国采取有效的管理对策以解决全球化背景条件下的政府管理问题，改进政府管理理念，增强政府管理能力，以获得发展的机遇和迎接挑战，具有重要的意义。

1973 年 8 月，国务院委托国家计划委员会在北京召开了第一次全国环境保护会议，标志着我国环境保护事业开始起步，制定了环境保护的工作方针和政策。1989 年 12 月，全国人大第十一次会议通过了《中华人民共和国环境保护法》，我国开始把环境保护作为一项基本国策，明确提出了"地方各级人民政府，应当对本辖区的环境质量负责，采取措施改善环境质量"，为实施政府环保绩效考核奠定了法律基础。对于地方政府的环境保护工作，山东、安徽、浙江以及贵州等省从 1988 年开始实施了环保目标责任考核制度，这是一种具体落实地方各级人民政府和有污染的单位对环境质量负责的行政管理制度。在 1989 年 4 月召开的第三次全国环境保护会议上制定了以环境保护目标责任制为首的环境保护"五项制度"，是我国环境管理思想发展到一定阶段的产物。环境保护目标责任制，是通过运用目标化、定量化、制度化的管理方法，采用各级政府与下一级政府或主要企事业单位签订责任书的形式，明确一个区域、一个部门乃至一个单位环境保护的主要责任者和责任范围，从而要求地方各级领导和有关污染单位对所管辖区域的环境质量负责，并以一定的考核和奖惩制度进行保证的行政管理制度，是我国环境保护体制中的一项重大举措。至今我国的环保目标责任考核制度已经实施了 20 多年，实践证明，这一制度是行之有效的。

在其他的环境保护制度方面的尝试主要以绿色 GDP 探索实践最为显著。我国在 2004 年开始进行了绿色 GDP 制度的框架设计并进行试点，将实施节能减排以及环境保护指标纳入了政府绩效考核体系。该制度能够定量考核扣除自然资产损失后新创造的真实国民财富，反映各城市工业污染控制程度、城市环境质量和城市基础设施建设，是环境管理从定性向定量方向发展的重要一步，有力地促进了环境综合整治和污染防治工作。

（二）建立以绿色 GDP 为基础的环保绩效考核制度

国内生产总值（gross domestic product，GDP）是指一个国家或地区范围内的所有常驻单位在一定时期内生产的最终产品和劳务价值的总和，也是衡量一个国家或地区经济状况和发展水平的重要指标。传统的 GDP 核算只能反映经济产出总量情况，不能全面反映经济增长造成的生态破坏、环境污染的代价，已严重制约了经济发展和社会进步。绿色 GDP，指一个国家或地区在考虑了自然资源（主要包括土地、森林、矿产、水和海洋）与环境因素（包括生态环境、自然环境、人文环境等）影响之后经济活动的最终成果，即将经济活动中所付出的资源耗减成本和环境降级成本从 GDP 中予以扣除。简单地讲，就是在现行统计的 GDP 中，扣除由于环境污染、自然资源退化、教育低下、人口数量失控、管理不善等因素造成的经济损失成本，从而得出真实的国民财富总量。

绿色 GDP 核算内容主要由三部分组成：①环境实物量核算。即运用实物单位建立不同层次的实物量账户，描述与经济活动对应的各类污染物的产生量、处理量、排放量等，包括分地区、分部门的环境污染和生态破坏核算，其中环境污染核算具体分为水污染物核算、大气污染物核算和固体废物核算，生态破坏核算包括森林、草地、湿地、耕地、河湖以及海洋生态系统核算。②环境价值量核算。即在环境实物量的基础上，对各种污染排放造成的环境退化价值进行估算。③经环境污染调整的 GDP 核算。其总体框架见图 6—3 所示。

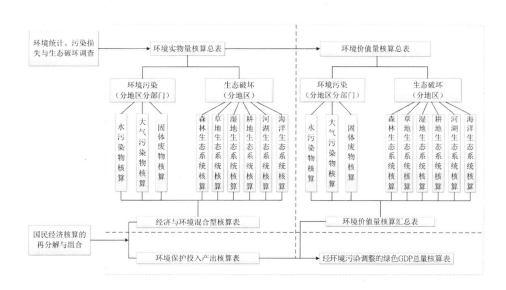

**图 6—3　绿色 GDP 核算的总体框架**

**1. 长沙县实施以绿色 GDP 为基础的政府环保绩效考核制度的现有基础**

长沙县以"资源节约、环境友好"为要求，倡导绿色发展，建设美丽城乡。在全国率先建立县级"两型"建设指标体系，形成了"用 1% 的土地支撑经济发展，99% 的土地保护生态环境"的局面。长沙县为此实施的主要措施有：巩固农村环境连片整治成果，分步推进农村散户生活污水处置工程；完善污水管网，推进暮云污水处理厂建设，确保各镇（街）污水处理设施正常运行；深入推进"两河"流域水环境治理，发展滨水风光带；探索在全县范围内免费使用有机肥，推广测土配方施肥的病虫害绿色防控措施；全面推行农村可降解垃圾不出户，实行城镇居民生活垃圾分类处置，加强餐厨垃圾收集处理及综合利用；继续控制养殖规模，严防反弹；加大扬尘治理力度，改善空气质量。

长沙县现有政绩评估引用的绿色理念主要体现在以下三个方面。

首先，淡化 GDP 考核。长沙县从 2008 年开始就取消 GDP 考核指标，进而用"创业富民""两帮两促""城乡一体化建设""服务重点工程"等优化性、激励性指标促进经济结构优化，改变了过去只一味重经济、轻社会事业的状况，使经济和社会事业形成良性同步发展。

其次，优化招商引资考核。改变过去全民招商的局面，不再给每个乡镇（街道）和县直单位下达硬性指标任务，而是根据区位优势和发展需要，选择不同的招商重点。比如城市服务型主要是引进总部公司和新型现代服务业，工业和综合发展型主要是引进先进制造业和信息产业，农业生态型主要是引进现代农业和休闲旅游业，更加注重招商的结构优化和效果优质，由招商引资转变为招商选资。

最后，加大生态环境考核力度，严格执行环保"一票否决"制度。将生态环境作为考核各乡镇（街道）政绩的重点，在北部乡镇与南部乡镇（街道）绩效考核百分制工作目标任务之中的比重分别达 20% 和 13%。严格执行环保"一票否决"制度，逐步退出制革、印染、木材、麻石加工等高污染行业，扎实推进省"十二五"十大环保工程，建立节能减排的价格调节生态补偿机制，完成印山实业、河田白石建材两条水泥生产线的脱硝改造。

实施绿色政绩考核后，长沙县对北部生态环境优良的农业乡镇考核的不是工业和财政税收，而是环境保护和生态农业，从源头上遏制了这些乡镇发展工业制造新污染的冲动。

建立以绿色 GDP 为基础的政府环保绩效考核指标体系，确立考核制度，其目的是将其作为政府环境绩效评价工作的基础以及开展其他相关工作的依据，用于评价政府部门履行环境保护职责的情况，改善环境管理，有效反映经济发展对环境、资源的影响，引导政府制定的政策和行为向更为有效的方面发展，实现经济与环境的可持续发展。

2. 政府环保绩效考核制度方案

综合考虑长沙县现有政府绩效考核制度，以及绿色 GDP 核算的研究和分析，提出两种考核方案。

第一，环保绩效考核指标体系方案一。

遵循全面性、可比性、重要性等原则，根据中央和省、市、县党委的重大决策部署，以及全县经济社会发展中长期规划、县党代会工作报告、县人民政府工作报告等确定的重点工作、难点工作、民生热点等，同时更加注重环境保护以及生态文明建设，选取考核指标，作为绩效考核的重点内容。而且，在考核体系的建立过程中体现地区差异性，根据全县各乡镇发展的历史基础、资源条件、功能定位以及产业布局的不同，包括城市服务型街道、工业和综合发展型乡镇、农业生态型乡镇，采用考核目标和分值权重的高低体现差异性，如对于农业生态型乡镇加大生态环境保护指标的分值权重，对于工业经济型乡镇，相应的经济指标分值权重增大，主要包括财政建设、规模以上工业总产值及增长率等，同时引入环境保护的指标，如全年 AQI 优良率、生态用地比例等，使其在发展经济的同时注重环境的协调发展。定量指标计分方法为：指标得分=完成值/目标值×指标分值。同时，选取一些定性指标进行相应考核，定性指标考核分为优秀、良好、合格、基本合格、不合格五个等次，分别对应计算系数，项目考核得分等于指标分值乘以对应系数。

对采用此方案进行环保绩效考核的利弊分析如下。

优点：方法较简单，操作性较强，易于执行。

缺点：无法与现有 GDP 核算形成对比，无法直接反映经济发展对环境资源的损害情况。

第二，环保绩效考核指标体系方案二。

方案二以绿色 GDP 为核心考核指标，并根据各乡镇的经济发展情况、资源条件、功能定位、产业结构等不同，最终选择最佳的辅助性指标，如社会满意度、农业经济建设、主要污染物减排指标等。各指标评价标准及分值权重，采用专家咨询法和层次分析法等方法确定，将核心指标和辅助性指标相结合，建立政府环保绩效考核制度。

由于采用生产法进行绿色 GDP 的核算，其公式可表示为绿色 GDP＝总产出－中间投入－虚拟治理成本，因此，以绿色 GDP 作为单一指标进行责任考核，通过对直接核算法、绿色 GDP 占 GDP 的比重大小、以环境虚拟治理成本的比较和协调系数法的比较，采用协调系数法的效果最好。本设计建议在选取绿色 GDP 为指标进行考核时，采用协调系数法进行。

利用绿色 GDP 协调系数法进行责任考核方法如下。

对地区来说，资源环境综合整治和社会进步是寻求社会经济资源环境协调发展的最主要手段。因此，可以选择绿色 GDP 指标的年平均增长率与 GDP 年均增长率的比值来反映这种协调发展程度，称为社会资源环境经济协调发展系数（简称协调系数）。

协调系数的计算公式如下：绿色 GDP 考核指标协调系数(a)＝绿色 GDP 年平均增长率/GDP 年平均增长率

然后，将协调系数 a 分为 a>1，a=1，0<a<1，a<0 四种类型进行考核。

对采用此方案进行环保绩效考核的利弊分析如下。

优点：选择多种指标进行综合考核，一方面弥补了单一绿色 GDP 指标考核存在的不足；另一方面能与现有 GDP 核算形成对比，较全面地反映经济和环境发展变化的综合情况，体现经济发展的环境成本。

缺点：绿色 GDP 核算操作较复杂，所需基础数据较多，对核算工作的技术要求较高。

3. 政府环保绩效考核制度的实施路线

结合长沙县环保绩效考核的实际情况，对比分析上述两种方案的复杂程度和优缺点，综合目前实施绿色 GDP 考核存在的难度、障碍和可行性，以及开展绿色 GDP 考核的重要性，本规划拟将政府环保绩效考核以分阶段分步骤的方式进行。根据本规划的设计期限、目标及中期、远期的时间阶段，建议将方案一作为近中期的过渡考核方案；通过绿色 GDP 核算各种保障措施的完善，在部分地区进行试点工作，逐步在规划的远期阶段实施以绿色 GDP 为核心的环保绩效综合考核方案（方案二）。

近中期（2015—2020 年）：以本规划指标体系为基础，选取其中的约束性指标建立环保绩效考核指标体系，对各区市县政府实施环保绩效年度考核。

远期（2020 年— ）：建立和逐步实施以绿色 GDP 为核心考核指标，以社会满意度和生态建设等为辅助考核指标的环保绩效考核制度。

4. 政府环保绩效考核近中期考核办法

根据"可检测、可核查、可报告"的原则，以及本书前述的分析结果，针对近中期政府环保绩效的考核制定考核办法。

（1）考核对象

长沙县所辖乡镇（街道）各部门、领导班子及成员。

（2）考核方法

考核采取合格制和百分制，若考核对象的所有考核指标及总分均合格则为合格，否则为不合格。为鼓励、引导和促进各乡镇（街道）环境和生态保护工作，设立奖惩制度，对表现优秀的政府部门进行物质和名誉上的奖励，对没有完成目标且出现严重违规、失职、渎职并造成重大损失或恶劣影响的政府部门进行惩罚。

（3）考核指标与考核标准

根据每年工作热点、难点，并且体现各乡镇（街道）不同的功能定位、经济发展情况等，选取考核指标，合理制定考核标准和分值权重。

（4）奖惩制度与措施

考评结果作为各乡镇（街道）政府环保绩效考核的重要依据，在全县范围内予以公布。考核结果计入各乡镇（街道）政府负责人的工作业绩档案。

对于考核结果合格的进行公开表彰，给予鼓励；对在环境保护工作中考核结果合格，采取了重大或改革创新性工作措施，取得显著效果的乡镇（街道）授予荣誉称号，并给予一定金额的奖励；奖金的具体发放办法由获奖的乡镇（街道）自行制定。

对考核结果为不合格的乡镇（街道）进行通报批评；对连续两年考评不合格的区市县政府主要负责人，或在环境保护中出现严重违规、失职、渎职并造成重大损失或恶劣影响的事件负责人，提请纪检监察部门依照有关规定对其进行行政问责。

（5）考核评价的组织实施

考评工作由环保绩效考评领导小组具体实施。在实施年度考核前，应根据考核办法、考评依据和有关工作要求，制定具体的年度考评方案。

对上年环保绩效的考核，在次年 6 月底前完成。考评工作的具体程序及完成时间如下。

第一步，各乡镇（街道）自评。各乡镇（街道）按照考评办法、具体年度考评方案，完成年度自评，并提交自评报告（含自评总结、考核指标统计分析等）及相关证明材料。次年 5 月上旬完成。

第二步，材料审核。由环保绩效考评领导小组对各乡镇（街道）提交的自评材料进行审核，对各乡镇（街道）考评指标的完成情况进行核查，提出需要复核的项目。5 月中旬完成。

第三步，综合复核。由环保绩效考评领导小组组成现场考核工作组分赴各乡镇（街道），了解考核指标尤其是需要复核的指标情况，听取考评对象的意见。根据各乡镇（街道）自评情况、材料审核情况和现场考评情况，对各乡镇（街道）绩效进行综合评定。5 月下旬完成。

第四步，结果反馈。由县政府将环保绩效考核结果反馈各乡镇（街道），各乡镇（街道）政府对考评结果不清楚或持有异议的，可以在 15 天内以书面形式向县政府提出申诉；环保绩效考评领导小组在 15 天内复核并予以答复。

第五步，结果公布。由县政府将考核结果及奖惩建议在全县范围内公布，并进行总结表彰。

由于远期的政府环保绩效考核涉及绿色 GDP 的核算，而目前的核算制度体系还有待进一步的完善。因此，本书暂不对远期的考核办法进行具体设计。

5. 配套保障措施

（1）严格追究环境责任

建立环境保护追责制度。建立责任追究制度，对不顾生态环境保护、造成严重后果的政府、个人、企业以及相关机构，必须终身追究责任。把环保责任追究制度落实到每一个细节，明确环境责任追究制度的对象范围、主要群体、具体情形、判断标准等，做好环保工作终身追责程序的设计。

开展党政领导干部环境责任审计制度。以环保法律法规和有关政策为依据，以提高辖区内环境质量、确保完成主要污染物总量减排任务为目标，客观、公正地对党政领导干部任期内开展环保责任审计工作，从而促进县、区（市）政府进一步重视环保工作，加大环保投入，改善区域环境质量。

（2）加强各部门之间的协调沟通

绿色 GDP 核算涉及部门广泛，无论是全面的绿色国民经济核算，还是分主题的局部核算，都需要不同机构之间的合作配合，这是核算得以实施的组织保证。在核算初期，建议采取各主管部门牵头组织、统计部门协调、有关科研机构介入的方式，在统一的《中国资源环境经济核算体系框架》下组织实施。在具备一定的核算基础之后，采取由统计部门统一组织、各主管部门和科研机构配合的方式，逐步开展全面的绿色 GDP 核算。

（3）加强绿色 GDP 试点区域的指导和监督

为了保证绿色 GDP 试点工作的顺利进行，确保调查数据、结果真实可靠，应加强县级部门对试点区域的统一领导，明确有关部门的职责，加强对试点区域核算工作的技术培训、技术指导。并且加强环保和统计部门在协调合作、任务分工、技术方法掌握程度、数据调查和核算过程等方面的审核、监督。

（4）加强绿色 GDP 核算的相关制度建立及资金技术支持

推行绿色 GDP 核算的难点在于技术、观念和政策方面，是对我国国民经济核算方法和社会经济增长评价方法的重大改革，必须加强绿色 GDP 核算的宣传工作，提高广大干部和群众的觉悟，端正各级领导干部的指导思想，转变观念。并且加大对绿色 GDP 核算工作的资金投入和支持，同时建立绿色 GDP 核算的相关制度，完善现行的资源环境统计制度，规范相应的绿色 GDP 核算方法，开展技术支持，建立核算过程的监督管理、核算结果发布及奖惩等标准和制度。

（5）借鉴国内外绿色 GDP 核算先进经验，加强合作

绿色 GDP 核算在国外很多国家中具有较好的实践经验，而且开展情况较好。在国内，于 2005 年在北京市、天津市、河北省、辽宁省、浙江省等十个省市进行了试点工作。长沙县实施绿色 GDP 核算应借鉴国内外先进的经验，对实施较好的区域进行有针对性的调研学习，搭建良好的合作平台，以更好地推动绿色 GDP 核算工作的顺利开展。

## 二　环境经济制度建设

### （一）环境经济制度建设的必要性

改革开放 30 多年，我国经济快速发展，取得了举世瞩目的成绩，然而以"三高"为支撑的发展模式导致资源过度消耗、环境污染、生态破坏等一系列严峻的负面问题，不仅制约了经济的进一步发展，同时也越来越严重地影响人们的日常生活和健康。国内资源禀赋不足，但资源浪费却触目惊心；一方面政府环保投入逐年加大，另一方面环境质量仍难有改观。资源紧缺、环境问题严重，加大经费投入来缓解矛盾是必需的。但是，如果不从根本上理顺机制，单纯的经费增加确非长远之计；在某种程度上还可能导致资源和环境问题在不合理的使用制度下愈加严重，这反过来又增加了从根本上解决问题的难度和相应的经费需求。要从根本上理顺机制，必须改革现行的资源和环境使用制度。

环境资源作为一种公共的、有限的资源，具有价值的观点越来越为人们所认识和重视。按照西方经济学的边际效用价值论，资源的价值源于其效用，又以资源的稀缺性为条件，效用和稀缺性是资源价值得以体现的充分条件。由于环境资源不仅有用，而且稀缺，所以具有价值，其价值的高低则视其在不同时空中的稀缺程度而定。环境资源的边际效用价值论对于促使人们重视环境保护、珍视这一资源具有一定的积极意义。

环境资源具有准公共物品和外部性的特征，环境资源的过度利用以及由此引起的生态环境的恶化有着深刻的经济根源，即在环境资源的利用中产生的外部不经济会扭曲竞争性市场对该类资源的合

理配置。为了实现可持续发展战略，越来越多的政府和私人部门认识到，一个能够融入宏观经济领域，同时又能产生环境效益和经济效益的环境管理政策才是一个真正的"双赢"政策。而且，只有这种政策才具有广泛的社会可接受性和可实施性。

在市场经济国家中，环境管理与经济政策一体化的趋势越来越明显。因此，制定和建立环境经济制度，对经济与环境协调发展，有着重要的意义和作用。

（二）环境经济制度与环境管理

环境经济指人类环境和社会经济活动之间存在的各种关系，环境经济研究的目的在于协调经济发展与环境保护之间的关系。环境经济制度从广义上来说包括两个方面。

第一，与环境保护相关的经济政策体系。偏于宏观方面，如产业政策、财政政策、金融政策、价格政策等，通常在日常使用中称其为"环境经济政策"。

第二，以经济为主要手段的环境保护和管理体系。即目前在日常中常被使用的、狭义的"环境经济制度"，它主要指针对经济主体（包括企业、消费者，乃至区域等），通过各种手段形成激励，纠正或引导经济主体的行为，实现环境外部性的内在化，从而提高环境资源配置效率，实现经济与环境双赢的制度体系，如生态补偿制度、排污权交易制度等。

世界各国对环境政策工具的选择应用大致经历了四个阶段，即管制工具阶段、市场化工具阶段、信息工具阶段和自愿性协议工具阶段。第一阶段主要依靠政府的行政管制，是以政府为中心的环境治理模式。该类型的政策工具由于低效率和高成本而遭到普遍的质疑。市场化工具开始得到重视，然而，市场化工具并未取得预期的绩效，在环境管理的实践中应用范围和影响力都很有限。进入21世纪以来，公民参与工具开始受到学者和政府官员的普遍关注，如信息披露和自愿协议等工具在理论研究中受到推崇并得到越来越多的应用。

与环境政策工具四个阶段相对应，环境管理政策也包括四个方面：命令手段、经济手段、自愿协商手段以及信息公开手段。一般说来，经济手段、自愿协商手段和信息公开手段是强制手段的替代和补充，但在不同的社会政治、经济条件下，各种手段的配合和所达到的效果都有所不同，因而应根据不同条件对环境政策手段进行选择，才能促进环境资源的合理利用和有效配置。

因此，环境经济制度不仅是环境管理制度中的重要一环，使用经济手段进行环境保护与环境管理更是当前人类社会发展形态下环境管理的核心手段。

（三）长沙县环境经济制度设计

根据国家省市已有的环境经济政策，结合长沙县的实际，提出长沙县可以采用的环境经济政策。

1. 设计目标

创新环境经济政策，应对产业转型升级，充分发挥市场手段在环境保护和环境资源配置中的激励作用，促进经济与环境生态的协调发展。

2. 建设内容

湖南省已形成一系列有效的环境经济政策，在生态环境保护方面起到了重要作用，长沙县也开展过一系列相关工作。但在此基础上，还需要根据新形势、新情况、新问题，创新环境经济政策，建立、完善环境经济制度，落实环境经济政策，引导产业的转型升级，促进企业生产和居民生活的节能减排。

第一，继续深化产业转型和升级，坚决落实节能减排的各项措施，逐步退出破坏环境的木材、石材加工业，坚决退出污染较重的造纸行业，加快淘汰落后产能，健全企业入园与产业准入园退出机制，大力发展循环经济和低碳经济。

第二，健全自然资源资产产权制度和用途管制制度，实施资源有偿使用，出台包括推行污染减排的综合电价政策、综合水价和天然气价格政策。

第三，拓展和完善生态补偿制度，在现有河流、生态公益林生态补偿制度的基础上，依据主体功能区划和生态功能区划，完善不同类型的生态补偿制度。

第四，进一步完善排污权交易制度，开展水权、碳排放权、节能量的交易试点工作，推广合同能源服务和合同环境服务，完善社会公用事业的特许经营制度，提高污染企业和环保型企业的环保投入力度。

第五，积极探索、试点和推广环境污染责任保险制度、绿色信贷制度等绿色金融制度，拓宽环保融资渠道，规范企业环保投资。

### 三　环保监测监管能力体制建设

当前长沙县环境保护工作面临的形势是机遇与挑战并存，发展和压力同在。在经济社会持续、稳定地发展的同时，搞好环境保护工作，为政府提供科学、可靠的决策依据，促进可持续发展战略的实施，环境保护部门的自身能力建设显得尤其重要。以机构、监测能力、监管能力、环境宣教四个方面为重点，大力推进环境监管服务均等化建设。

（一）建设完善的环境管理机构

建立健全全方位多层次环境保护协作机制。组建长沙县环境保护（生态文明建设）领导委员会，对重大环境问题进行统筹决策，协调环保与各相关部门的协作，以保障环境保护和生态文明建设融入各方面和全过程；加强基层环保机构建设，基层政府乡镇街道设立环境保护监管机构，设置2—3人的专职编制；深化部门协作，创建资源信息共享平台，建立部门间信息共享机制；持续推进区域联防联控联治机制，通过环境保护合作协议等多种形式，强化跨部门跨区域合作；制定规划，推进环境监察机构能力建设，进一步完善环境监察执法机构编制、经费保障问题，尽快实行编制的法定化。

（二）环境监测能力建设

为进一步提升环境质量监测的实时性和有效性，长沙县环境监测能力和水平的提升还需从以下几个方面着重进行。

第一，继续加强水环境质量的例行监测。按照上级环保部门文件的精神，结合长沙县的实际情况，长沙县监测站应继续执行包括浏阳河、捞刀河流域三个自来水厂控制断面每月一次地表水29个项目的监测，以及出境断面逢双月一次COD、氨氮两个项目的监测。同时监测站还应继续对"两河"流域范围内的16个乡镇地表水32

个交界断面进行每季度一次的监测，作为县政府考核乡镇环保责任是否落实的依据之一。

第二，进一步完善声环境质量监测网络，针对县城的实际情况，逐步在主要交通要道、商业区和人口密集区域合理设置噪声自动监测设施；加强施工现场监督管理和执法工作，推进噪声自动监测系统对建筑施工进行实时监督；重点噪声污染源应安装噪声监测设备和仪器，将监测数据作为执法监管依据。

第三，加强土壤污染监测评价，对重点敏感区和浓度高值区进行加密监测、跟踪监测和风险评估，把土壤环境质量监测纳入先进的环境监测预警体系建设，制订土壤环境监测计划并组织落实。不断提高环境监测能力，逐步建立和完善长沙土壤环境监测网络，定期公布土壤环境质量状况。

第四，加强对放射性污染源的监测。按照环境保护行政主管部门的要求制订监测计划，定期对工作场所以及周围环境进行监测或者委托有资质的机构进行监测，建立监测档案。生产、销售、使用放射性同位素和射线装置的单位应当将监测结果纳入放射性同位素与射线装置安全和防护年度评估报告。

第五，积极开展工业污染源的监督监测，加强对全县58家重点污染源企业开展监督监测。所有重点污染源的监测数据每季度应进行汇总后及时上报县环保局、监察大队和产业环保局。

第六，增强农村面源污染防治并开展农村面源污染监测。特别是对以畜禽养殖产业为经济发展主产业的乡镇进行水、土、空气质量的重点监测。

通过以上措施的开展，至2020年，长沙县环境监测站应全面达到《全国环境监测站建设标准》中三级标准站的要求。

（三）环境监管监察能力建设

1. 环境监管能力建设目标

2013年《国家环境监管能力建设"十二五"规划》（简称《规划》）由环境保护部、国家发改委、财政部联合发布。规划指出环境监管是环境管理的重要组成部分，是实现环境保护目标的重要保障，是推进环境基本公共服务均等化的重要内容，并在污染源与总量减排监管能力全面提高、环境质量监测与评估考核能力显著提升、环境预警与应急能力系统加强、环境综合监督管理基础设施基本完善等四个方面提出环境监管能力建设的目标。《规划》中明确，到2015 年，全国县级环境监察机构装备达标率达到 85%；建成一批市、县环保监管业务用房；机动车、污染源监管、科技支撑和统计能力显著增强。《长沙市环境保护三年行动计划》中也指出，长沙市环境监管能力在 2014 年需要达到中部省会城市领先水平；区县（市）环境监察能力达到国家三级标准，岳麓区、望城区和三县（市）环境监测能力达到国家三级标准；街道、乡镇设立专门的环保机构，环保执法人员持证上岗，对乡（镇）长、街道办事处主任定期进行环境保护专项培训。因此，长沙县环境监管部门应在提升污染源与总量减排监管水平、提高环境质量监测与评估考核能力、加强环境预警与能力建设等方面按照规划和行动计划等要求从严把控、细处着手，全面提升长沙县环境监管的整体能力。

2. 环境监管能力建设内容

（1）稳步推进环境执法和环境监测标准化建设进程

第一，环境执法标准化。

按照国家、省、市的统一部署和要求，继续加大长沙县环境监察和监测标准化建设力度，对照环境监察大队和监测站标准化建设标准加大投入，努力提高环保污染监控能力，实现长沙县环境监察大队和监测站通过国家、省、市的标准化验收。政府有关部门在监测站的资金投入、人员编制、仪器配置、实验用房建设等方面要切实加大支持力度，将监测站标准化建设工作纳入当地国民经济和社会发展计划以及机构改革计划。通过将标准化建设列入市政府与各县（市、区）政府签订的环保责任目标任务书的形式，督促县级地方政府加大对环境监测工作的重视和支持。

第二，环境监测机构标准化。

全面推进环境监测机构标准化建设。按照环保任务和各地需要合理配备仪器设备，重点加强环境监测与监察应急能力建设，提升监测预警水平和应急处置能力。加强以环境质量监测、污染源监督性监测技术装备为基础的常规监测和环境应急监测能力建设，改善监测实验用房条件，力争 2020 年基本达到《全国环境监测站建设标准》要求。测齐测全环境质量标准和排放标准规定的项目，特别是地表水环境质量标准中的 24 个基本项目及 5 个补充项目。具备全面掌握并发布污染源排放污染物状况的能力，具备对污染源自动监控系统进行质量监督和技术监督的能力。

（2）建设先进的环境监测预警体系

建立环境监测预警系统，提高污染事故应急监测能力。建设覆盖全县的生态环境管理信息系统和监控网络，构建水、大气、生态、土壤、危险废物和危险化学品污染事故等环境监测预警体系。建立健全饮用水源安全预警制度，定期发布饮用水源地水质监测信息。

拓展农村环境质量监测、流域生物监测、生态环境质量监测能力建设。完善农村环境监测体系，建立健全监测指标体系，加强农村饮用水水源保护区、规模化畜禽养殖场和重要农产品产地的环境监测。县级监测站逐步开展流域生物监测和生态环境质量状况监测。

（3）建设高效的环境信息体系

第一，环境信息网站和电子政务应用系统建设。

构建环境管理电子政务综合信息平台，建设环境信息网站和电子政务应用系统，在统一规划、设计的基础上，规范、有序地建设污染源一体化动态管理系统、环境监测管理系统、环境监察管理系统、环境辐射管理系统、废物管理系统等业务应用系统，逐步建成城乡一体、功能完善、互联互通、覆盖全县的环境信息网络和业务系统，实现全县环境保护信息资源共享。积极打造数字环保、智慧环保系统，将移动执法系统、在线监控系统、污染源综合管理系统、电子处罚平台有机结合，形成完整的执法链条，推进环保体系发展。智慧环保工程主要是建成环境监控平台以及污染源在线自动监测监控、重点区域高空瞭望、环境质量在线自动监测、环境地理信息、环境事故应急处置指挥、环境教育与公众参与和环保政务七大系统。

第二，环境信息与统计的支撑能力建设。

提升环境信息与统计的支撑能力。改善环境信息网络基础设施条件，提高环境信息开发利用和资源共享水平，完善环境统计体系，提高统计数据质量。建立全县环境管理数据中心、环保文档中心和环境管理业务综合系统平台。市、县二级环境信息中心的职能要扩大至服务全县整体的环境管理信息系统、数据中心、分中心与数据共享方向转变。完善环境信息管理机构和人才配置，提高环境管理人员信息化素质。

第三，县环境信息共享。

加强长沙县环境信息中心能力建设。构建连接省，涵盖市、县二级环境信息网络与网络安全体系，建立统一、归口管理，资源共享的工作机制。到2020年，全县环保系统均成立环境信息中心，完成信息专用交通工具的配备，整体机构建设达到一个新水平。

（四）加强环境宣教体制建设

重视和加强环境宣传教育工作。加强环境宣传教育，增强生态文明意识，大力宣传环境保护方面的法律法规，引导公众、社会团体、新闻媒体关注和监督企业的环境行为，营造全社会共同参与环境保护的良好氛围。加强环境宣传教育，提高各级政府及部门、企业和社会团体、广大市民的环境保护意识，增强各级政府及部门保护环境的责任感和紧迫感；提高市民保护环境的自觉性、主动性和创造性。弘扬环保优先理念，倡导环境伦理道德，培育环境友好意识，使环境友好的理念与思想成为城市普遍认同和奉行的环境伦理观；培养生态价值观，促进生态文明观念，使人与自然和谐的原则渗透到社会管理工作之中。按照《全国环保系统环境宣传教育标准化建设标准》，结合长沙县实际，从人员编制与构成、经费、设备配置和业务用房等方面逐步加强标准化建设。

推进全民环境宣传教育工作。长沙县要根据自身的环境优势率先成立环境保护教育基地，结合现有的文化科普教育中心和"生态环保教育工程"，进行生物多样性和文化多样性保护的大众教育。同时，针对党政领导和管理人员的环境教育，在党校和行政管理干部学校每年分期开设环保建设的培训；利用报刊媒体和"世界环境日""世界人口日""地球日"等纪念活动，广泛开展国民生态环境保护教育；进一步发挥市级环境教育基地"绿眼睛青少年环境文化中心"的作用；创建生态环境教育公园，建设绿色学校，开展农民生态环境教育。

第一，以长沙县的自然环境为背景，专门举办具有针对性的环保培训班，对新闻工作者、社区骨干、教师和志愿者进行连续培训，邀请省内外知名人士演讲并举办定期和不定期的环保论坛，着重宣传生态文化建设的必要性和重要性。

第二，大力建设长沙县的环保教育产业，与长沙市教委和临近的市区教委合作开展所有中小学生的环境保护教育，并对所有教师进行环保教育培训，举办中小学生冬令营、夏令营、春游、秋游等活动，首先培训具有专业素质的教师队伍。

第三，在每个乡镇至少建立一个环境保护教育基地，每月进行一次生态环境教育培训，着力培训农民的环境保护素质，使环境保护宣教直接进入农户，在农民的环境意识提高的同时，也可以将其作为一种生产手段，在经济层面上增加国内生产总值。

第四，建设绿色学校，在教学上要挖掘相关教材中隐含的环保知识，对学生进行渗透教育，还要向学生及时补充社会和经济发展中的重点、热点问题和最新动向；在学校创办社团组织，如在学校创办以环保为主题的"校园环境之声"广播站，班内成立"环保活动小组"等，定期开展有意义的活动，如废旧电池回收、到周围社区清除白色污染等。

第五，加强环境科技研究建设工程。应加大对环境科技研究的资金支持，重点用于长沙县重大环境科技、管理和政策问题研究。建设科研平台，整合科研力量，保障科研经费，建立激励机制，培育和引进环保专家和技术人才，开放与共享科研信息，提高环保决策水平，科学研判污染与环境、环境与人体健康的响应关系，为解决重要的环境问题提供技术支撑。研究开发科技含量高的新兴环保科技，促进环保科技创新。鼓励对河道生态修复、污水深度处理、电厂烟气脱硫脱硝、汽车尾气净化、垃圾焚烧飞灰处理等重点难点技术的攻关。研究开发垃圾资源化利用技术、污水生态处理技术和太阳能综合利用技术；研究开发节能降耗、无废少废新技术、新工艺，生态工业及废旧资源再利用等循环经济重大关键技术；调查研究光化学污染、有毒化学品、持久性有机污染物、挥发性有机污染物、环境激素、电子垃圾、外来物种入侵、放射性生态环境影响等新型环境问题。积极开展技术示范和成果推广,提高污染治理和生态保护水平。

第六,提高环境宣传舆论引导能力和水平。提高环保宣传教育的总体水平,制定完善环保宣传教育政策,建立健全全社会公众参与环保有效机制。围绕环保中心工作,加大环保宣传教育力度,加强新闻宣传的策划与引导,坚持正确的舆论导向,建立环保信息通报制度和环保舆情监控体系。建立舆情应对机制,做好环境舆情监测、预警工作,加强舆情分析、研判,组织专家、学者、媒体和社会组织向公众讲清楚、说明白社会热点问题,正面引导社会舆论,凝聚推动环保发展正能量。鼓励新闻媒体发挥监督作用,推进环保政务公开,实行环境质量公告制度,发布城市空气、城市噪声、饮用水源水质、重点流域水质、污染事故、环保政策法规、环保项目审批和案件处理等环境信息。推进企业环境信息公开,保障公众的环境知情权。各级环保部门要增加环境管理的透明度,加大社会舆论监督力度,充分发挥新闻媒体的监督作用,充分发挥环保举报热线作用,拓宽和畅通群众举报投诉渠道。

# 第八节 保障措施体系建设

## 一 组织保障

### (一)政府组织

在党和各级人民政府的领导下,各级环保部门在推动污染物总量减排、促进重点区域流域污染防治、环境执法监督、加强核安全与辐射环境管理、为环境管理提供技术支持等方面做了大量工作,取得了明显成效。但也要看到,随着事业的发展,环保地位越来越高,任务越来越重,面临的各类风险也越来越大,需要进一步加强党政组织的领导和建设,从组织上健全党的领导体制和工作机制,转变政府职能,建立一个强有力的、完善的环境监督管理体系。

环境保护管理具有综合协调性和监督执法性,同时又是一项重要的政府行政管理职能。环境保护机构的设置应该体现这些特性的要求，既能进行环境保护的综合协调，又能独立地行使环境监督执法权。

1. 长沙县环境保护相关单位

县政府办、县委宣传部、编委办、县发展和改革委局、县工业和信息化局、县教育局、县科学技术局、县住房和城乡建设局、县公安局、县法院、县司法局、县财政局、县国土资源局、县交通运输局、县水务局、县农业局、县林业局、县商务局、县文化体育广播电视局、县卫生局、县审计局、县城市管理和行政执法局、县城乡规划局、县环境保护局、县安全生产监督管理局、县法制办、县畜牧兽医水产局、县工商局、县质量技术监督局、县气象局等单位。

2. 明确各级各部门环保职责

镇（街道）主要职责：各镇（街道）政府（办事处）是生态环境保护工作的责任主体，对本辖区环境质量负责；落实上级下达的生态环境保护工作目标任务；全面负责本辖区内环境保护管理和执法监管工作。

县委宣传部：加大生态环境保护宣传力度，构建生态环境保护宣传体系，组织、引导媒体开展生态环境保护宣传。

县编委办：依据相关政策及规定，结合长沙县环境保护工作现状，切实保障环保系统机构设置和人员配备，明确各部门环境保护职责，满足环境保护管理的需要。

县发展和改革局：在研究拟定全县国民经济和社会发展规划、计划以及制定产业准入等各项政策时，优先把重大环境保护和生态建设项目纳入国民经济社会发展规划、计划中去，以保证生态环境保护工作目标的实现；指导监督电力、石油（成品油）、天然气等能源的行业管理，引导、推广新能源、可再生能源、天然气分布式能源的利用，推广清洁能源，促进清洁生产；在项目审批、核准及备案时，要求项目办理并完善环境影响评价相关审批手续；在制定区域开发、产业结构调整等重大决策时，进行战略环境影响评价。

县工业和信息化局：组织淘汰落后产能；统一协调管理全县工业园区，组织协调工业园区燃煤退出，建设集中供热设施；指导、督促工业园区和工业企业开展污染防治工作；推进工业领域清洁生产，组织水泥、化工、有色、建材等重点行业完成清洁生产审核。

县教育局：组织指导县管学校将环境保护知识纳入教育内容，积极开展环境保护科普教育和志愿服务活动，培育学生的生态文明理念和环境保护意识；在环境突发事件和恶劣空气状态下，可能威胁学校安全时，配合有关部门按照应急预案采取应急保护措施，保障师生安全。

县科学技术局：支持环境保护科学技术研究和开发，建设环境保护科学技术应用平台，鼓励环境保护技术产学研结合，提高环境保护科学技术水平；会同环境保护部门普及环境保护科学知识，举办环保学术活动。

县住房和城乡建设局：在核发建设项目规划许可证和施工许可证时，要求项目办理并完善环境影响评价相关审批手续，防范违法开工建设行为；控制全县建设施工工地扬尘污染，组织创建绿色建筑工地；负责混凝土搅拌站、水泥搅拌站的搬迁和监督管理；制定和实施绿色节能建筑标准，推广绿色节能建筑。

县公安局：依法查处涉嫌环境刑事犯罪案件和因环境违法需给予拘留行政处罚的治安管理案件；加强危险化学品和放射性物品公共安全监管；划定黄标车限行区域，对黄标车闯禁行为依法处罚，在限行区设限行标志，协助淘汰黄标车，实施黄标车强制报废；依法查处社会生活噪声污染环境违法行为；会同和配合有关部门妥善处置因交通事故、火灾、爆炸和泄漏等各类事故引发的突发环境事件。

县法院：依据有关法律法规判处环境保护案件。

县司法局：将环境保护法律法规纳入公民普法的重要内容，推进环境保护法律法规的全民教育；依法加强律师、法律顾问和法律援助工作者涉及环境保护的法律诉讼和环境污染司法鉴定工作的规范管理，加强环境保护纠纷的调解。

县财政局：依据经济社会发展和环境保护工作的实际需要，统筹做好环境保护工作经费的预算安排，保障环境执法、环境监测和环保科技支撑体系建设经费支出，加大城乡环境污染防治的财政投入；拟订和协调实施有利于生态环境保护的财政政策，支持和推进环保产业、绿色采购和企业旨在改善环境的转产、搬迁、关闭措施；

依法加强排污费的征收和使用规范化管理，加强对各部门涉及生态文明建设和环境保护专项经费的监督管理，确保专款专用，提高资金使用效益。

县国土资源局：建立健全自然资源产权登记和使用制度，组织保护和合理利用土地、矿产等自然资源；在编制土地利用和自然资源开发等有关规划时，依据国务院《规划环境影响评价条例》，开展规划环境影响评价工作；开展地质环境保护工作，防治地质环境灾害，保护生态环境；会同环境保护部门共同管理本行政区域内土壤和耕地等基础地理信息数据。

县交通运输局：推进绿色交通建设，发展城市公共交通，推广新能源营运汽车；组织淘汰城区黄标公交车和出租车，督促城区油罐车业主单位实施油气回收治理工作；指导公路、水路行业环境保护和节能减排工作，组织实施港口、码头、船舶及交通干线生态环境污染治理，对职责范围内机动车船的环境污染实施监督管理；加强危险化学品道路运输、水路运输的许可以及运输工具的安全管理，防止危险化学品污染环境，协助相关部门处理公路、水路交通安全事故引发的环境污染事故。

县水务局：拟定水资源保护规划，划定水功能区划，建立健全最严格水资源管理制度，严格实行用水总量控制、用水效率控制，严格审批从水体取水和河湖排污的设置，建立水资源使用权市场，完善水权管理和转让制度；组织开展湘江长沙段及其支流沿岸城镇生活污水排污口整治工作和城区排污口截污改造工作；指导、组织、实施城镇污水处理设施及其配套管网建设和运营，提升城乡污水处理能力；加强自来水水厂监管，保证出水水质安全；组织开展地下水保护和水土流失的预防及治理，预防和治理河道采砂过程中的生态破坏与环境污染；指导各镇（街道）开展山塘、水库、河道污染综合防治和生态修复工作。

县农业局：按照"生态优先"的原则，开展农业结构调整；加强农业面源污染防治，指导农民科学使用农药、化肥和农膜等生产资料，推进农业废弃物的减量化、资源化和无害化；加强农业用地污染防治和农产品产地环境安全监管，指导生态农业、循环农业发展；组织开展秸秆禁烧和综合利用工作，推广农作物秸秆机械收割还田、堆沤还田以及秸秆腐熟剂的应用；会同有关部门对农业生态环境污染事故进行调查、处理。

县林业局：组织实施"三年造绿大行动"；加强森林资源保护、湿地保护、陆生野生动植物等自然资源的利用和生态环境的保护工作。

县商务局：坚持"生态环保优先"，严把招商引资的环保准入关口，推进流通领域和环节的资源节约和环境保护；负责报废汽车管理、再生资源回收工作和机动车燃油的供应管理，推动油品升级；会同环境保护部门组织开展城区油气回收治理。

县文化体育广播电视局：加强生态文明和环境保护宣传，提高社会公众的环境保护意识；负责对娱乐场所的娱乐经营许可证进行统一检查，依法查处无证经营行为，对擅自从事经营娱乐活动的场所督促指导各区文化部门严格执法；加强文化娱乐场所的环境管理，防治噪声、震动等污染环境因素。

县卫生局：加强公共场所和饮用水的卫生安全监督管理，对自来水水厂出水水质进行卫生监督监测；会同环境保护部门加强对医疗废物收集、运送、贮存、处置过程中的环境污染防治及医疗废水处理的监督管理；配合环境保护部门做好医疗卫生机构的核与辐射设施管理，协助做好突发环境事件和放射性污染事故应急工作，做好伤亡人员救治和相关疾病预防工作；开展环境与健康监测、调查和风险评估及环境质量对公众健康影响的研究，预防和控制因环境污染引发的疾病。

县审计局：加强生态环境保护财政预算和支出情况的审计监督，推动政府依法增加生态环境保护财政投入，监督有关专项资金专款专用，提高使用效益；组织开展党政领导干部任期环保责任审计。

县城市管理和行政执法局：组织实施城市生活垃圾处理设施建设和运营，加强垃圾禁烧监管；组织监管建筑垃圾（含渣土、砂卵石等）运输、道路冲洗保洁、城乡接合部道路扬尘防治等工作；规范管理露天烧烤等经营活动；加强建筑工地施工噪声污染防治，查处22：00至次日6：00期间违规进行建筑施工作业产生噪声污染的环境违法行为；查处在临街门面、道路、公共场所使用发电机噪声扰民的环境违法行为。

县城乡规划局：以城市环境容量和资源保证能力为基础，制定和实施城市总体规划，优化规划区工业布局；在编制城市总体规划和区域开发利用等综合性规划和自然资源开发、城市建设等专项性规划时，依据国务院《规划环境影响评价条例》，开展规划环境影响评价工作。

县环境保护局：县级环境保护机构，处于环境监督执法的第一线，既有宏观管理职能，又有微观的直接监督管理职能，并以微观监督管理为主。贯彻执行国家、省和市环境保护的方针、政策和法律、法规，起草县级地方性环境保护法规、规章草案；拟定全县环境保护和污染治理的政策和规划、计划，组织、协调、监督全县环境污染防治和生态保护工作，组织和监督实施环境影响评价、环保"三同时"、排污许可、总量控制、污染减排、区域限批等环境保护管理制度；指导农村生态环境保护和生态示范区建设，推进全县农村环境综合整治，配合农业部门开展秸秆禁烧、土壤污染防治工作；组织实施环境保护经济政策，对排污权交易市场建设和主要污染物总量核定分配实施监管；负责环境质量监测，组织实施环境应急管理；组织、指导全县环境保护宣传教育工作，推动社会公众和社会组织广泛参与环境保护；组织实施全县环境保护目标责任制，根据县政府安排，定期将环境保护工作任务分解到县直相关部门、各镇（街道）、相关企业，并配合相关部门进行督察考核和奖励。

县安全生产监督管理局：负责危险化学物品生产、经营单位的安全生产综合监督管理；监督检查重大危险源监控、重大事故隐患排查治理工作，依法查处危险化学品生产企业违反安全生产法律法规的行为，防范生产安全事故造成环境污染；加强对矿山尾矿库安全监督管理，推进尾砂、尾矿库的安全整治，及时排除环境安全隐患；参与突发性环境污染事故的调查和处理。

县法制办：审查修改有关环境保护方面的地方性法规和政府规章草案；对有关部门报送政府审议的文件中涉及环境保护方面的内容进行合法性审核；协同有关部门开展环境保护执法检查，依法办理环境保护监督管理部门的行政复议案件；做好县政府环境保护行政案件的复议及应诉工作，指导环境保护部门依法行政。

县畜牧兽医水产局：加强畜禽养殖业污染综合防治工作，提高畜禽养殖业清洁生产水平；负责水产养殖污染综合防治工作。

县工商局：按照环境影响评价法律法规，严格执行企业（含个体工商户）工商登记审查；对因违反环保法律法规被责令停业、关闭的各类市场主体，依法注销、吊销其工商营业执照；负责查处在集贸市场销售国家保护野生动植物的违法行为。

县质量技术监督局：对因违反环保法律法规被责令停业、关闭的生产企业，依法注销、吊销其工业产品生产许可证；负责全县生产、销售车用汽油、柴油单位及加油站的油品质量监督抽查，查处生产销售不合格车用油品的违法行为；负责环境监测设备、仪器、仪表等的计量检定工作和对危险化学品包装物、容器的产品质量实施监督。

县气象局：配合、协助环境保护部门，加强重大灾害性天气的监测、预报、警报工作，及时发布天气预警、预报信息，第一时间提供重大环境事件的气象信息，拟定气象干预应对措施，加强大气污染监测、预警和相关应急工作。

3. 明确各级政府和党委的职能分工

各级党委履行的职责包括：①加强对环境保护工作的宏观领导和协调，将环境保护工作纳入党委重要议事日程。②领导和督促组织部门积极做好环境保护工作中的组织人事工作，选拔任用思想过硬、作风扎实、能力突出、严于律己的领导干部。③领导和督促宣传部门积极做好环境保护宣传教育工作。大力宣传党和国家关于环境保护工作的方针、政策；宣传环境保护法律、法规；宣传环境保护工作中的先进典型；普及全社会的环境保护知识；曝光环境事故和环境违法行为。④领导和督促本级纪委监察部门积极履行纪检监察职能，按照有关规定严肃查处环境事故背后的渎职失职和腐败行为。

各级政府履行的职责包括：①将环境保护工作纳入本地区国民经济和社会发展计划，纳入政府重要议事日程。②地方各级人民政府应当对本行政区域的环境质量负责，根据环境保护目标和治理任务，采取有效措施，改善环境质量。③依据法律、法规和环境保护工作的需要，组织制定加强环境保护工作的规章制度。④建立健全环境保护目标管理责任制，将环境保护目标完成情况纳入对本级人民政府负有环境保护监督管理职责的部门及其负责人和下级人民政府及其负责人的考核内容，作为对其考核评价的重要依据，考核结果应当向社会公开。⑤将环境保护综合监督管理的工作经费、环境保护专项基金列入财政预算，落实生态保护补偿资金，确保其用于生态保护补偿。⑥应当建立环境污染公共监测预警机制，组织制定预警方案；环境受到污染，可能影响公众健康和环境安全时，依法及时公布预警信息，启动应急措施。⑦按照国家有关规定，在职责范围内组织有关部门参加环境事故现场勘查工作，做好突发环境事件的风险控制、应急准备、应急处置和事后恢复等工作。⑧督促政府相关部门贯彻落实上级人民政府和本级人民政府对环境事故的处理意见批复，对事故的有关责任人实行责任追究。⑨各级人民政府环境保护主管部门，应当依法公开环境信息、完善公众参与程序，为公民、法人和其他组织参与和监督环境保护提供便利；定期发布环境状况公报。

各级党委和政府每年听取环境保护专题汇报，分析目前环境状况，研究相应区域环境政策和制度的制定和实施，解决环境管理工作中的重大问题；监管部门参与并提出在监管过程中出现的环境问题，以及潜在的重大环境问题；建立健全政府主要负责人亲自督办制度。

（二）非政府组织

非政府环保组织，也叫民间环保组织，它是群众性的、具有环境保护专业性质的组织，通常由环保学者、法律界人士、科学家、市民等热爱环境保护事业、关注人类生存环境的各界人士组成。环保组织以关注人类的生态环境、改善人类环境状况为己任，积极参与国际、本国的环保工作，成为颇具影响力的环保力量。

我国最早的环保民间组织是由政府部门发起的，成立于1978年5月的中国环境科学学会，从此，我国各环保民间组织相继成立。我国环保民间组织以环境保护为主旨，不以营利为目的，是不具有行政权力、为社会提供环境公益性服务的民间组织。

中国环保民间组织的发展共经历了三个阶段——兴起阶段：自

1978 年中国环境科学学会成立到 20 世纪 90 年代初；发展阶段：
1995 年到 21 世纪初；成熟阶段：21 世纪初开始。

1. 民间环保组织在环保工作中的作用以及影响

民间环保组织能够防止政府失灵、帮助国家培养公民的环保法律意识、能促进公民环境权的实现。深层次的影响主要体现在如下几个方面：第一，促进新的发展方式（包括新的生产方式、生活方式、消费方式）的形成和推广；第二，促进人们价值观念、政治观念、思维方式的革新和环境道德的形成，促进经济、社会和环境的变革和发展；第三，促进政治经济秩序中环境安全的发展，增加中国人民的环境贡献。

2. 适用于环境保护民间组织的指导思想和原则

（1）实行信仰、言论、集会、结社自由的原则

要发展环境保护民间组织和群众运动，发挥它们的作用，必须实行信仰、言论、集会、结社自由的原则。凭借这些自由原则，环境保护群众运动和群众组织才能自由决定它们在环境领域的地位、行动和活动方式，才能谋求其发展。

（2）坚持多元性和多样化的原则

环境保护民间组织不是政府机关，环境保护群众运动不是国家行为，对他们不应强行划一，而应该提倡和允许成立各种不同类型的环境保护民间组织，开展不同形式的环境保护群众运动，即坚持多元性和多样化的原则。只有这样，才能促进环境保护民间组织和群众运动的蓬勃、持续发展。由于环境保护群众组织种类繁多、情况相当复杂，应根据不同类型的环境保护民间组织制定相应的政策。

（3）实行"政群分开"和"依法管理"的原则

环境保护民间组织和群众运动的生命力在于它们的群众性，它们一旦失去群众性也就失去了活力。为了维持它们的群众性，必须实行"政群分开"的原则。所谓"政群分开"是指把政府机关和群众组织分开、把群众运动和国家行为分开，维护它们的群众性；实行"依法管理"的原则，政府应该对民间环境保护群众组织实行依法管理、宏观调控、正确引导，而不宜对它们实行直接管理或包办代替。

### 3. 发展壮大环保组织

为了保证民间环境保护群众组织的健康发展和正常活动，应该对各级国家机关、政府部门和政府性群众组织提出如下要求：第一，各级机关、政府部门和政府性群众组织，应该依法承认和保障民间环境保护群众组织的法律地位、合法权利和利益，不得非法干扰它们的活动。第二，各级机关和政府部门应该注意征求、听取非政府环境保护群众组织的建议和意见。第三，有关政府部门应该设立民间群众团体的联系和服务机构，与非政府环境保护群众组织建立经常的联系。第四，各级机关、政府部门应该支持环境保护民间组织依法开展活动，为它们依法开展活动创造条件、提供方便。例如，向非政府环境保护群众组织提供必要的信息、情报，对它们增加公开性、透明度，吸收它们参加有关环境与发展事务的公众听证会等。第五，各级国家机关、政府部门应依法加强对环境保护民间组织的管理、指导、监督和检查。

## 二 资金保障

中国经济正在经历着由单纯注重 GDP 增长向注重绿色 GDP 转变。为处理好经济发展和环境保护的关系，近年来，国家对环境保护投入的资金明显增长，为我国环境污染防治和监管能力建设提供了强有力的资金保障，对保障污染减排目标的实现具有重要支撑作用，同时有效地带动了地方政府、企业、社会的环境保护投入，拉动了环保产业发展，有力推动了产业结构调整，促进了经济发展方式的转变。

### （一）征好管好环保资金

环保资金，顾名思义是环境保护的专用资金。然而，在实际应用中却不能专款专用。有的被环保部门擅自拆借或随意开支，有的被企事业单位挪作他用，从而使环境治理工作成了无米之炊。征好管好环保资金是治理好环境污染的有力保障。为此，一要加大对环境保护的必要性和环保法规的宣传力度，提高人们的环保意识，促使其自觉保护环境，自觉交费；二要加大执法力度，对那些应缴而不缴环保费的个人和单位，要通过法院强制执行以达到敲山震虎的目的；三要加大监督审计力度，纪检、监察、审计等部门应定期对环保单位的环保费用予以监督审计，对于不全额收、乱拆借、乱挪用的责任人要从严查处；四要加大新闻舆论的监督力度，新闻单位要抓住一些不自觉缴费和挤占挪用环保资金的反面典型进行曝光，使违法乱纪者望而却步；五要金融单位支持环保单位，金融单位对企业放贷时，要看其有无治污排污措施，对污染严重的企业坚决不予放贷；对环保工作做得好的企业，治污资金出现困难时应优先解决。

（二）高效使用环保专项资金

1. 严格项目申报

一方面，环保部门要严格把好项目申报材料关。要结合当地实际情况，提高实效，突出重点，对项目的可行性、资料的完整性、项目的质量性进行指导和审核。另一方面，项目申报单位和个人要增强意识，杜绝弄虚作假现象的发生，认真研究，提高申报课题的质量。

2. 严格财务管理，确保专款专用

专项资金按照"统筹安排、保证重点、注重实效"的原则，采用"以奖代补"的方式，主要用于自然保护区、生态区的治理和修复，农村面源污染防治设施建设及农村饮用水水源保护，以及自然生态环境和农村污染防治的科研、技术推广、预测预报、宣传教育等项目。专项资金的使用范围都要做比较明确详细的规定，使得专项资金的管理更具可操作性，真正做到专款专用，资金的使用有据可依，杜绝专项资金安排使用过程中的随意性。

3. 建立专项资金考核奖励机制

各级政府部门要对各地专项资金和项目执行情况进行考核，考核结果作为专项资金安排的重要依据。财政主管部门应在中央财政下达资金预算后，及时下达专项资金预算。环保专项资金应该专款专用，对于挪用环保专项资金的个人或者单位，应该给予严肃处理。应该建立健全专项资金使用财务制度，对于环保资金的使用要有账可依，对于表现优秀的个人或者单位，应该给予奖励。

4. 实行专项资金监督检查

各级主管部门应根据项目进展情况会同评审机构对专项资金的

使用情况要不定时地进行检查监督,对于违反有关规定、不合理地使用环保专项资金,要严格处理。地方财政部门应当会同环境保护部门根据实际情况,完善相关的监管制度,明确规定项目管理部门对项目的确立、监督管理和资金使用、效益等负第一责任,使用专项资金的主管部门和单位要健全相关制度,强化内部管理,充实内部监管机构,对项目实施的全过程进行监督。

### 三 法制保障

（一）强化考核督察、责任审计和处罚问责

强化考核督察。各级各部门要牢固树立"大环保"理念,层层落实生态环境保护工作任务,积极配合,形成合力。县政府定期将环境质量改善、主要污染物总量控制、重点环保工程、环保投入等阶段目标任务分类下发至各镇（街道）和县直相关部门,实施差异性区别考核。县政府督察部门定期对各镇（街道）和县直相关单位生态环境保护工作进行督察,并通报各级各部门工作情况。由县财政安排专项资金,落实资金奖励措施。

强化责任审计。建立党政领导干部任期环保责任审计制度,纳入领导干部任期经济责任审计范畴,重点对领导干部任期内环保责任履行、环保重点项目建设、环保资金使用和管理及辖区内污染事件对人民群众造成损害等情况进行审计,作为干部提拔任用的重要依据。

强化处罚问责。按照《中华人民共和国环境保护法》和相关法律对超标排污的企事业单位,加大环境违法行为的处罚力度,发现一次,处罚一次。情节严重的,按原处罚数额按日连续处罚,直至责令停业、关闭,并建立生态环境损害责任追究制度,对生态环境损害有关责任人进行问责和其他责任追究。

（二）坚持法律导向,加大执法力度

加强环保及生态建设执法检查和监督,大力推行交叉执法、即时执法、告知执法、联合执法等新型执法手段,加大有奖举报力度。支持政协积极履行政治协商、民主监督和参政议政职能,团结动员各方面力量为环境保护献计出力。各级纪检监察机关要切实加强对各项环保政策、措施贯彻落实情况的监督检查,确保党委决策部署落到实处。认真贯彻落实国家、省有关环境保护、生态建设的一系列法律法规。加大执法力度，创新执法方式，充实基层环保执法力量。加强检察司法工作，依法严厉查处破坏生态、污染环境的案件。研究制定和修订完善保护环境、节约能源资源、促进生态经济发展等方面的法规。

坚持环境保护法协调发展、预防为主、全面规划、各负其责、可持续发展的原则。坚持环境保护法的环境影响评价制度、环境标准与许可证制度、经济刺激与限制制度、强制执法与司法制度、公众参与制度、法律责任制度。坚持新环境保护法导向。第一，增强对政府环境保护行为的规范和约束，明确政府在环境保护中的公共职责，防止政府成为环境问题的制造者。第二，完善第三方主体监督机制，加强包括人大、检察机关、法院、公众、公民团体及企业等第三方主体对环境保护的有效监督和约束。第三，推动"污染入刑"，以重典治乱，大力提高违法成本，改变现行法律偏"软"的局面。

坚持"按日计罚"的制度，即对持续性的环境违法行为进行按日、连续的罚款。对情节严重的环境违法行为适用行政拘留；对有弄虚作假行为的环境监测机构以及环境监测设备和防治污染设施维护、运营机构，规定承担连带责任。领导干部虚报、谎报、瞒报污染情况，将会引咎辞职；面对重大的环境违法事件，地方政府分管领导、环保部门等监管部门主要负责人将引咎辞职。依法在设区的市级以上人民政府民政部门登记，专门从事环境保护公益活动连续五年以上且信誉良好的社会组织、符合规定的社会组织向人民法院提起诉讼，人民法院应当依法受理。

# 第九节　重点工程体系建设

规划实施环境保护重点建设工程包括生态安全体系建设、大气环境治理、水污染控制、固体废物污染防治、土壤污染治理、噪声污染治理、环境管理系统与环保机制体制及能力建设等 7 类 35 项，总投资约 4.31 亿元，具体内容见表 6—44。

表6—44　　长沙县环境保护规划重点工程

单位：万元

| 类别 | 序号 | 项目名称 | 建设内容 | 起止年限 | 投资 |
|---|---|---|---|---|---|
| 生态安全体系建设 | 1 | 应急备用饮用水源地建设工程 | 加强白石洞水库、乌川水库等规划应急备用水源地的建设和保护 | 2015—2020 | 1000 |
| | 2 | 饮用水应急工程 | 建立完善的饮用水应急组织管理指挥系统、协调支持系统和应急物资保障供应体系 | 2015—2020 | 500 |
| | 3 | 湿地保护工程 | 保护松雅湖、金江坝、瞿家垸、九道湾等湿地生态系统，实施湿地生态修复工程 | 2015—2020 | 1000 |
| | 4 | 矿山生态修复工程 | 加强矿山开发监督、管理，实施生态修复工程 | 2015—2020 | 2000 |
| | 5 | 主干河流生态绿化带建设工程 | 沿浏阳河、捞刀河、金井河、白沙河、梨江港、榨山港、三叉河、双溪港等县内主干河流沿岸建设生态绿化带 | 2015—2020 | 2000 |
| | 6 | 城郊接合部及近城区农村城乡一体化建设工程 | 推进金井、青山铺、安沙、北山、春华、黄花等试点镇及惠农村城乡一体化建设 | 2015—2020 | 3000 |
| | 7 | 农村环境综合整治工程 | 开展农村环境综合整治，内容包括饮用水源保护、生活垃圾、生活污水处理、畜禽养殖污染治理 | 2015—2020 | 3000 |

续表

| 类别 | 序号 | 项目名称 | 建设内容 | 起止年限 | 投资 |
|---|---|---|---|---|---|
| 大气环境治理 | 8 | 秸秆综合利用项目 | 加强秸秆肥料化、能源化、原料化、饲料化、基料化等利用工作，建立集秸秆收、贮、运、加工、利用于一身的市场化产业体系，禁止秸秆露天焚烧 | 2015—2020 | 500 |
| | 9 | 汽车尾气治理项目 | 制定财政补贴政策，鼓励提前淘汰达不到国Ⅲ排放标准的城市公交车、城际客运货运等高污染排放车辆，城乡黄标车淘汰 | 2015—2020 | 1000 |
| | 10 | 餐饮油烟污染控制工程 | 在娱乐、餐饮企业、烧烤店、工业企业食堂等污染严重的饮食单位安装油烟净化装置，解决油烟污染扰民问题 | 2015—2020 | 1000 |
| | 11 | 建筑施工扬尘控制工程 | 采用先进科学的扬尘控制措施，对施工工地、渣土运输线路及弃渣场扬尘进行控制，实现"全覆盖施工建设、全封闭运输渣土、全围挡洗渣汽车、全过程控制扬尘" | 2015—2020 | 1000 |
| | 12 | 垃圾焚烧及露天烧烤治理工程 | 加强相关法规制度建设，对垃圾焚烧及露天烧烤治理严加管控 | 2015—2020 | 500 |

续表

| 类别 | 序号 | 项目名称 | 建设内容 | 起止年限 | 投资 |
|---|---|---|---|---|---|
| 水污染控制 | 13 | 浏阳河生态修复工程 | 对浏阳河长沙县段进行排污口整治、两岸绿化、生态修复 | 2015—2020 | 1000 |
| | 14 | 污水处理厂提标改造及建设工程 | 完成星沙污水处理厂扩容提质工程和霉云污水处理及尾水中水回用工程 | 2015—2020 | 3000 |
| | 15 | 畜禽养殖污染治理项目 | 实施生猪养殖污染治理、建设沼气池、沉淀池以及生物净化设施、购置养殖污染治理相关配套设施；建设标准化生态养殖示范场；关停、清拆养殖污染严重的栏舍 | 2015—2018 | 500 |
| | 16 | 农村面源污染治理项目 | 推广科学施肥技术和合理使用农药技术，减少化肥、农药、农膜用量；新建畜禽养殖场积极推广生物酶发酵"零排放"技术；改造或扩建旧栏舍，采用生产沼气、种养平衡等技术模式，确保畜禽养殖污水稳定达标排放 | 2015—2020 | 3000 |
| 固体废物污染防治 | 17 | 工业废渣矿渣处理项目 | 开展废渣和矿渣处理的科研攻关，利用最新技术对长沙县原有工矿企业遗留的废渣和矿渣进行处理 | 2015—2020 | 1000 |
| | 18 | 建筑垃圾综合利用项目 | 采用国内最新技术处理城市建筑垃圾，实现建筑垃圾的综合利用 | 2015—2020 | 1000 |
| 土壤污染治理 | 19 | 土壤重金属污染治理工程 | 土壤重金属与有机物污染调查，土壤重金属污染数据库及风险管理体系建设工程 | 2015—2020 | 3000 |
| | 20 | 农田重金属污染治理工程 | 治理农田重金属污染，进行生态修复 | 2015—2020 | 1000 |
| | 21 | 土壤环境污染监管工程 | 建设土壤污染检测及管理体系 | 2015—2020 | 1000 |

续表

| 类别 | 序号 | 项目名称 | 建设内容 | 起止年限 | 投资 |
|---|---|---|---|---|---|
| 噪声污染治理 | 22 | 交通噪声控制工程 | 改进机动车设备性能，完善城镇道路系统，推广低噪声路面，出台城区交通干线全线禁鸣规定 | 2015—2020 | 1000 |
| | 23 | 社会生活噪声治理工程 | 出台社会活动（广场活动，卡拉 OK，酒吧）限时规定，划定广场舞活动区域，严格控制非法卡拉 OK，音乐茶座，酒吧噪声扰民，减少噪声污染 | 2015—2020 | 1000 |
| | 24 | 工业及设备噪声控制工程 | 出台设备，工业噪声限时工作规定和职业噪声暴露的相关标准和法规；出台企业使用声控材料和装置的相关规定 | 2015—2020 | 1000 |
| | 25 | 建筑施工噪声控制工程 | 严格限制建筑机械的施工作业时间，使用低噪声施工机械和采用低噪声施工作业方式等实现建筑噪声控制 | 2015—2020 | 1000 |
| 环境管理系统及体制机制保障能力建设 | 26 | 环境保护信息化建设工程 | 构建环境管理电子政务综合信息平台，建设环境信息网站和电子政务应用系统，逐步建成城乡一体，功能完善，互联互通，覆盖全市的环境信息网络和业务系统，实现全县环境保护信息资源共享 | 2015—2020 | 1000 |
| | 27 | 环境管理政策工程 | 对规划中的生态保护红线区划，污染物总量控制，环境保护考核等方面的措施制定实施细则，为规划的实施提供依据 | 2015—2020 | 500 |
| | 28 | 公众参与工程 | 建立公众参与环境保护的平台，为公众参与提供便捷通道 | 2015—2020 | 100 |

续表

| 类别 | 序号 | 项目名称 | 建设内容 | 起止年限 | 投资 |
|---|---|---|---|---|---|
| 环境管理系统及环保体制机制及环保能力建设 | 29 | 设立环保协调机构 | 成立长沙县生态环境保护委员会，为长沙县重大工程的环保决策提供支持和帮助环保与水利、国土、农业、林业、交通、城建等部门沟通协商 | 2015—2020 | — |
| | 30 | 环保监管能力建设 | 基层政府乡镇街道设立环境保护机构，设立 2~3 人环保专职人员；长沙县监测站的标准化建设，移动执法信息平台的应用扩展 | 201—2020 | 1000 |
| | 31 | 环境宣教工程 | 通过政府机关宣传栏、学校黑板报、社区展览等形式，普及公民环保知识；充分发挥各类新闻媒体的环保宣传功能，确定环保宣传教育新闻宣传计划，开设环保专栏和环保公益广告 | 2015—2020 | 500 |
| | 32 | 环境文化全民教育体系建设工程 | 将环境生态教育作为重要的教学内容列入现行中小幼以及职业技术大学及各级党校相关学科的教学大纲中 | 2015—2020 | 500 |
| | 33 | 环境经济政策试点工程 | 进行包括节能量、碳排放权、水权交易等在内的环境经济政策技术攻关和试点建设 | 2015—2020 | 500 |
| | 34 | 生态补偿项目 | 开展以区域生态补偿和流域生态补偿为重点的生态补偿制度试点工作 | 2015—2020 | 1000 |
| | 35 | 产业结构转型工程 | 制定有利于促进第三产业、循环经济产业和清洁生产产业的相关政策，促进长沙县产业结构的转型升级 | 2015—2020 | 3000 |

# 第七章 长沙县"两型社会"建设实践

长沙县是全国18个改革开放典型地区之一。自2007年国务院批准长株潭城市群和武汉城市圈,为全国资源节约型和环境友好型社会建设综合配套改革试验区以来,长沙县在省委省政府和市委市政府的坚强领导下,及时提出了幸福与经济共同增长、乡村与城市共同繁荣、生态宜居与发展建设共同推进的"三个共同"发展理念,并在这一理念的指导下,团结带领全县人民紧紧围绕"争当排头兵,领跑中西部,进军前十强"目标,创造性地贯彻执行省市关于"两型社会"建设的总体要求,着力在统筹城乡中加快转变经济发展方式,有力地促进了全县经济社会的又好又快发展,在"两型社会"建设中形成了自己独特的"两型"发展模式,为全国"两型社会"建设积累了有益的成功经验,提供了很好的榜样示范。

## 第一节 坚持以结构优化增创发展新优势,
## 经济发展质量和效益不断提升,
## 在综合经济实力上实现了新突破

长沙县在"两型社会"建设中,为了构建"两型"产业体系,确立了"优势产业率先发展、潜力产业加快发展、传统产业规模发展"的产业发展原则,通过重点支持先进制造业做大做强,大力发展高新技术产业和现代服务业,进一步带动了现代农业快速发展,三次产业结构不断优化,经济发展质量和效益不断提升。

## 一 做大做强先进制造业

20 世纪 90 年代初，长沙县开始兴办工业园区，并在长期发展中形成了工程机械、汽车及零部件两大支柱产业。近年来，长沙县为了支持这两大产业做大做强，着力打造"中国工程机械之都"和"全国汽车产业集群新板块"，抓住国家振兴产业的政策机遇，及时制定出台了相关产业扶持政策，启动实施了"千亿园区"和"千亿产业"发展战略。在工程机械产业建设方面，成功引进了山河智能、中联重科、铁建重工等一批重大项目，同时积极支持本土企业三一重工向海外扩张，先后在印度、美国、德国、巴西等地建立了研发中心和制造基地。2011 年，三一集团产值突破 800 亿元，顺利跻身世界 500 强、全球工程机械行业 10 强，成为中国工程机械行业首家进入世界 500 强的企业；全县工程机械产业完成产值 904.1 亿元，占全省 3/5、全国 1/7 的市场份额，即将成为首个千亿产业集群。2014 年，三一集团又成功收购了德国机械巨头普茨迈斯特，并与奥地利帕尔菲格合资成立了三一帕尔菲格公司，国际化步伐进一步加快。在汽车及零部件产业建设方面，成功引进了广汽三菱、广汽菲亚特、住友橡胶等一批世界 500 强企业和陕汽环通、众泰汽车等一批重大项目，与清华大学合作在星沙成立了汽车产业研究基地，目前广汽三菱、广汽菲亚特、住友橡胶等项目已经陆续建成投产。2011 年，全县汽车整车及零部件产业完成产值 200.7 亿元，成为全国首个最完整车系制造区域。

## 二 大力发展高新技术产业

长沙县为了进一步提升以核心技术、核心标准和自主知识产权为要素的产业核心竞争力，坚持把高新技术产业作为推动县域经济发展的主要增长点和核心增长极来打造，每年由县财政安排 3000 多万元专项资金支持高新技术产业发展，使全县经济增长逐步实现由主要依靠物质资源消耗向主要依靠科技创新转变。目前，全县共拥有高新技术企业 95 家，各类工程技术研究中心和企业技术中心 50 多家，其中三一重工、山河智能、远大空调、中联重科、泰格林纸五家企业技术中心被评为国家级技术中心，磐吉奥公司实验室被评为国家级实验室。2011 年，全县高新技术产业增加值达到 348 亿元，占到全县 GDP 总额的 44.5%。

### 三 大力发展现代服务业

现代服务业的发达程度，是衡量经济、社会现代化水平的重要标志。对于依靠工业起家的长沙县来说，现代服务业一直是一个短板。为了拉长这个短板，长沙县始终将发展现代服务业，作为转方式、调结构的一个重要抓手来抓，精心编制了现代服务业发展规划，及时出台了促进现代服务业发展的若干优惠政策，科学布局了五大功能区，重点支持现代商贸、信息咨询、金融保险、科技服务、创意设计等现代服务业加快发展。近年来，该县先后启动建设了恒广欢乐世界、安沙物流园、黄兴现代市场群、长株潭烟草物流园等一批重大服务业项目，陆续建成了新长海城市综合体、龙塘农贸市场、福临农贸市场等项目，以快乐购、太平洋人寿保险总部运营中心为代表的电子商务、服务外包、影视、金融保险等新兴服务业态得到了迅速发展。此外，长沙县为了拉动内需，还连续六年成功举办了星沙商圈购物消费节活动。

### 四 积极发展现代农业

长沙县坚持以城市化的理念建设农村、以工业化的理念发展农业，在县域北部规划创建了一个覆盖 12 个乡镇、面积达 1150 平方公里的国家现代农业示范区。以省会长沙为目标市场，大力调整产业结构，积极推进产业升级和业态创新，现有水稻面积 102 万亩、茶叶基地 9.27 万亩、蔬菜（食用菌）面积 10.9 万亩、时鲜瓜果面积 10.3 万亩；规模以上农业企业 254 家，其中国家级龙头企业 1 家，省级龙头企业 15 家；现有专业合作社 1300 多家，家庭农场 200 余户，各类专业大户 3300 多户，流转土地 42.6 万亩，其中耕地流转 29.9 万亩；现有无公害认证基地 44 万亩，绿色产品认证基地 37773.81 亩，有机产品基地 8386 亩。创新资源整合机制，推进"六个统一"有机整合。注重规划引领，明确了"一心、两片、三带、两廊"和"十大特色园区、百个现代农庄"的总体布局以及建设长沙现代农业功能区、规划建设"一区八园"、提质"三带两片美丽乡村"的工作目标。加强政策引导，先后出台了产业发展、城乡一体化建设、美丽乡村、集中居住、农村创客发展等各方面政策。突出典型带动，围绕八大产业，重点支持现代农业"互联网+"、农业实用新技术、高效优质品种、产业融合发展等项目主体做大做强，辐射带动产业集聚和富民增收。融资体制创新，组建长沙县瑞农现代农业投资开发有限公司，探索开展对县域内农村可经营性资产进行有效整合和综合开发的途径和模式。

长沙县先后被国家农业部列为"双季稻高产创建整县"整建制推进试点县，并被评为"全国无公害农产品标志推广与监管示范县"、"全国重点产茶县"、"中国果菜无公害十强县"。

## 第二节　坚持推进城乡一体化发展，合理配置城乡公共资源，在缩小城乡发展差距上实现新突破

统筹城乡发展是世界经济发展、社会进步的共同规律，是我国进入21世纪后的基本发展方略，是深入贯彻落实科学发展观的必然要求。长沙县为了破除城乡二元结构，按照以工补农、以城带乡、普惠民生的工作思路，坚持把工业与农业、城市与乡村、城镇居民与农村居民作为一个整体来统筹谋划，通过以城带乡、以镇带村、以点带面，在全县形成了镇、村、户协调联动，点、线、面整体推进的城乡一体化发展新格局，有力地促进了城乡经济社会的全面协调可持续发展。

### 一　科学优化县域空间发展布局

按照功能引导发展的思路，长沙县将全县科学划分为优先开发、重点开发、限制开发和禁止开发等几大主体功能区，并按照"宜工则工、宜农则农"的原则，确定了"南工北农"的总体发展规划，

将县城及南部城郊乡镇定位为工业和城市服务型区域，以国家级长沙经开区为龙头，通过"一区带八园"，积极打造千亿园区、千亿产业、千亿企业，不断增强城市综合服务功能；将北部乡镇定位为农业生态型区域，以国家现代农业示范区为龙头，重点发展现代农业，加强生态环境保护，着力打造长沙县可持续发展的战略空间和现代农业示范区。目前，全县已经形成了发展导向明确、要素配置均衡、空间集约集聚的发展格局。

## 二 强力推进城乡一体化试点镇建设

长沙县为了积极探索城乡一体化建设经验，充分发挥示范带动作用，先后启动了七个城乡一体化试点镇建设。其中，榔梨、金井和开慧三个镇，作为城乡一体化试点镇和扩权强镇试点镇，重点从规划、国土、财政、农民集中居住、项目建设和行政审批、人事、编制、行政执法、管理等方面，着力探索和破解影响城乡统筹发展的体制机制障碍，努力推动城市资金、人才、技术、管理等生产要素向农村聚集。近年来，榔梨、金井和开慧三个试点镇共完成各类投资 20 多亿元，有效地推进了以镇带村同步建设、农村商贸集中发展、城市资本共同投入、公共服务全面覆盖、产业发展统一布局，初步探索出了富有特色的城乡一体发展道路。其中，开慧镇"板仓小镇"依托开慧烈士家乡板仓的生态、人文资源，通过多元项目开发建设平台，在城市远郊建设一个与县城和经开区互动的田园城市，打通了"农民进城（镇）"和"市民下乡"的通道，探索出了一条不依赖城市扩张而发展、可以复制和推广的新型城镇化与新农村建设新路子。金井镇以打造"茶乡小镇"为主题，大力推进特色现代农业发展和生态旅游区建设，建成了乡村公共自行车系统，打造了 20 家示范性乡村客栈，培育了"金茶、金米、金菜、金薯"等四个"农"字号品牌和"金井""湘丰"两个中国驰名商标，形成了功能完善的乡村旅游载体。榔梨镇突出"濒临和身居省会长沙城市区域""千年古镇""丰富的自然水资源生态体系"三大要素，确立了"产业聚集新园区、生态宜居新城区"的发展目标，通过实施融城对接和严格按照城市化标准推进各项基础设施建设，加快推动老镇区内中小企业"退二进三""腾笼换鸟",进一步加快了新型工业化和新型城市化建设进程。

### 三　全面推进社会主义新农村建设

长沙县在集中精力推进城乡一体化试点镇建设的同时,还按照资本集中下乡、土地集中流转、产业集中发展、农民集中居住、生态集中保护、公共服务集中推进等"六个集中"的要求,积极推进了城乡规划、基础设施、公共服务、产业发展、生态环境和管理体制六个一体化建设,进一步强化了城乡基础设施的衔接和配套,全面促进了社会主义新农村建设。在城乡规划方面,根据各乡镇在县域经济中的区位、发展状况、有利因素及制约条件,确定了以星沙新城为核心、卫星新市镇为重点、乡镇集镇为补充、新型村镇为基础的四级城乡结构体系,按照组团式、网络化、生态型的要求,科学编制了《长沙县城乡一体化规划》、300平方公里的星沙新城规划、19个乡镇(街道)的总体规划和178个村庄规划。在基础设施建设方面,启动了水、电、路、气、讯"五网下乡"工程,在全省率先实现了镇镇通自来水、村村通水泥公路,全面完成了数字电视平移、有线电视城乡联网,并开通了四条城乡公交线路,接通了八个乡镇(街道)的管道天然气,启动建设了一批道路交通设施项目,在全县形成了"九纵十六横"的道路交通网络。在公共服务供给方面,县财政每年用于民生方面的支出达到一般预算支出的70%,在全国率先实施了"革命先烈后代幸福计划",率先在全省实现了城乡居民医保并轨、城乡居民养老保险全覆盖和农家书屋村级全覆盖,实施了城乡特困户医疗救助制度、"爱心助医"工程、农民免费门诊试点和农村居民集中居住点免费看电视试点。在产业发展方面,南部乡镇主要是依托国家级长沙经开区大力发展工业经济,北部乡镇主要是依托国家现代农业示范区大力发展现代农业。在管理体制方面,重点是创新户籍管理制度,积极探索"扩权强镇"和乡镇机构改革的有效路子,强化乡镇的公共服务和社会管理职能。

### 四　加快推进星沙新城建设

长沙县为了全面提升城市的聚集辐射力、国际影响力和综合竞争力，着力将星沙新城建设成为"三湘门户之城、山水宜居之城、活力创新之城"，牢固树立远大的城市理想，自觉以国际化理念指导城市建设，以国际化标准推进城市建设。2009 年，长沙县将县城所在地星沙镇撤销后，改建成了三个街道办事处，并以此为契机，加快推进了连接长沙市区和城乡各个功能组团的快捷交通建设，加快推进了城区穿梭巴士、公共广场、高档商业网点的建设，启动了由英特尔公司技术支持的全国首个基于下一代网络技术的"无线星沙"建设，新建了一所采用国际文凭组织（IBO）教学体系、以英语为教学语言的星沙国际双语学校，探索实施了城市物业化、网格化、精细化、数字化、人性化管理，并在城市路牌标识上全部印上了中、英、韩三种文字。目前，"无线星沙""数字城管"已经全面投入运行。长沙县曾于 2009 年成为全国唯一获国家建设部授予中国人居环境范例奖（城市管理与市容环境建设项目）的城市。

## 第三节　坚持产城融合发展，不断增强城市功能和社会公共服务，在推进园区经济向城市经济转变上实现了新突破

长沙县是一座依靠工业园区发展带动起来的城市。工业园区的快速发展，一方面带动了区域经济的迅速增长，另一方面却带来了产业与城市在发展过程中的相互分割，造成城市产业结构单一、社会功能不足、服务业发展滞后等一系列问题，严重影响了城市功能的发育和高端人才的引进。为破解产城分割带来的一系列问题，努力寻求一条将城市功能、政府公共服务植入工业园区的新路子，进一步优化产业结构、要素结构和城市空间结构，促进产业发展、城市建设和社会建设有机融合，实现城市的有机增长和社会经济的永续发展，长沙县从 2008 年开始，先后邀请中央政研室、中国深圳综

合开发研究院等高端研究机构，对星沙新城的发展进行了深入研究，并做出了实施星沙新城产城融合、推进园区经济向城市经济转变的战略决定。

## 一　科学确立产城融合发展思路和目标

长沙县实施星沙新城产城融合的发展思路是：以城育产优化空间结构，以产兴城增强城市活力，以社会建设提高城市质量，以体制创新加快融合速度，以门户优势促进开放融合；发展理念是：空间紧凑、产业多元、有机增长、低碳建设、文化先导、体制创新；总体目标是："活力、低碳、幸福星沙"，即以空间资源的高效利用支持产业的持续升级，以产业的多元发展带动城市社会结构的优化，以社会结构的优化推动城市化建设，最终将星沙新城建设成为一个充满活力、低碳发展的幸福之城。

## 二　着力打造产城融合示范区

长沙县在实施产城融合发展战略的过程中，重点打造了松雅湖、空港城、星沙产业基地三大示范区。松雅湖示范区项目规划面积17平方公里，总投资40亿元，建成后湖面面积可达6300多亩，主要是按照"现代理念、人文情怀、世界眼光、国际水准"的要求，面向国际顶尖品牌寻求战略合作伙伴，着力建设国内一流的城市生态湖泊，打造一个现代高端服务业的核心聚集区。松雅湖已经于2011年成功蓄水，环湖片区控制性详规方案正式确定，总体规划尘埃落定，并成功获批国家湿地公园，且与Thinkwell（全球文化娱乐产业的顶级品牌）和Canyon Ranch（北美排名第一的国际顶级度假康体品牌）达成了合作意向。松雅湖的建设，不仅有效改善了城市人居环境，提升了城市品质，而且进一步增强了县域发展后劲，极大提振了人们对星沙未来发展的信心。空港城示范区规划面积达31平方公里，主要是按照"空港的城市、城市的空港"的理念，依托全国第五大的黄花国际机场，重点发展航空物流、电子信息、航空相关先进制造业，以及以总部楼宇、高档酒店、商贸为主的商业地产业，努力建设一个融生产、生活、生态为一体，工业、商业、现代服务业共同发展的多功能城市综合体,打造一个知识型现代服务业生态城。目前,已有中国联通数字阅读基地、奥凯航空、普洛斯物流等项目落户空港城。空港城的建设,不仅成为长沙县新的经济增长点,而且通过空港与城市的有机结合,加快推进了星沙新城产业结构的优化升级。星沙产业基地成立于 2009 年,规划总面积 15 平方公里,主要是按照"三个 1/3"的均衡开发理念,即 1/3 的地方发展工业,1/3 的地方发展生产性服务业,1/3 的地方建设基础设施和商贸住宅,争取用现代理念和国际化视野,一次性建成产城融合体。长沙县在星沙产业基地的规划上,牢固树立"反规划"和"不规划"的理念,尊重自然山水,合理制定生态控制区,最大限度地保护原有地貌和风土人情;在招商引资上,除了大力引进优质工业项目,还积极引进学校、医院、银行、商场等配套设施,形成了多样的城市肌理和活力节点。目前,星沙产业基地已累计完成固定资产投资 20 多亿元,引进上市公司 6 家,世界 500 强 4 家,在建项目达到 70 个,年实现工业产值 20 亿元。2011 年,在第五届中国城市化国际峰会上,长沙县成为中国城市化产城融合典范案例。

## 第四节　坚持实施项目带动战略,以重大项目聚集优势资源,在增强发展后劲上实现了新突破

项目建设是推动经济社会发展的主要动力,是推进"两型"建设的重要载体和抓手。长沙县地处中部内陆,没有任何资源优势可言,要实现率先发展、"两型"发展,关键要靠项目做支撑。基于这种考虑,长沙县始终坚持把项目建设作为率先发展、"两型"发展的"一号工程"来抓,以"等不起"的紧迫感、"慢不得"的危机感、"坐不住"的责任感,全力以赴抓项目,实现了县域经济的持续快速发展。

## 一  积极开展招大引强

为了避免在项目引进上出现"眉毛胡子一把抓"，长沙县根据全县经济社会发展的总规划和产业政策的要求，变招商引资为招商选资，变分散引进为园区集中引进，变被动招商为主动谋划包装项目招商，变土地招商为产业招商和规划招商，紧紧依托"一区八园"、松雅湖、星沙新城、黄兴高铁新城、暮云商贸新城、黄花空港新城、国家级现代农业示范区等招商引资平台，主动瞄准世界500强企业、央企、100强民营企业、大型跨国公司，集中力量引进了一批投资额度高、投资密度大、科技含量高、生态良好的符合产业结构的大项目、好项目。为了进一步提高招商选资的针对性和可操作性，长沙县出台了《长沙县招商引资项目操作规程》，明确了服务业、工业、农业、社会公共事业四大产业项目导向，设置了八大项目准入条件，并对项目优惠政策及执行、项目引进流程、项目管理等方面进行了详细规定，提高了项目的准入门槛，做到"绿色招商"，使引进的项目更加符合实际和发展方向。在优越的区位优势、完善的基础设施条件、优惠的支持政策以及良好的投资环境吸引下，越来越多的国内外知名企业纷至沓来。目前长沙县共拥有三一重工、广汽长丰、北汽福田、中国铁建、中联重科、山河智能等18家上市公司，以及可口可乐、广汽三菱、住友轮胎等25家世界500强企业。

## 二  强势推进项目建设

长沙县认为，县域经济在某种程度上就是项目经济，坚持大力实施项目带动战略，以重大项目建设形成优势资源。近年来，先后启动建设了黄兴大道北延线、人民东路东延线、万家丽北路北延线等一批重大基础设施项目，广汽三菱、广汽菲亚特、住友轮胎等一批重大工业项目，中烟物流园、恒广欢乐世界、生态动物园、黄花机场扩建等一批重大服务业项目，板仓小镇、现代农庄、湖南现代农业技术创新基地、浔龙河生态小镇等一批重大农业项目，松雅湖、空港城、武广新城、黄兴市场群等一批重大功能区项目，并积极配合省市重点推进了沪昆高铁、绕城高速、长浏高速、浏醴高速、地铁二号线、城际铁路、长株潭沿江风光带等一批重大项目建设，全县在建项目达到369个，项目总投资额达1333.8亿元，其中10亿元以上项目达30多个，近年来累计完成固定资产投资1093.5亿元。在项目建设过程中，为了加强项目管理，长沙县严格落实项目法人制、招标投标制、工程监理制、合同管理制、廉政责任制等，建立了参建单位信誉管理体系，对重大项目参建单位合同履行、施工进度、工程质量、施工安全等进行信誉考核，对考核不合格的单位严格实行禁入、清除制度；建立了重点项目建设稽查制，以工程质量和资金使用为重点，对项目建设的各个环节进行跟踪稽查，切实解决项目建设运作不规范的问题，确保项目建设全过程阳光操作和规范化管理。目前，长株高速、芙蓉大道、武广铁路客运专线、开元东路东延线、黄兴大道北延线、绕城高速东北、东南段、沪昆高铁等项目已经建成通车，广汽菲亚特、住友轮胎等项目已经陆续建成投产，生态动物园、黄花机场扩建等项目已经建成投入使用。

### 三　深入开展"两帮两促"

为了促进项目按时、按质顺利投产达效，提高项目推进落实效率，实现县域经济逆势上扬，长沙县开展了以帮助扶持企业发展、帮助推动项目建设，促进民生改善、促进经济发展为主要内容的"两帮两促"活动，实行一个项目、一名领导、一个部门、一套班子、一抓到底的"五个一"项目落实责任机制，全过程跟踪调度项目，全方位协调服务项目，确保项目建设不因资金制约、不受用地影响、不被拆迁延误。在项目服务方面，建立了审批"绿色通道"，简化了项目办理手续，启动了后期追溯机制和项目落地追责机制，特别是对重点项目，坚持做到"一企一策""一事一议"。在资源要素保障方面，创造性出台了一系列扶持政策，着力帮助企业破解融资难、征地难、拆迁难、推进难等突出问题。比如，在项目用地上，坚持集约节约用地，严格执行单位土地投资强度标准，使有限的土地发挥更大的效益；在征地拆迁上，坚持以人为本、依法办事、有情操作、和谐征迁，做深做细群众思想工作，保证了征地拆迁工作平稳有序；在项目融资上，通过发行金融债券，实行财政资金、基金及暂收代管资金银行存放与银行支持政府基础设施建设额度挂钩，以及采取 BOT、BT 等模式与央企对接等方式，缓解了项目融资难的压力。同时，坚持对规模以上企业和节能、环保、科技创新、成长性好的企业，在电力供应、资金协调、土地供应、工业引导资金、科技扶持资金上给予重点支持，对中小企业给予融资贴息支持。

# 第五节　坚持民生普惠，让群众共享改革发展成果，在改善民本民生上实现了新突破

长沙县在加快经济发展的同时，高度关注民生问题，坚持每年新增财力的 70% 用于民生，逐年加大对民生建设的投入力度，着力解决人民最关心、最直接、最现实的利益问题，千方百计让发展成果惠及广大人民群众，促进了社会和谐。

## 一　积极扩大就业和再就业

就业是民生之本，和谐之基。为了全面落实更加积极的就业政策，长沙县财政不断增加预算资金并鼓励社会力量参与，健全公共就业服务保障机制，建立了市县乡镇（街道）、社区四级管理就业服务体系，建立了乡镇（街道）、社区就业创业服务体系，所有乡镇（街道）均建立了统一规范的基层人力资源和社会保障服务平台，各综合服务中心均设有劳动保障服务窗口，为群众提供就业信息，组织群众参加就业技能培训，指导帮助群众就业。同时，为了鼓励以创业带动就业，从 2008 年开始，长沙县启动了"创业富民"工程，出台了创业富民项目税收扶持奖励政策操作办法、创业项目小额贷款实施方案等创业扶持政策，从税费、资金和服务等方面对创业项目、创业基地等进行扶持，重点扶持大学生、残疾人、退养转产户等八类创业困难人群创业就业。近年来，长沙县共投入专项扶持资金近 5000 万元，扶持项目 778 个，拉动逾 20 亿元社会资本投入创业，新增就业岗位近 5 万个。

### 二　构建全民社会保障体系

长沙县围绕"人人享有基本社会保障"的目标，以推进城乡居民养老和医疗保险为重点，不断扩大职工社会保险覆盖范围，提高待遇水平，构建了制度范围广覆盖、保障水平多层次、管理服务现代化的全民社会保障体系。在养老保险方面，实施了新型农村社会养老保险试点工作，全县养老保险工作形成了以企业职工基本养老保险、机关事业单位养老保险、城乡居民基本养老保险为主的全方位保障格局。同时，针对60岁以上未能参加养老保险的城乡居民，纳入每月享受最低135元基础养老金保障范围。在医疗保险方面，全面实施了城乡居民基本医疗保险工作，城乡居民实现统一缴费标准、统一医疗待遇、统一信息平台、统一基金调剂、统一经办服务。在失业、生育、工伤保险方面，将失业保险与工伤保险、生育保险与职工基本医疗保险统一征缴，将工伤保险与安全生产统筹管理，实现了失业、生育、工伤保险的全面对接。在社会救助方面，进一步健全了以城乡低保为基础，医疗、教育等专项救助为补充的城乡社会救助体系，在全省率先建立了城乡特困户医疗救助制度、爱心助医制度。

### 三　全面提升基本公共服务均等化水平

在教育事业方面，长沙县始终坚持教育优先发展，把公益性和普惠性作为发展教育的基本要求，先后获得了"全国义务教育发展基本均衡县""全国阳光体育先进县""湖南省首批教育先进县""湖南省教育强县"等荣誉称号。全面改善了城乡学校办学条件和农村偏远地区教师生活条件，新建和扩建了一批中小学校，城区"大班额"问题得到有效缓解，对教育的投入近三年来连续保持在10亿元以上。目前，长沙县学前三年幼儿入园率达90%，义务教育普及程度和水平进一步提升，初中毕业生升入高中阶段比例达96.4%。另外，通过积极引进、大力支持民办学校和县域内大中专院校发展，长沙县境内聚集了长沙师范学院、湖南信息科学技术学院、湖南机电工程技术学院、贺龙体校等一批大中专院校。在医疗卫生方面，长沙县以落实国家基本药物制度为契机，全面深化医药卫生体制改革，科学制定区域卫生规划，形成了以县、乡、村三级公共卫生服务网络为主体，以突发公共卫生事件应急指挥中心、疾病预防控制中心、卫生监督中心、妇幼保健中心和公共卫生监测中心为辅助的城乡公共卫生服务体系。同时，为了减轻城乡居民看病就医负担，长沙县创造性开展了"免费门诊"试点工作，大幅度提高了门诊就医人次，有效缓解了小病住院压力，医院住院率同比下降21.5%。

### 四　不断加强和创新社会管理

改革开放以来，长沙县经济建设取得了巨大成就，但同时也积累了一系列社会问题。因此，长沙县始终把加强和创新社会管理作为维护社会和谐稳定的主抓手，通过整合社会管理资源，构建了非政府组织和公民共同参与的开放式、网络化的社会管理模式，建立健全了党委领导、政府负责、社会协同、公众参与的社会管理格局。为了做好新形势下群众工作，长沙县在每个村（社区）均设立了群众工作站，实施了"一推行四公开"制度［推行干部联点驻村（社区）、公开联系方式、公开岗位职责、公开监督机制、公开考核办法］，开展了"发挥五老（即老干部、老模范、老教师、老战士、老专家）优势，进行四项教育（形势政策、党的历史、思想道德和公民意识教育）"、"党员干部下基层，与群众恳谈对话，为群众排忧解难"等系列活动，建立了领导干部定期接访、联点下访和"四级（县、乡、村、组）三调（人民调解、行政调解、司法调解）"机制，切实帮助群众排忧解难，进一步增强了党员干部与群众的血肉联系。以"建设人民满意县"为契机，加大了"平安乡镇（街道）""平安社区（村）""平安家庭"等创建力度，构建了点线面结合、人防物防技防结合、专群结合一体化防控的社会治安防控体系。同时，在加强乡村治理上，长沙县重点抓好了"三个管住"：一是通过管住村干部来管住农村社会稳定。县委专门出台了加强村级党组织书记队伍建设的文件，近三年共处理了19名有违纪违规行为的村支部书记（约占全县总数的10%）。2011年还结合村支两委换届，对村党组织书记由原来的任后备案管理调整为任前联审备案管理，有 10 多名村组织书记在换届前的财经审计中被停职，5 名村支书候选人因不符合参选条件在联审中被淘汰。二是通过管住污染源来管住农村生态环境。坚持工业向园区集中，在全省率先建立了生态补偿机制，划定了生猪禁养区、限养区，加强了乡镇污水处理厂和人工湿地建设，县、镇、村、组、户垃圾处置实现了无缝对接。三是通过管住绩效考核来管住农村科学发展。按照"南工北农"发展战略，将全县 22 个乡镇（街道）划分为工业优势区域、农业优势区域、工农综合发展区域以及县城与经开区服务区域，实行分类考核，全县形成了发展导向明确、要素配置均衡、空间集约集聚的发展格局。

## 第六节　坚持一手抓污染治理，一手抓生态修复，在改善生态环境上实现了新突破

在"两型社会"建设中，长沙县把生态环境作为最大的品牌和优势，坚持大力发展绿色低碳经济，加强环境保护和生态建设，努力让人民群众喝上干净的水、呼吸清新的空气、吃上放心的食物。

### 一　积极创建"全国生态县"

在"两型"发展的引领下，长沙县于 2008 年启动了"全国生态县"创建工作，出台了《长沙县两型社会建设综合配套改革试验实施方案》和《长沙县两型社会建设综合配套改革试验五年行动计划》，实施了"两型"乡镇、"两型"村庄、"两型"社区、"两型"学校、"两型"企业、"两型"机关等六项"两型"示范单位创建活动和产业支撑、规划建设、生态环境、"两型"示范、体制创新等五大工程，在资源节约和环境保护、产业结构优化升级、土地集约利用和财税金融支持、社会发展和改善民生、扩大开放、城乡统筹等重点领域和关键环节率先取得了突破。目前，长沙县累计创建国家级生态乡镇 16 个、省级生态乡镇 4 个，国家级生态村 4 个、市级生态村 70 个。

## 二　加强农村环境综合整治

加强农村环境综合整治是加强生态文明的关键所在。近年来，长沙县以改善农村人居环境为目标，启动了总投资11亿元的农村环境综合整治工程，实施了"清洁水源、清洁田园、清洁能源、清洁家园"的"四洁农村"试点工程，在全国开创了农村环境综合整治工作的先河。为了提高农村污水处理功能，长沙县在所有乡镇均建立了污水处理厂，并因地制宜规划布局了一批人工湿地，实现了污水处理全覆盖。针对禽畜养殖污染问题，长沙县经过认真调研，出台了畜禽养殖污染管理防治办法，在全县划定了禁养区、限养区、适度养殖区，推行科学养殖。目前，一级限养区全面减量至20头以下。为了破解农村环保工作融资难的问题，长沙县提出了"用未来的钱、办现在的事、解决过去延续的环境问题"的思路，建立了财政预算与市场融资、村民出资与政府"以奖代投"的投入机制；成立了农村环境建设投资有限公司，将年度财政预算、上级支持资金注入公司，统一管理，专项使用；按照"村民出资、政府补贴、公司融资、银行按揭、争取上级支持"的模式，解决环境建设项目资金问题。2008年，长沙县成立全国首个农村环保合作社，通过市场运作、政府补贴，实现了"户分类、村收集、镇运转、县处理"的垃圾四级管理，有效解决了农村生活垃圾污染问题。目前，全县每镇设有一个农村环保合作总社，每村设有一个农村环保合作分社，经合作社处理后平均每个乡镇的生活垃圾量减少了近80%。

## 三　全面开展生态修复

长沙县在加强环境保护的同时，启动了一系列生态修复工程。2010年率先建立了生态补偿机制，全县除公益设施建设外的所有土地出让金每亩增加3万元，用于生态建设，2014年生态补偿基金由每亩3万元提高到每亩6万元。开展了生态移民，对自然条件较差、生产资源贫乏的贫困村、深山村实施整体移民，保护山区生态环境。加大了浏阳河、捞刀河流域治理，对向"两河"流域直排的企业进行了依法整治；采用"突击打捞、划断包干、常年维护、县级补助"

的办法，对泛滥成灾的水葫芦、病死畜禽、生产生活垃圾进行清理，"两河"再现清澈水质、沿河风光秀美。实施了"千里乡村公路、百条河港堤岸、万户农家庭院"绿色愿景工程，大力开展全民义务植树和"捐赠一棵树，爱我松雅湖"等植树活动。启动了"每乡一个示范村、每村一个示范组、每组十家示范户"的生态环境示范村庄建设工程，极大地激发了广大群众自主美化家园的热情，近两年来群众用于自主美化家园各项投资累计达 6.675 亿元。

### 四　大力发展绿色经济

在"两型社会"建设过程中，长沙县始终将发展绿色经济作为主抓手，积极探索资源集约节约和持续利用的途径，建立完善资源开发保护的长效机制，推动资源高效利用。在土地集约节约使用方面，长沙县坚持用尽量少的土地资源，创造尽量大的效益，然后用产生的效益反哺农业农村，保护山水资源。全县 300 多家重点企业（总用地面积不到 20 平方公里）产生 90% 以上的工业产值和税收收入，形成了"用 1% 的土地支撑经济发展，99% 的土地保护生态环境"的局面。在加强水资源保护与利用方面，通过大力推进节水型社会建设，倡导使用节水设备和器具，限制高耗水行业发展，支持企业和中小型灌区进行节水技术改造，积极推广高效节水灌溉农业，进一步提升了保水、节水水平。在清洁能源使用方面，通过政策引导，积极推广生物质能、风能、太阳能等可再生能源的应用，大力提倡使用节能灯、太阳能热水器、太阳能路灯等节能设施，并开展了财政补贴高效照明产品推广工作，先后安装了 7000 余盏 LED 路灯和 900 余套风光互补路灯，推广节能灯 8.7 万只。同时，长沙县以经开区创建"国家生态工业示范园"为契机，积极发展环保产业和循环经济，坚持实行严格的项目准入制度和严厉的监管处罚制度，严格落实环保"第一审批权"和"一票否决权"，近年来先后关闭和搬迁 60 多家高污染、高能耗企业，并对近百家新引进项目实施环保"一票否决"，共有 174 家工业企业投资近 7 亿元进行了节能技术改造。

# 第七节　坚持实施文化强县战略，用先进文化引领科学发展，在增强县域文化软实力上实现了新突破

文化是一个民族的精神和灵魂，是一个国家、一个民族、一个地区发展与振兴的强大力量。实现县域科学发展，既要注重提升经济发展硬实力，也要注重提升文化软实力，使两者相互促进、相互提升。近年来，长沙县坚持把文化建设作为经济社会发展的"助推器"，大力实施文化强县战略，以高度的文化自觉和自信，不断深化文化体制改革，扎实推进先进文化建设，争创人文环境新优势。

## 一　深入开展文明创建活动

2008年以来，长沙县坚持以创建人民满意县城、人民满意集镇、人民满意村（社区）为载体，不断推进三级文明建设和人民满意工程联创，先后组织开展了文明和谐示范村镇、文明和谐示范单位、文明和谐示范市民、文明和谐示范家庭的"四双"创建活动，全县涌现出江背镇印山村、暮云镇北塘村等一大批国家和省级文明村镇。组建了"乐和乡村"社工协会，全面启动"乐和乡村"项目，积极探索"三事分流"民主议事、义务投劳、群策群力、互帮互助的基层社会治理新模式。积极推进群体文化活动，全县城乡广场健身活动蓬勃兴起，越来越多群众自发参与，健康文明生活方式进一步普及。以五彩星沙广场活动为主舞台，形成了常态化、系列化、群众化的文化生活新机制。广泛开展"星沙之星"、"十星级"文明农户、"百城万店无假货"、"守合同重信用"、"诚信建设示范单位"、十佳魅力家庭评选及"争当雷锋精神传人、弘扬社会文明新风"等系列道德教育实践活动，北山镇常临庄荣登中国好人榜，并获得第三届道德模范提名奖。建立健全了志愿服务工作机制，在全县村（社区）群众工作站挂牌成立了志愿者服务站，全面形成了鼓励、支持、倡导参与志愿者服务的浓厚氛围。进一步完善了未成年

人思想道德建设保障机制，认真开展了以净化网络、网吧、荧屏声频、校园周边环境和出版物市场为重点的净化社会文化环境专项整治行动。2011 年，长沙县顺利通过"全国文明县城"复查测评验收，成功保持两届"全国文明县城"荣誉称号。全县集镇、村（社区）基础设施不断完善，镇容村貌大为改观，居民村民精神面貌焕然一新，人民群众的幸福感普遍提升，连续三年被评为"中国最具幸福感城市（县级）"，并获得"中国最具幸福感城市金奖"。2015 年荣获"全国文明城市提名城市（县级）"。

## 二 不断完善公共文化服务体系

文化既是城市品位的基本特征，又是民生幸福的重要内容，更是群众的精神家园。一个地方文化"软实力"体现了其经济社会发展水平。在长沙县看来，提升一个地方的文化"软实力"，必须要构建一个健全、优质的公共文化服务体系。为此，长沙县制定了《长沙县创建国家公共文化服务体系示范区工作规划》，按照结构合理、发展均衡、网络健全、运行有效、惠及全民的要求，努力建设了以公共文化产品生产供给、设施网络、资金人才、技术保障、运行维护、组织支撑和运行评估为基本框架的覆盖全社会的公共文化服务体系，并通过优先安排关系群众切身利益的文化建设项目，切实保障人民群众看电视、听广播、读书看报、进行公共文化鉴赏、参加大众文化活动等基本文化权益，进一步提高了与经济社会发展水平相适应的公共文化服务保障能力，让全民共享先进文化建设成果。同时，长沙县还坚持做到文化资源向基层倾斜，有序推进了星沙文化中心、湖南辛亥革命人物纪念馆、乡镇综合文化站、农家书屋、村（社区）文体活动中心建设，目前全县已经全面实现了数字电视平移和广播电视村村通，县图书馆、文化馆也向公众实行了免费开放，全县逐步形成了"设施网络化、供给多元化、机制长效化、城乡一体化、服务普惠化"的公共文化服务新格局。2013 年，长沙县荣获"2009—2012 年度全国群众体育先进单位"称号、《农家书屋星级评定与摘牌淘汰办法》在全省推广、2014 年首批国家公共文化服务体系示范区创建成功并荣获"全国文化先进县"称号。

### 三 大力发展文化产业

发展文化产业是满足人民群众多样化、多层次、多方面精神文化需求的重要途径，也是推动经济结构调整、转变经济发展方式的重要着力点。近年来，长沙县高度重视发展文化产业，采取了一系列政策措施，深入推进文化体制改革，加快推动文化产业发展。目前，长沙县文化市场繁荣活跃，初步形成了以文化休闲娱乐服务、印刷出版发行、文化用品与设备生产和销售为代表的产业链。长沙县按照发展特色文化产业群的要求，重点发展文化创业、数字内容与动漫业、文化旅游业、现代印刷与出版业、文化会展业五大门类。长沙县以产业园区为依托建设了一批特色鲜明的重点文化产业集聚区和专业性文化生产基地，以湘绣研发、生产、销售为主的湘绣城，以包装印刷为主的长沙黄花印刷科技产业园，以及在规划建设中的鸿发印刷创意园、湖南顺龙工艺美术基地等文化创意产业园。涌现出湖南天舟科教文化股份有限公司、湖南湘绣城集团、北纬国际传媒、湖南快乐淘宝文化传播有限公司等一批优势文化企业，特别是天舟文化已经成功上市，成为民营出版传媒第一股。

## 第八节 坚持先行先试，大胆改革创新，在破解制约发展的体制机制上实现了新突破

长沙县针对发展中遇到的一系列体制机制性障碍，紧紧抓住长株潭城市群获批全国"两型社会"综合配套改革试验区的政策机遇，坚持在重点领域和关键环节大胆创新、先行先试，力图通过率先突破尽快形成有利于能源资源节约和生态环境保护的体制机制，在更大范围内整合国内外、省内外的各种生产要素和创新资源，积极构筑未来发展新优势，努力形成未来发展新活力。

### 一　深入实施扩权强镇改革

乡镇是县域经济的重要载体，是统筹城乡发展的重要节点。但受我国现行乡镇管理体制限制，乡镇政府普遍存在权小能弱等问题，乡镇的行政管理职能、经济调控职能和社会管理职能普遍弱化，严重抑制了乡镇发展活力。为积极突破制约乡镇发展中的体制性障碍，长沙县在全省率先启动实施了扩权强镇改革，在充分借鉴浙江、安徽、广东等地扩权强镇成功经验的基础上，重点围绕如何在行政体制上给乡镇松绑、如何给乡镇下放管理权限、如何调整现行乡镇财政体制等方面，按照"责权下沉、服务群众、创新体制、促进发展"的原则，编制出台了《长沙县扩权强镇试点工作方案（试行）》，通过授权、委托等方式，分全面实施的扩权内容和城乡一体化乡镇实施的扩权内容两个部分，对乡镇下放了部分人事管理权、财政自主管理权、行政审批权和行政执法权，进一步增强了乡镇的经济社会管理和公共服务职能，极大地提高了乡镇的自我管理能力，充分激发了乡镇经济社会发展的积极性和主动性。

### 二　深入开展开放型政府建设

长沙县为了实现政府各类信息公开全覆盖、公众参与行政决策全覆盖，全力推动政府管理主义模式向参与式治理模式转变，在北京大学公众参与研究与支持中心的学术支持下，建立了以政务服务中心、政府门户网站、政府公报为主，《今日星沙》、长沙县电视台为辅的政府信息公开载体，设计确定了以行政决策公众参与、政府信息公开等十项制度为主要内容的制度体系，并建立了由网络信息系统、纸质信息系统、信息员系统和硬件系统构成的农村服务平台，在法律法规规定应当公开的信息基础上，重点公开了政府财政信息、政府工作报告责任分解、执法部门"权力清单"以及政府财政投资项目决策信息四类信息。近年来，长沙县通过完善决策公开制度，严格遵循公众参与、专家论证、合法性审查、风险评估、集体讨论的决策程序，先后组织召开了出租车经营权转让、松雅湖建设项目、农村环境综合整治、生态移民扶贫工程等重大决策听证会。特别是在松雅湖建设项目中，由于决策时充分听取吸纳了群众意见，得到了广大群众的积极支持，整个项目实现了拆迁安置零上访、零诉讼、零纠纷。与此同时，长沙县还开通了网上政务服务和电子监察系统，积极推进非行政许可项目和年检项目进入政务服务中心和在线办理，全县行政许可在线办理系统使用率达100%，非行政许可在线办理系统建成率达100%，共有27项非行政许可和其他服务事项，进入政务服务中心实行在线办理。2011年，长沙县受邀参加了第六届"中国地方政府创新奖"评比活动，"开放型政府"创新项目入选"中国地方政府创新数据库"。

### 三　深入开展政府投融资体制改革

长沙县坚持以投融资体制改革破解重大项目建设融资难题，积极拓宽融资渠道、搭建新型投融资平台，为重大项目建设创造了良好条件。在政府投资管理体制改革方面，出台了《政府投资管理办法（修订稿）》等系列文件，建立了政府投资项目前期评审、后期评估机制，将所有政府出资建设的固定资产投资项目一律纳入政府投资管理范畴，坚持按照"以规划定项目、以项目定资金"的原则，统筹安排政府投资项目，进一步增强了政府投资的计划性，提升了政府投资决策的科学化、民主化水平，最大限度地发挥了政府投资的效益。在政府融资体制改革方面，先后组建了城建投、水建投、路建投、环建投等四家融资公司，并随着改革的不断深入，又于2011年将这四家融资公司合并组建了星沙建设投资发展集团公司。此外，长沙县还积极支持农村信用社进行改制，新组建成立了星沙农商银行。2011年，长沙县与中国中铁股份有限公司签订战略合作协议，采取BOT模式，共引资22.35亿元；与北京桑德国际合作建设乡镇污水处理厂，采取BOT、BT、OM等模式，引资4.4亿元；与省农发行签订了20亿元水利建设融资战略协议。为进一步拓宽城镇化融资渠道，化解地方政府债务风险，完善财政投入及管理方式，推动长沙县县域经济转型升级发展，长沙县大胆尝试，从2014年10月起大力推进PPP项目建设。长沙县共推出PPP项目22个，总投资约431亿元，包括片区开发、棚户区改造、公共交通、医药卫生、文化体育、自来水、公共停车场及新型城镇化开发等多种类型的公共基础设施和公用事业项目，目前城乡公交一体化项目、长沙空港城建设及综合开发项目、县城扩容提质项目、金井"茶乡小镇"城镇及旅游基础设施建设项目、智慧城市创建子项目（长沙县公共信息平台和系统集成供应 PPP 项目）已完成招标采购程序，确定了合作伙伴，成立了项目公司，进入项目实施阶段；湖南（长沙）现代农业成果展示区项目已完成招标采购工作，以上六个项目已经落地，总投资约 120 亿元。另外，还有长沙综合保税区建设开发和机场联络线交通工程等四个 PPP 项目已进入实施编制、评审和招标采购阶段。大力推进 PPP 项目建设，是长沙县稳增长的重要手段，同时也是实现新型城镇化的战略切入点，长沙县进一步转变观念，把握重点环节，创新政府管理方式，努力在全面深化改革浪潮中走在前列。

### 四　深入推进科技创新体制改革

长沙县为了推动经济发展从要素驱动向创新驱动转变，高度重视自主创新服务体系建设和科技成果转化工作，一方面积极鼓励企业建设工程技术研究中心和博士后流动（工作）站，推进科技特色产业基地建设；鼓励引进、培育科技企业孵化器（创业园）和中介服务机构，为中小型科技企业提供发展平台；加强生产力促进中心建设，不断提高政府科技服务能力。另一方面，积极建立完善企业与高等院校、科研院所间的产学研合作机制，大力开展重大产学研合作和成果转化项目的研发工作，不断优化科技资源配置。同时，积极完善鼓励技术创新和科技成果产业化的法制保障、政策体系、激励机制、市场环境，帮助转化重大科技成果的企业和项目引进风险投资、创业投资资金，加快促进科技成果向现实生产力转化。

### 五　深入推进生态补偿机制改革

长沙县为了建立健全"谁开发谁保护、谁破坏谁修复、谁受益谁补偿、谁污染谁治理、谁保护谁受偿"的运行机制，制定出台了《建立生态补偿机制办法（试行）》，在省内率先建立了生态补偿机制。通过从土地出让收入中划拨资金、加大财政投入、接受社会捐助、争取上级支持等多种渠道，筹资设立了生态补偿专项资金，重点对生态公益林保护建设、水源涵养区和生态湿地保护、生态移民工程建设、农村环保合作社运行、重点污染企业退出等进行了补偿。

### 六　实行功能分区发展

在全国城镇化加快推进的背景下，随着县域经济的快速发展，长沙县正日益面临经济和社会的重大转型，城市空间持续协调发展的压力进一步加大。作为长株潭"两型社会"综合配套改革试验区的核心地带、全国 18 个改革开放典型地区之一，长沙县以引领者的姿态、先行者的担当、实践者的作为，积极探索城市功能区优化建设的体制机制改革，注重引导功能区域的差异化发展，实施功能分区战略，在更大范围内聚集创新因素，引导创新资源合理配置，激发各因素创新的动力，打造一个以科技创新为特色的区域品牌，带动全省提高创新能力，实现科学跨越式发展。在"南工北农"发展的基础上，根据不同产业规划布局定位，把县域科学划分为长沙经济技术开发区即先进制造业区、长沙临空经济区、星沙松雅湖商务区、黄兴会展经济区、长沙现代农业区五大功能区，进一步统筹各方资源，最大限度释放生产力并形成强大的区域带动力。

# 第九节　坚持从严治党，严格落实管党责任制，在加强基层组织和干部队伍建设上实现了新突破

长沙县认为，"两型"建设与干部队伍建设是一个有机整体，前者是推动科学发展、和谐发展、率先发展的必然选择，后者则是实现这一发展目标的决定性因素。因此，工作中始终严格落实管党责任制，力求通过加强基层组织和干部队伍建设，来加快促进"两型社会"建设。

### 一　坚持树立正确用人导向

选人用人是一面旗帜，选什么人、用什么人，历来是广大干部群众最为关注的问题，直接影响干部群众乃至社会的价值取向。长沙县为了真正把政治坚定、能力过硬、实绩突出、作风正派、群众拥护的干部选拔到各级领导岗位上来，着力构建来自基层一线的干部培养选拔链，充分激发全县干部的干事创业热情，结合全县干部队伍建设实际，先后提出了"五个优先""四个重用""五个不选"的用人导向。"五个优先"就是：县直单位正职优先从有乡镇领导班子工作经历的干部中选拔，县直单位副职优先从有乡镇工作经历的干部中选拔，乡镇党政正职优先从有两个乡镇领导班子工作经历的干部中选拔，乡镇党政副职优先从有村（社区）、上级机关、重点项目建设锻炼经历的干部中选拔，县级干部优先从有南北两个乡镇党委书记任职经历的干部中推荐。"四个重用"就是：重用坚持科学发展、好中有快有贡献的人；重用勇于开拓创新、破解难题有本事的人；重用长期扎根基层、服务群众有功劳的人；重用立足本职岗位、踏实肯干有潜力的人。"五个不选"主要是村支两委班子成员的选任，必须坚持做到不能积极贯彻党的农村政策，与上级党委、政府消极对抗的不选；工作霸道、拉帮结派、闹不团结的不选；违反村规民约、有明显劣迹或违法行为的不选；个人虽有致富能力，但思想品质不好的不选；工作能力明显低下，或体弱多病不能正常履行职责的不选。

### 二　全面加强干部队伍建设

近年来，长沙县把干部人才队伍建设作为提升未来发展核心竞争力的重点来抓，为了打造县域经济社会科学发展的"超级智库"，县财政每年安排了 1000 多万元的人才引进专项资金，并于 2009 年启动实施了人才引进"3235"工程，即在 3 年内面向全国引进专业人才 200 名，引进和储备优秀青年人才 300 名，公开选聘到村（社区）大学生村官 500 名。目前，全县已经引进各类人才 1150 人，其中面向具有两院院士、教授、研究员和高级专业职称等资格的顶尖专家聘请了袁隆平等 48 名科学发展顾问，面向"211 工程""985
工程"重点高校的博士、硕士、优秀本科生引进了 305 名优秀青年
人才，面向全国公开选聘了 186 名专业技术人才、611 名大学生村
官，初步形成了以科学发展顾问为塔尖，专业领导人才、中高级专
业技术人才为塔身，优秀青年人才和大学生村官为塔座的"金字塔"
形人才队伍结构。2012 年，长沙县又启动实施了新一轮人才引进工
程，面向美国斯坦福大学、英国曼彻斯特大学、香港科技大学等国
际知名学府高才生，成功引进了 10 名海外留学归国人才。

### 三　大力加强基层组织建设

长沙县以深入学习实践科学发展观和创先争优活动为契机，深
入推进基层党建"三带"工程，积极构建了"以城带乡、以上带
下、以强带弱"的工作机制，广泛开展了城乡基层党组织"共建互
帮"、"联乡结村"、党员关爱、"四百"等活动。按照"四有一化"
要求，不断完善村级组织建设配套政策，县财政每年列支村级组织
运转经费 3000 多万元，保障了基层组织正常运转，全县远程教育站
点覆盖率达 100%。切实加强非公企业党组织组建工作，党的组织和
工作覆盖面不断延伸。注重抓好组织体系、骨干队伍、工作制度、
场所阵地建设，实施党建工作"三级报告评议"制、基层党员"四
级四训"培训工程，进一步规范了村党建指导员、大学生村干部的
培养、管理、激励、考评等机制。制定出台了《党务公开实施意
见》、《关于加强村级党组织书记队伍建设的意见》和《长沙县大学
生村官管理办法》、《长沙县大学生村官待遇保障和激励政策》、《长
沙县大学生村官绩效考核办法》，逐步建立"有人管事、有钱办事、
有劲干事、有章管事"的党建工作机制，全面树立让基层干部提拔
机会更多、发展舞台更广、工资待遇更高的"三更"导向。

### 四　全面推进党内民主建设

为了进一步拓宽党员发挥作用的渠道和效果，长沙县实施了党
的代表大会常任制，在乡镇（街道）建立了党代表联络工作办公室
和"两代表一委员"工作活动室，并实行党代表提案、提议、视察

调研、征求意见、通报情况、列席会议等制度，统一印制了党代表履职记录本，规范了党代表履职行为。为了加大党务公开力度，长沙县下发了《长沙县党的基层组织党务公开目录》《党内情况通报制度（试行）》《考核评价制度（试行）》等12项制度，编印了党务公开登记簿，坚持将党务公开与政务公开、办事公开相结合，对群众关心的内容只要不涉及党的秘密都予以公开，进一步规范了党务公开的内容、公开范围、公开形式、公开时限、公开程序。另外，长沙县以远程教育为平台，积极整合资源，借助国内顶尖技术团队，结合最新信息技术，探索建设了长沙县"党员网"，将现代教育手段运用到村一级，覆盖到全县每一个党员，为全县4万多名党员在网上参加组织生活、行使民主权利等提供了有效的网络平台。

### 五　加强了干部作风建设

在干部作风建设过程中，长沙县坚持从干部的教育引导入手，着重强化制度管理，切实规范权力运行，进一步增强了干部服务意识，为落实"两型"发展各项工作任务提供了重要保证。为了进一步加强与群众之间的联系，促使干部真正"沉下去"，长沙县以开展"千名干部下基层、万名党员访民情"活动为契机，探索实施了以"入户走访、互动沟通、跟踪办理、限期反馈、上门回访"为主要内容的"五步循环"群众工作法，建立健全了联系群众、民主决策、民生保障等工作机制。同时，还制定出台了乡镇（村）干部管理"五个必须"，规定乡（镇）村干部工作时间必须佩戴统一标志，党员干部必须佩戴党徽；乡镇干部每月必须驻乡镇15天以上，村干部必须住在村域范围内；必须联系一个责任区域，对区域内所有社会管理事项负责；必须联系一户以上特困户和一名以上特殊群体人员；必须每年向服务对象进行一次公开述职述廉并接受评议。为了加强干部廉政建设，长沙县广泛开展了"忆党史、感党恩、跟党走"主题教育活动，定期举办廉政知识讲座，并将《廉政准则》改编成情景剧进行巡演，使廉政文化深入人心；出台了村（社区）干部廉洁履职、重大项目向纪检监察机关报告、招标代理机构考核、财政预算公开行政问责等一系列规范制度。为了加大对干部作风问题的监察力度，长沙县从新闻行业聘请了一批特邀监察员，专门负责对全县党员干部的工作作风进行明察暗访，对"不作为、乱作为、缓作为"的单位或者个人进行曝光。

# 第八章 速生草技术在长沙县生态文明建设中的实践探索

党的十八大首次将生态文明建设提到"五位一体"总体布局的战略高度，要求加大自然生态系统和环境保护力度，着力推进绿色发展、循环发展和低碳发展。近年来，长沙县在加强生态文明建设过程中，着力探索"产业低碳化、生活绿色化"的发展之路，有效推动了县域经济与生态文明的融合互动发展。在探索速生草的运用方面，主要方案包括以下几种。

一是摸排不宜种粮地，推广种植速生草。县农业局按照不与粮食争地的原则，对全县滩头、湿地、污染地等不宜种粮但适宜种植速生草的区域进行了摸底（见表8—1）。决定优先选择重金属污染地、"三难地"、荒坡、高岸田等土地开展速生草连片种植，执行标准化操作模式，逐步落实2万亩种植计划。由农业局负责落实速生草在重金属污染区、荒坡、高岸田的种植，在春华镇、北山镇、福林镇重金属污染区分别种植600亩、1000亩、600亩，规划10000亩高岸田种植速生草；水务局负责落实400亩种植。优先在星沙附近、207省道或黄兴大道沿线选点连片种植速生草，按照镇（街道）申报的原则确定种植区域和面积。目前，长沙县已在跳马镇田心桥村建设了360亩速生草科研基地。

二是开展材料应用研究，延伸速生草产业链。目前，长沙县已与中南大学等科研院校合作，对速生草作为材料应用进行研究合作。待研究结果出炉后，计划委托专业公司收购速生草，并通过粉碎、干燥、植物成型等技术手段，对速生草进行深加工，形成饲料、肥料、生物质燃料、造纸、建筑材料、化工用品等。

三是筹建生物质电厂，探索新能源替代。为充分使用速生草、秸秆等生物质燃料，改善能源结构，缓解电力紧张，促进就业和农民增收，长沙县积极开展了生物质发电厂引入工作。据调研，速生草平均含热量为 3800 大卡每千克，其热值接近标煤的一半。如需以速生草为长沙县生物质燃料的主要来源，则每年需晒干后的速生草燃料 17.8 万吨。根据长沙县对速生草的基础调研数据，亩产自然晒干速生草为 8.39 吨（见表 8—2）。由于生物质发电厂的燃料来源除速生草外，还可通过秸秆和城乡生产生活垃圾作为补充，则需种植 2 万亩速生草，以满足生物质发电需求。长沙县 2014 年计划种植速生草 1000 亩，其他面积将逐年落实，最终达到 2 万亩的总量。经过前期调研和实地考察，长沙县将建设一座占地面积 150 亩，总投资约 2 亿元，装机容量 30 兆瓦的生物质发电厂。该项目建成投产后，年产蒸汽 30 万吨，年发电量 1.95 亿度，年需燃料 17.8 万吨，节约标煤约 9.7 万吨，年减排二氧化碳 25.9 万吨。2014 年，全县的耗电量为 38.28 亿度，年发电量相当于全县年用电量的 5%。

表 8—1　　　　长沙县滩头、湿地和不宜种粮的旱地摸底统计

单位：亩

| 镇（街道） | 村 | 组 | 地点 | 面积 | 适宜种植植物 | 备注 |
|---|---|---|---|---|---|---|
| 白沙镇 | 窑上 | 全村 | | 180 | 旱生 | |
| | | | | 40 | 水生 | |
| | 石燕 | 全村 | | 340 | 旱生 | |
| | 白沙 | 全村 | | 260 | 旱生 | |
| | 锡福 | 全村 | | 52 | 旱生 | |
| | 李家山社区 | 全村 | 白沙镇 | 150 | 旱生 | |
| | 上华 | | 白沙镇 | 200 | 旱生 | |
| | 双冲 | 全村 | 白沙镇 | 300 | 旱生 | |
| | 大花 | | 金村各组 | 200 | 旱生 | |
| | 增加 | 全村 | 金村各组 | 300 | 旱生 | |
| | 报母 | | 金村各组 | 100 | 旱生 | |

续表

| 镇（街道） | 村 | 组 | 地点 | 面积 | 适宜种植植物 | 备注 |
|---|---|---|---|---|---|---|
| 高桥镇 | 合兴桥 | 羊西 | 老螺岭桥旁 | 6 | 旱生 | 金井河滩头 |
| | 双龙 | 艳禾 | 燕江桥旁 | 7.5 | 旱生 | 金井河滩头 |
| | | 新村 | 油炸冲 | 5 | 水生 | 湿地 |
| | 白石源 | 铁炉 | 铁炉村 | 3 | 水生 | 湿地 |
| | | 老虎口 | 老虎口 | 4.5 | 水生 | 湿地 |
| | | 王家垅 | 王家垅 | 6 | 水生 | 湿地 |
| | | 顶上屋 | 顶上屋 | 5.5 | 水生 | 湿地 |
| | 凤山 | 荷花 | 荷花 | 4 | 水生 | 湿地 |
| | | 张家 | 张家组 | 6 | 水生 | 湿地 |
| | | 建设 | 建设组 | 5 | 水生 | 湿地 |
| | | 涂冲毛利 | 涂冲毛利组 | 4.5 | 水生 | 湿地 |
| | | 王表 | 王表冲 | 5.5 | 水生 | 湿地 |
| | 维汉 | 善长坡 | 善长坡组 | 8 | 水生 | 湿地 |
| | | 寺冲 | 寺冲组 | 6.5 | 水生 | 湿地 |
| | | 坡里 | 坡里组 | 5 | 水生 | 湿地 |
| | 百录 | 石咀头 | 昌马线旁 | 6 | 水生 | 湿地 |
| | | 安脚 | 昌马线旁 | 6.5 | 水生 | 湿地 |
| | | 枫树冲 | 昌马线旁 | 5.5 | 水生 | 湿地 |
| | | 刘家冲 | 昌马线旁 | 3 | 水生 | 湿地 |
| | | 高叶塘 | 高叶塘组 | 4 | 水生 | 湿地 |
| | | 岱高 | 岱高冲 | 7 | 水生 | 湿地 |
| | 高桥 | 杨广冲 | 杨广冲组 | 12 | 水生 | 湿地 |
| | | 祝丰 | 祝丰洞 | 11 | 水生 | 湿地 |
| | 范林 | 简河 | 简河桥 | 4.5 | 水生 | 湿地 |
| | | 耕余 | 自来水厂旁 | 6 | 水生 | 湿地 |
| | | 烟布 | 原耕庆砖厂旁 | 8 | 水生 | 湿地 |
| | | 民合 | 民合组 | 3 | 水生 | 湿地 |
| 江背镇 | 江背社区 | 五七 | 冷水冲 | 24 | 水生 | 坏石矿 |
| | 金洲 | 湖塘柳家六个组 | 湖塘 | 90 | 水生 | 哑河 |
| | 五美 | 芋家咀 | 芋家咀冲 | 20 | 水生 | 坏石矿 |

续表

| 镇（街道） | 村 | 组 | 地点 | 面积 | 适宜种植植物 | 备注 |
|---|---|---|---|---|---|---|
| 青山铺镇 | 广福 | 蔡家冲 | 八门塘 | 12 | 旱生 | |
| | | 芦家塘 | 鱼坡湾 | 6 | 旱生 | |
| | | 芦家塘 | 门前垅 | 27 | 旱生 | |
| | | 梨树坳 | 斗笠冲 | 13 | 旱生 | |
| | 青山 | 晋山 | | 13 | 水生 | |
| | | | 晋矿 | 20 | 旱生 | |
| | | 龙口塘 | | 15 | 旱生 | |
| | | 马蹄塘 | | 20 | 旱生 | |
| | | 花屋里 | | 20 | 旱生 | |
| | | 皮家坝 | | 20 | 旱生 | |
| | 天华 | 大屋场 | 大沙里 | 30 | 旱生 | |
| | | 荷花组 | 华山水库 | 30 | 旱生 | |
| | | 黄田里 | 黄田里 | 20 | 水生 | |
| | | 门前屋 | 南家山 | 10 | 旱生 | |
| | 赛头 | 碳坡里 | | 12 | 水生 | |
| | | 望楚塘 | | 18 | 水生 | |
| | | 社星 | | 8 | 水生 | |
| | | 闵家垅 | | 20 | 水生 | |
| | | 下石塘坡 | | 20 | 水生 | |
| | 黄鹄 | 大树屋 | | 14 | 水生 | |
| | 黄鹄 | 学塘塝 | | 14 | 水生 | |
| | | 后元塘 | | 100 | 水生 | |
| | 洪河 | 罗卜塘 | 官冲里 | 16 | 水生 | |
| | | 龙塘冲 | | 7 | 水生 | |
| | | 塝上屋 | | 15 | 水生 | |
| | | 沙塘冲 | 曹家塘 | 5 | 旱生 | |
| | | 菖卜塘 | | 7 | 旱生 | |
| 黄兴镇 | 打卦岭 | 金猴 | 水田 | 12 | 旱生 | |
| | 蓝田新村 | 水竹嘴 | 塘边 | 8 | 旱生 | |
| | 仙人市 | 枫树 | 水田 | 5 | 旱生 | |
| 双江镇 | 山笔 | 柒佳 | | 60 | 旱生 | |
| | 农裕 | 泉冲、石板冲 | | 80 | 旱生 | |
| | 大桥 | 丝茅咀、风塘冲 | | 60 | 旱生 | |
| | 石井 | 长冲组、东山屋 | | 30 | 旱生 | |
| | 团山 | 张天坳 | | 20 | 旱生 | |
| | 赤马 | 老家彦 | | 30 | 旱生 | |
| | 石板 | 沙江咀 | | 30 | 旱生 | |
| | 青山 | 烟包冲 | | 40 | 旱生 | |
| | 龙华 | 白华 | | 20 | 旱生 | |

续表

| 镇<br>（街道） | 村 | 组 | 地点 | 面积 | 适宜种<br>植植物 | 备注 |
|---|---|---|---|---|---|---|
| 福临镇 | 古华山 | 洪家冲 | 洪家冲塝上 | 12 | 旱草 | 旱田 |
| | | 洪家冲 | 祥空垅里 | 17 | 水草 | 冷浸田 |
| | | 寺冲里 | 水库下面 | 10 | 水草 | 冷浸田 |
| | | 茶坡里 | 草塘坡 | 8 | 水草 | 冷浸田 |
| | | 马家冲 | 马家塝 | 10 | 水草 | 冷浸田 |
| | | 邓家湾 | 铁家坳 | 8 | 水草 | 冷浸田 |
| | 金坑桥 | 陶田坳 | 于子冲 | 5 | 旱草 | 干岸田 |
| | | 曾家坳 | 新塘冲 | 6 | 水草 | 冷浸田 |
| | | 咀上屋 | 垫坡里 | 10 | 旱草 | 干岸田 |
| | | 赤竹坡 | 范家冲 | 10 | 旱草 | 干岸田 |
| | | 竹山里 | 卫家坡 | 10 | 旱草 | 干岸田 |
| | | 蔡家屋 | 张家冲 | 6 | 旱草 | 干岸田 |
| | | 种瓜湾 | 缪新塘 | 10 | 旱草 | 干岸田 |
| | | 谭家冲 | 谭家冲 | 10 | 水草 | 冷浸田 |
| | | 腰塘冲 | 腰塘冲 | 10 | 旱草 | 干岸田 |
| | 泉源 | 金家坡 | 蔡家坳 | 24 | 旱生 | |
| | | 下八甲 | 涩塘冲 | 21 | 旱生 | |
| | | 上八甲 | 尧塘湾 | 16 | 旱生 | |
| | | 高塘坡 | 横冲里 | 18 | 旱生 | |
| | | 尧塝上 | 二斗冲 | 24 | 旱生 | |
| | | 涩塘冲 | 红嘴冲 | 17 | 旱生 | |
| | | 门前屋 | 坡里屋 | 28 | 旱生 | |
| | | 新塘湾 | 背里屋冲 | 14 | 旱生 | |
| | | 王板洞 | 樟树洞 | 25 | 旱生 | |
| | | 郭家洞 | 庙冲里 | 12 | 旱生 | |
| | | 郑家冲 | 龟山冲 | 15 | 旱生 | |
| | | 尤马冲 | 苦竹冲 | 26 | 旱生 | |
| | | 对家岭 | 字婆冲 | 21 | 旱生 | |
| | | 千公坟 | 沙婆塘 | 24 | 旱生 | |
| | | 桃树坡 | 神冲里 | 21 | 旱生 | |
| | | 石水坑 | 王立塝 | 28 | 旱生 | |
| | | 胡家屋 | 瓦塘冲 | 28 | 旱生 | |
| | | 大屋场 | 沙塘冲 | 27 | 旱生 | |
| | | 坡里屋 | 马坡里 | 32 | 旱生 | |
| | | 黄泥塘 | 黄泥塘 | 24 | 旱生 | |
| | | 赖家屋 | 水斗冲 | 18 | 旱生 | |
| | | 大坡里 | 铁尺塘 | 17 | 旱生 | |
| | | 合力 | 陈万冲 | 22 | 旱生 | |
| | | 大力 | 三斗冲 | 36 | 旱生 | |

| 镇（街道） | 村 | 组 | 地点 | 面积 | 适宜种植植物 | 备注 |
|---|---|---|---|---|---|---|
| 福临镇 | 开物 | 金塘 | 墙坑垅 | 10 | 水草 | 冷浸田 |
| | | 开农 | 五中垅 | 16 | 水草 | 冷浸田 |
| | | 开农 | 杨家坡 | 13 | 旱草 | 冷浸田 |
| | | 新联 | 磨板台 | 15 | 水草 | 冷浸田 |
| | 福临铺社区 | 荷塘坡 | 汪家垅 | 9.5 | 水生 | 冷浸田 |
| | | 白马咀 | 白马咀 | 8 | 旱生 | |
| | | 增加坪 | 向家坝 | 6 | 旱生 | |
| | | 里头屋 | 干塘坡 | 3 | 旱生 | |
| | 石牯牛 | 早耕坝 | 落家塘冲 | 12 | 旱生 | |
| | | 张家冲 | 大塘尾 | 5 | 旱生 | |
| | | 松家冲 | 龙塘冲 | 5 | 水生 | |
| | | 秧田咀 | 彭家冲 | 5 | 旱生 | |
| | | 排咀山 | 张家新屋 | 5 | 旱生 | |
| | | 老屋里 | 吊马坡 | 6 | 旱生 | |
| | | 印子屋 | 黄金岭冲 | 7 | 旱生 | |
| | | 良家屋 | 石板谭冲 | 8 | 旱生 | |
| | | 黄金塅 | 向家冲 | 10 | 水生 | |
| | | 竹山冲 | 向家冲 | 8 | 水生 | |
| | | 竹山冲 | 叶家塝 | 10 | 旱生 | |
| | | 郑家冲 | 龙塘冲 | 60 | 旱生 | |
| | | 长塘冲 | 石塘坡 | 50 | 旱生 | |
| | | 何家冲 | 小何家冲 | 4 | 旱生 | |
| | | 何家冲 | 何家冲水库 | 3 | 水生 | |
| | | 坳上屋 | 雪花坳 | 6 | 水生 | |
| | | 石咀里 | 王家水库上方 | 10 | 水生 | |
| | | 易家湾 | 毛家冲 | 6 | 旱生 | |
| | 双起桥 | 油麻冲 | 郑家冲垅中 | 12 | 水生 | 冷浸田 |
| | | 才公冲 | 大叶冲 | 5 | 水生 | 冷浸田 |
| | | 线铺里 | 垅里 | 3 | 旱生 | 冷浸田 |
| | | 咀上屋 | 咀上屋后坡 | 8 | 水生 | 冷浸田 |
| | | 龙塘湾 | 高家塘塘下 | 5 | 水生 | 冷浸田 |
| | | 双沙 | 石头坡 | 6 | 水生 | 冷浸田 |
| | | 单家旁 | 单家旁塝上 | 4 | 旱生 | |
| | | 塅里屋 | 董家冲 | 6 | 旱生 | |
| | | 塘湾里 | 石灰冲 | 5 | 旱生 | |
| | | 申官塘 | 王家冲 | 4 | 旱生 | |
| | | 车公冲 | 王同坡 | 7 | 旱生 | |
| | | 大胜塘 | 长坡里、计牛冲 | 15 | 旱生 | 滩头 |
| | | 铺背里 | 舒家冲、办坡里 | 7 | 旱生 | 滩头 |

续表

| 镇（街道） | 村 | 组 | 地点 | 面积 | 适宜种植植物 | 备注 |
|---|---|---|---|---|---|---|
| | 孙家桥 | 史家冲 | 史家冲垅中 | 24.5 | 水生 | 冷浸田 |
| | | 排楼坳 | 小排楼坳 | 4.8 | 水生 | 冷浸田 |
| | | 石头屋 | 垅里 | 13.2 | 水生 | 冷浸田 |
| | | 咀上屋 | 咀口 | 4.5 | 水生 | 冷浸田 |
| | | 竹山里 | 徐跃辉屋前 | 5.6 | 水生 | 冷浸田 |
| | | 单家咀 | 水库下圻 | 8.2 | 水生 | 冷浸田 |
| | | 果木塘 | 果木塘塝上 | 12.5 | 旱生 | 滩头 |
| | | 味家咀 | 上垅 | 3.5 | 旱生 | 滩头 |
| | | 塘家冲 | 陈革雄屋前垅中 | 3 | 旱生 | 滩头 |
| 福临镇 | 同心 | 昌卜塘 | 清水塘 | 3 | 旱生 | |
| | | 代家 | 金华山 | 8 | 旱生 | |
| | | 罗家 | 菜子田 | 2 | 旱生 | |
| | | 姚家 | 元岭上 | 3 | 旱生 | |
| | | 雨坛 | 水库湾里 | 3 | 旱生 | |
| | | 花屋 | 八斗冲 | 4 | 水生 | |
| | | | 茶园坡 | 3 | 旱生 | |
| | | 高仓塅 | 牛皮冲 | 2 | 旱生 | |
| | | 高丰 | 蔡家塘 | 8 | 水生 | |
| | | | 七斗垅 | 4 | 旱生 | |
| | | 高明 | 细屋冲 | 6 | 旱生 | |
| | | | 汪家冲 | 5 | 旱生 | |
| | | 和平 | 毛栗冲 | 6 | 旱生 | |
| | | 和兴 | 高嘴上 | 6 | 旱生 | |
| | | 常兴 | 瓦茶坡 | 8 | 水生 | |
| | | 双龙 | 油草塘 | 4 | 旱生 | |
| | | 双丰 | 汤家塝 | 15 | 旱生 | |
| | | | 棉花坡 | 7 | 旱生 | |
| | | 善塘 | 七神塝 | 5 | 旱生 | |
| | | | 姚坡湾 | 4 | 旱生 | |
| | | | 马栏冲 | 7 | 旱生 | |
| | | 新塘 | 滕家冲 | 3 | 旱生 | |
| | | | 栗木冲 | 2 | 旱生 | |
| | | 天禾 | 缪神塘 | 5 | 旱生 | |
| | | 东华 | 周公冲 | 3 | 旱生 | |
| | | | 长坡里 | 2 | 旱生 | |
| | | 杉山 | 谭家坡 | 4 | 旱生 | |
| | | | 刘公冲 | 4 | 旱生 | |
| | | 寺门前 | 黄泥塝 | 3 | 旱生 | |
| | | | 安寺里 | 3 | 旱生 | |
| | | 大屋场 | 齐家坡 | 3 | 旱生 | |
| | | 龙家园 | 樟树冲 | 4 | 旱生 | |
| | | | 朱木冲 | 3 | 旱生 | |

续表

| 镇（街道） | 村 | 组 | 地点 | 面积 | 适宜种植植物 | 备注 |
|---|---|---|---|---|---|---|
| 福临镇 | 西冲 | 新艳 | 冲里 | 4 | 旱生 | 冷浸田 |
| | | 金甲坨 | 杨梅冲 | 3 | 旱生 | |
| | | 新岭 | 长坡里 | 4 | 旱生 | |
| | | 双凤 | 东凤 | 4 | 旱生 | |
| | | 松家 | 横冲里 | 4 | 旱生 | |
| | | 万家 | 横冲里 | 3 | 旱生 | |
| | | 石板 | 禾公塘 | 3 | 旱生 | |
| | | 肖家 | 肖家冲 | 2 | 旱生 | |
| | 影珠山 | 养静元 | 田垅里 | 20 | 水生 | |
| | | | 大禾垅 | 10 | 水生 | |
| | | 坳背冲 | 庤古垅 | 12 | 旱生 | |
| | | 羊牯岭 | 石马坑 | 8 | 旱生 | |
| | | 元冲 | 塘岭上 | 14 | 水生 | |
| | | 双塘 | 卢司塘 | 7 | 水生 | |
| 果园镇 | 花果 | 钟山 | 金井河 | 16.75 | 旱生 | |
| | | 七一 | 捞刀河 | 7.11 | 旱生 | |
| | | 果园 | 金井河 | 0.5 | 旱生 | |
| | | 赤石 | 捞刀河 | 40 | 旱生 | |
| | | 兰桂 | 金井河 | 12 | 旱生 | |
| | | 青希 | 捞刀河 | 15.9 | 旱生 | |
| | | 姚龙 | 捞刀河 | 21.93 | 旱生 | |
| | | 台田 | 金井河、捞刀河 | 12.2 | 旱生 | |
| | | 丰林 | 金井河、捞刀河 | 11.4 | 旱生 | |
| | | 天然 | 金井河 | 50.12 | 旱生 | |
| | | 红龙 | 金井河 | 138.7 | 旱生 | |
| | 田汉 | 金洲 | 捞刀河 | 12.43 | 旱生 | |
| | | 大元 | 捞刀河 | 35.5 | 旱生 | |
| | | 黄狮 | 捞刀河 | 39.3 | 旱生 | |
| | | 寺港 | 捞刀河 | 21.2 | 旱生 | |
| | | 大河 | 捞刀河 | 29.16 | 旱生 | |
| | | 银龙 | 捞刀河 | 6.88 | 旱生 | |
| | | 坪上 | 捞刀河 | 12.5 | 旱生 | |
| | | 村集体 | 捞刀河 | 6 | 旱生 | |
| | 新明 | 大坝 | 金井河 | 88.3 | 旱生 | |
| | 古楼新 | 陈家巷 | 捞刀河 | 11.6 | 旱生 | |
| | | 桐车屋 | 捞刀河 | 43.1 | 旱生 | |
| | 大河社区 | 徐家坝 | 浏阳河 | 2 | 旱生 | |
| | 金江新 | 黄祠 | 金井河 | 8 | 旱生 | |
| | 双河 | 石金湾 | 金井河 | 16 | 旱生 | |

续表

| 镇（街道） | 村 | 组 | 地点 | 面积 | 适宜种植植物 | 备注 |
|---|---|---|---|---|---|---|
| 安沙镇 | 三合村 | 茶园 | 河滩外 | 50 | | |
| | | 樟树滩 | 河滩外 | 40 | | |
| | | 代家老屋 | 河滩外 | 40 | | |
| | | 灌山岭 | 水库山上 | 20 | | |
| | 五龙山 | 江家冲 | 江家冲 | 20 | 水生 | |
| | | 江家冲 | 柳家屋场反背 | 15 | 水生 | |
| | | 六角塘 | 柳家屋场 | 30 | 水生 | |
| | | 咀上屋 | 咀上屋 | 15 | 水生 | |
| | | 长山里 | 花树台 | 35 | 旱生 | |
| | | 上大屋 | 上大屋垃圾场 | 150 | 旱生 | |
| | | 朱老屋 | 县道边 | 20 | 水生 | |
| | | 六角塘 | 晋矿边 | 200 | 旱生 | |
| | 杨梓冲村 | 付家塘 | 杨梓小学后面 | 10 | 旱生 | |
| | | 白闪塘 | 机台旁 | 10 | 水生 | |
| | | 桎木坡 | 王家坝旁 | 15 | 水生 | |
| | | 辽叶坡 | 大陇里 | 15 | 水生 | |
| | | 张家屋组 | 张家屋大冲 | 20 | 水生 | |
| | | 槽坊屋组 | 莲塘冲 | 10 | 水生 | |
| | | 长塘下组 | 长塘冲 | 2 | 旱生 | |
| | | 毛坡塘组 | 神塘冲 | 2.3 | 水生 | |
| | 太兴 | 先锋组 | 废麻石厂 | 8 | 旱生 | |
| | | 罗家冲组 | 107国道旁 | 20 | 水生 | |
| | 白塔村 | 塘坝上 | 塘坝上大洲 | 57 | 水生 | |
| | | 象鼻嘴 | 沈下塘下圫 | 1 | 水生 | |
| | | | 干龙塘下函圫 | 0.5 | 水生 | |
| | | | 上下坎 | 2 | 水生 | |
| | | | 庙冲 | 4 | 旱生 | |
| | | 白塔峰 | 孙家湖 | 1.4 | 水生 | |
| | | 老屋樟 | 河边 | 5 | 水生 | |
| | | | 河内 | 15 | 水生 | |
| | | 梅园冲 | 泉塘边 | 8.6 | | |
| | | | 过水圫 | | | |
| | | | 龙函 | | | |
| | | | 斗函 | | | |
| | | 陈家围子 | 坝圫 | | | |
| | | | 大冲坝 | 12.7 | 植树 | |
| | | | 虾子塘冲 | 8.9 | | |
| | | | 梅树弯河边 | 8.5 | 旱生 | |

续表

| 镇（街道） | 村 | 组 | 地点 | 面积 | 适宜种植植物 | 备注 |
|---|---|---|---|---|---|---|
| 安沙镇 | 泗洲村 | 时春铺 | 扒杠冲 | 2 | 速生草 | |
| | | 黄基塘 | 流里塘 | 5 | 速生草 | |
| | | 兰竹山 | 唐家坝 | 1.5 | 速生草 | |
| | | 廖家塘 | 廖家塘塘下 | 2 | 速生草 | |
| | | 时春铺 | 芦席冲 | 2 | 速生草 | |
| | 谭坊新村 | 竹筒港组 | 堤上 | 30 | 水生 | |
| | | 汪老屋组 | 绕城高速旁 | 30 | 旱生 | |
| | 毛塘社区 | 毛塘铺组 | 等坝子 | 20 | 水生 | |
| | | 长塘冲组 | 清水塘下垅 | 16 | 水生 | |
| | | 王家坝组 | 烂坝子 | 15 | 水生 | |
| | | 丁家冲组 | 响塘 | 15 | 水生 | |
| | 新华村 | 正湘堂组 | 正湘堂组 | 30 | 旱生 | |
| | | 马公塅组 | 马公塅组 | 20 | 水生 | |
| | | 门前屋组 | 门前屋组 | 30 | 水生 | |
| | | 大塘冲组 | | 30 | 旱生 | |
| | 宋家桥村 | 光山里 | 大塘冲组 | 3.5 | 水生 | |
| | | 满山冲 | | 4 | 水生 | |
| | | 江石屋 | | 3 | 水生 | |
| | | 童家屋 | | 2 | 水生 | |
| | | 七家屋 | | 5 | 水生 | |
| | | 李公塘 | | 3 | 水生 | |
| | | 大树脚 | | 3 | 水生 | |
| | | 罗公屋 | | 3 | 水生 | |
| | | 萝卜塘 | | 3 | 水生 | |
| | | 蔡家冲 | | 3 | 水生 | |
| | | 易家湾 | | 2.5 | 水生 | |
| | | 张家湾 | | 3 | 水生 | |
| | | 上湾组 | | 3 | 水生 | |
| | 油铺村 | 荷叶塘 | 荷叶大塘下 | 2 | 水生 | |
| | | 姚家屋 | 大塘下龙田 | 1 | 水生 | |
| | | 一字屋 | 废弃矿山麻石厂 | 1 | 水生、旱生 | |
| | | 品墙湾 | 废弃矿山麻石厂 | 1 | 水生、旱生 | |
| | | 油铺 | 窑砖厂、油铺大龙 | 25 | 水生、旱生 | |
| | | 樟树屋 | 油铺大龙 | 5 | 水生 | |
| | | 高叶塘 | 高叶塘大龙 | 3 | 水生 | |
| | | 刘里塘 | 刘里塘下龙 | 10 | 水生 | |
| | | 沙塘墈 | 沙塘墈下龙 | 8 | 水生 | |

| 镇（街道） | 村 | 组 | 地点 | 面积 | 适宜种植植物 | 备注 |
|---|---|---|---|---|---|---|
| 安沙镇 | 油铺村 | 热心 | 热心组 | 1 | 水生 | |
| | | 坪上屋 | 坪上屋组 | 1 | 水生 | |
| | | 肖家屋 | 肖家屋组 | 1 | 水生 | |
| | 唐田新村 | 龙塘坡 | 龙塘上 | 8 | 水生 | |
| | | 龙塘坡 | 龙塘下 | 12 | 水生 | |
| | | 磅田冲 | 龙万路旁 | 30 | 水生 | |
| | | 唐田 | 石牛塘下 | 4 | 水生 | |
| | | 氹里屋 | 秧冲坳 | 15 | 水生 | |
| | | 西岸 | 胡家冲 | 12 | 水生 | |
| | | 木鱼山 | 小塘下 | 7 | 水生 | |
| | | 各家屋 | 朱年林屋前 | 3 | 水生 | |
| | 鼎功桥村 | 袁家祠堂组 | 王家冲 | 10 | 旱生 | |
| | | 顶功组 | 王斯塘 | 10 | 水生 | |
| | | 塘塳上 | 坪上屋 | 7 | 旱生 | |
| | | 铁坡 | 铁坡 | 11 | 旱生 | |
| | | 欧家老屋 | 庙塘冲 | 8 | 水生 | |
| | | 关圣冲 | 梅塘坡 | 5 | 旱生 | |
| | 文家塅 | 翠花铺 | | 2 | 水生 | |
| | | 一字墙 | | 2 | 水生 | |
| | | 团元 | | 3 | 水生 | |
| | | 心田园 | | 2 | 水生 | |
| | | 狗尾塘 | | 2 | 旱生 | |
| | | 兰桥 | | 2 | 水生 | |
| | | 坝上屋 | | 1 | 水生 | |
| | | 翠花铺 | | 2 | 水生 | |
| | | 一字墙 | | 2 | 水生 | |
| | | 团元 | | 3 | 水生 | |
| | | 心田园 | | 2 | 水生 | |
| | | 狗尾塘 | | 2 | 旱生 | |
| | | 兰桥 | | 2 | 水生 | |
| | | 坝上屋 | | 1 | 水生 | |
| | 万家铺村 | 栏杆屋 | 曾塘坡 | 12.5 | 旱生 | |
| | | 安冲 | 安冲里 | 6.5 | 水生 | |
| | | 金家坝 | 肖家冲 | 6 | 水生 | |
| | | 珠树山 | | | 水生 | |
| | | 它鱼岭 | 复子冲 | 4 | 旱生 | |
| | | 方塘冲 | 方塘冲岸边 | 12.5 | 旱生 | |
| | | 树公冲 | 庆华塘口 | 5.5 | 水生 | |
| | | 伍家湾 | 伍家湾里冲 | 7.6 | 水生 | |
| | | 井湾 | 井湾垅中 | 22.5 | 水生 | |

续表

| 镇（街道） | 村 | 组 | 地点 | 面积 | 适宜种植植物 | 备注 |
|---|---|---|---|---|---|---|
| 安沙镇 | 万家铺村 | 曾家老屋 | 曾家老屋前垅 | 8.5 | 水生 | |
| | | 富家咀 | 富家咀冲 | 6.5 | 水生 | |
| | | 尧塘冲 | 尧塘冲尾 | 4.8 | 旱生 | |
| | 花桥 | 花桥屋组 | 花桥河坝边 | 8 | 旱生 | |
| | | 蔡家屋组 | 蔡家屋 | 2.5 | 水生 | |
| | | 插基塘组 | 插基塘茶坡 | 4 | 旱生 | |
| | | 燕子山组 | 燕子山 | 5 | 旱生 | |
| | | 金家大屋组 | 金家大屋 | 3.8 | 水生 | |
| | | 荷叶塘组 | 荷叶塘 | 3 | 旱生 | |
| | 和平村 | 中间屋 | | 2 | 水生 | |
| | | 百亩塘 | | 3 | 水生 | |
| | | 龙家坪 | | 2 | 水生 | |
| | | 颜家冲 | | 4 | 水生 | |
| | | 董家咀 | | 2 | 水生 | |
| | 双冲村 | | | 43 | 水生 | 湿地、冷浸田 |
| | 黄桥村 | 唐家坝组 | 河方垅 | 1.3 | 水生 | |
| | | 猫形山组 | 东八线边 | 4 | 旱生 | |
| | | 道仁塘组 | 坳上 | 5 | 旱生 | |
| 长龙街道 | 茶塘村 | 糯塘组 | | 4 | 旱生 | |
| | | 陈家坪 | | 2 | 旱生 | |
| | | 张家冲 | | 2 | 旱生 | |
| | | 新塘 | 新塘托郭志林 | 4 | 旱生 | |
| 干杉镇 | 长安村 | 杨林塘、鹧鸪塘 | | 35 | 旱生 | |
| | 车马村 | 坳上、厅上 | | 29 | 旱生 | |
| | 新建村 | 烟家冲、石家塘 | | 28 | 旱生、水生 | |
| | 石弓湾村 | 毛管冲、贤塘角 | | 22 | 旱生、水生 | |
| | 大岭村 | 尧头、长冲子 | | 26 | 旱生、水生 | |
| | 干杉社区 | 东毛冲、八塘 | | 27 | 旱生 | |
| | 斗塘新村 | 9、14、寒婆塘组 | | 32 | 旱生 | |
| | 万龙村 | 鸟集塘 | | 10 | 水生 | |
| 金井镇 | 脱甲村 | 大屋场 | 官山坳 | 18.5 | 旱生 | 缺水 |
| | | 金家坳 | 排山坡 | 9.4 | 水生 | 冷浸田 |
| | | 郝家坳 | 高家冲 | 6.1 | 旱生 | 缺水 |

续表

| 镇（街道） | 村 | 组 | 地点 | 面积 | 适宜种植植物 | 备注 |
|---|---|---|---|---|---|---|
| 金井镇 | 新沙村 | 品墙屋 | | 5.6 | 水生 | 冷浸田 |
| | | 大沅洞 | | 3.7 | 旱生 | |
| | | 新屋组 | 王板洞水库下 | 11.4 | 水生 | 冷浸田 |
| | | 扬子沉 | 龙头冲 | 7.45 | 水生 | 冷浸田 |
| | | 三门口 | 大塘上 | 19.45 | 水生 | 冷浸田 |
| | | 下边山 | 拦口塘上 | 8.5 | 水生 | 冷浸田 |
| | 西山村 | 井坡 | | 8 | 旱生 | 缺水 |
| | | 九坡 | | 9 | 旱生 | 缺水 |
| | | 军民 | | 6 | 旱生 | 缺水 |
| | | 桃源 | | 7 | 旱生 | 缺水 |
| | | 新屋 | | 5 | 旱生 | 缺水 |
| | | 茶盘坦 | | 6 | 旱生 | 缺水 |
| | | 余家冲 | | 8 | 旱生 | 缺水 |
| | | 洪家冲 | | 9 | 旱生 | 缺水 |
| | | 金家造 | | 4 | 旱生 | 缺水 |
| | | 月行坡 | | 5 | 旱生 | 缺水 |
| | | 神山咀 | | 4 | 旱生 | 缺水 |
| | | 座山塝 | | 4 | 旱生 | 缺水 |
| | 金龙村 | 坝湾里 | 河套 | 5 | 旱生 | 砂底 |
| | | 星晓沅 | | 10 | 旱生 | 缺水 |
| | 九溪源村 | 刘家 | | 20 | 旱生 | 缺水 |
| | | 荷花园 | | 10 | 旱生 | 缺水 |
| | | 枫子塘．塘湾一带 | | 20 | 旱生 | 缺水 |
| | 沙田村 | 瓦口冲．湾里一带 | | 55 | 旱生 | 砂洲田缺水 |
| | | 中心．农会一带 | | 30 | 旱生 | 砂洲田缺水 |
| | 涧山村 | 新坡 | | 20 | 水生 | 冷浸塝田 |
| | | 黄泥洞 | | 25 | 水生 | 冷浸塝田 |
| | | 坎坡 | | 20 | 水生 | 冷浸塝田 |
| | 金井社区 | 松木．杉树一带 | | 20 | 旱生 | 河套砂底 |
| | | 金泥．茶花一带 | | 20 | 旱生 | 河套砂底 |
| | | 红星 | | 15 | 旱生 | 河套砂底 |
| | 惠农村 | 洪家垅 | | 20 | 水生 | 冷浸塝田 |
| | | 马家 | | 20 | 水生 | 冷浸塝田 |
| | | 金家 | | 10 | 水生 | 冷浸塝田 |
| | | 沙冲 | | 10 | 水生 | 冷浸塝田 |
| | | 杉树 | | 20 | 水生 | 冷浸塝田 |
| | | 田家 | | 25 | 水生 | 冷浸塝田 |
| | | 杨家桥 | | 5 | 水生 | 冷浸塝田 |
| | | 沙园 | | 20 | 水生 | 水库淹田 |

| 镇（街道） | 村 | 组 | 地点 | 面积 | 适宜种植植物 | 备注 |
|---|---|---|---|---|---|---|
| 金井镇 | 王梓园村 | 上元组 | | 3.5 | 水生 | 冷浸田 |
| | | 蒋家组 | | 2.6 | 水生 | 冷浸田 |
| | | 全元 | | 2.8 | 水生 | 冷浸田 |
| | | 荷叶塘 | | 2.4 | | 冷浸田 |
| | 拔茅田村 | | | 26.5 | | 冷浸田 |
| | 龙泉村 | | | 20 | | 冷浸田 |
| | 蒲塘村 | | | 28 | | 冷浸田 |
| | 观佳村 | | | 19 | | 冷浸田 |
| 北山镇 | 常乐村 | 蛇皮村组 | | 3 | 旱生 | |
| | | 泉塘湾组 | | 2 | 旱生 | |
| 春华镇 | 九田村 | 仕林 | | 6 | 水生 | 冷浸田 |
| | | 巷子 | | 10 | 水生 | 冷浸田 |
| | | 毛管 | | 6 | 水生 | 冷浸田 |
| | | 腊树 | | 10 | 旱生 | |
| | | 东山 | | 10 | 旱生 | |
| | | 张岸 | | 5 | 旱生 | |
| | | 令官 | | 5 | 旱生 | |
| | | 方田 | | 4 | 旱生 | |
| | | 伏林 | | 3 | 旱生 | |
| | 花园新村 | 塘垅 | | 10 | 水生 | |
| | | 老岸 | | 10 | 水生 | |
| | | 明教 | | 10 | 水生 | |
| | | 烟江 | | 5 | 水生 | |
| | | 南伏 | | 10 | 水生 | |
| | | 渣西 | | 10 | 水生 | |
| | | 许家 | | 5 | 水生 | |
| | | 新塘 | | 10 | 水生 | |
| | | 志木 | | 10 | 水生 | |
| | | 新洲上 | | 10 | 水生 | |
| | | 高冲 | | 10 | 水生 | |
| | 九木村 | 寺冲 | | 6 | 水生 | |
| | | 车上 | | 8 | 水生 | |
| | | 胡家 | | 5 | 水生 | |
| | 春华山村 | 高峰 | | 100 | 水生 | |
| | | 瓦屋垅 | | 50 | 水生 | |
| | | 瞿家嘏 | | 20 | 水生 | |
| | | 草塘 | | 20 | 水生 | |
| | | 菜心坡 | | 10 | 水生 | |
| | | 荷塘 | | 20 | 水生 | |
| | | 王家坝 | | 30 | 水生 | |

续表

| 镇（街道） | 村 | 组 | 地点 | 面积 | 适宜种植植物 | 备注 |
|---|---|---|---|---|---|---|
| 春华镇 | 春华山村 | 向阳 | | 20 | 水生 | |
| | | 洲上 | | 20 | 水生 | |
| | | 塅港 | | 17 | 水生 | |
| | | 塘头湾 | | 17 | 水生 | |
| | | 新桥 | | 10 | 水生 | |
| | | 天鹅山 | | 18 | 水生 | |
| | | 桂花 | | 100 | 水生 | |
| | | 刘家 | | 70 | 水生 | |
| | | 甲板 | | 30 | 水生 | |
| | 武塘村 | 移山 | | 1.2 | 旱生 | |
| | | 自力 | | 1.8 | 旱生 | |
| | | 合力 | | 1 | 旱生 | |
| | | 猛干 | | 2.4 | 旱生 | |
| | | 大岭 | | 1.1 | 旱生 | |
| | | 马家 | | 1 | 旱生 | |
| | | 金岭 | | 3.8 | 旱生 | |
| | | 竹子屋 | | 3.2 | 旱生 | |
| | | 徐家冲 | | 1.1 | 旱生 | |
| | | 文化 | | 2.3 | 旱生 | |
| | | 杜家冲 | | 3.2 | 旱生 | |
| | | 荷包冲 | | 4.9 | 旱生 | |
| | 松园村 | 鲁班 | | 2.5 | 旱生 | |
| | | 松园 | | 2 | 旱生 | |
| | | 大屋场 | | 1.5 | 旱生 | |
| | | 介里 | | 1.5 | 旱生 | |
| | | 慈姑 | | 2 | 旱生 | |
| | | 龙塘 | | 2 | 旱生 | |
| | | 刘家 | | 1.5 | 旱生 | |
| | 大鱼塘村 | 大鱼 | | 10 | 旱生 | |
| | | 金盆 | | 20 | 旱生 | |
| | | 大长 | | 8 | 旱生 | |
| | | 干塘 | | 9 | 旱生 | |
| | | 群力 | | 8 | 旱生 | |
| | | 福星 | | 10 | 旱生 | |
| | | 毛塘 | | 8 | 旱生 | |
| | | 新村 | | 6 | 旱生 | |
| | | 金塘 | | 8 | 旱生 | |
| | | 学堂 | | 9 | 旱生 | |
| | | 新塘 | | 11 | 旱生 | |
| | | 胜利 | | 8 | 旱生 | |
| | | 塘湾 | | 12 | 旱生 | |

续表

| 镇（街道） | 村 | 组 | 地点 | 面积 | 适宜种植植物 | 备注 |
|---|---|---|---|---|---|---|
| 春华镇 | 大鱼塘村 | 团山 | | 10 | 旱生 | |
| | 洞田村 | 仰家山 | | 10 | 旱生 | |
| | | 石头坡 | | 6 | 旱生 | |
| | | 大岭 | | 9 | 旱生 | |
| | | 向阳 | | 6 | 旱生 | |
| | | 新江 | | 5 | 水生 | |
| | | 塘竹坡 | | 8 | 旱生 | |
| | | 白云寺 | | 8 | 旱生 | |
| | 石塘铺村 | 罗岭 | | 10 | 旱生 | |
| | | 白家 | | 8 | 旱生 | |
| | | 寺塘 | | 17 | 旱生 | |
| | | 东风 | | 6 | 旱生 | |
| | | 竹山 | | 8 | 旱生 | |
| | | 太平 | | 23 | 旱生 | |
| | | 横坑 | | 18 | 旱生 | |
| | | 力山 | | 26 | 旱生 | |
| | | 八方 | | 14 | 旱生 | |
| | | 南大 | | 17 | 旱生 | |
| | | 白羊垅 | | 20 | 旱生 | |
| | | 下西组 | | 20 | 旱生 | |
| | | 陈坪 | | 30 | 旱生 | |
| | | 烟竹 | | 36 | 旱生 | |
| | | 周家 | | 20 | 旱生 | |
| | | 王家园 | | 14 | 旱生 | |
| 黄花镇 | 崩坎村 | | | 15 | 旱生 | |
| | 合心村 | | | 50 | 旱生 | |
| | 银龙村 | | | 7 | 旱生 | |
| | 新江村 | | | 130 | 旱生 | |

续表

| 镇（街道） | 村 | 组 | 地点 | 面积 | 适宜种植植物 | 备注 |
|---|---|---|---|---|---|---|
| 榔梨街道 | 花园 | 花园 | 防洪堤旁 | 18 | 水生 | |
| | | 卫星 | 土岭防洪堤内 | 17 | 水生 | |
| | | 马家塘 | 土岭防洪堤内 | 20 | 水生 | |
| | | 乔一 | 桐子塘 | 15 | 水生 | |
| | | 乔二 | 乔二垅中 | 16 | 水生 | |
| | | 里基塘 | 牛马田 | 14 | 水生 | |
| | | 新塘二 | 大港边 | 17 | 水生 | |
| | | 新塘一 | 港坡 | 16 | 水生 | |
| | | 西园 | 港坡 | 25 | 水生 | |
| | | 大屋 | 港坡 | 26 | 水生 | |
| | 保家 | 草塘 | 福中道旁 | 50 | 旱生 | |
| | | 新屋 | 福中道旁 | 20 | 旱生 | |
| | | 薛家园 | 青园路旁 | 10 | 旱生 | |
| | | 五一 | 青园路—秋江路旁 | 10 | 旱生 | |
| | | 七一 | 青园路—秋江路旁 | 30 | 旱生 | |
| | | 里山塘 | 凡塘武警旁 | 20 | 旱生 | |
| 开慧镇 | 飘峰山村 | 伍升组 | 飘峰山半坡 | 22 | 旱生 | 移民 |
| | 葛家山村 | 葛家山组 | 开慧河冲积地 | 13 | 水生 | 冷浸、滩头 |
| | 开慧村 | 余家坳组 | 板仓河冲积地 | 16.5 | 水生 | 冷浸、滩头 |
| | 开慧村 | 段冲组 | 板仓河冲积地 | 24.8 | 水生 | 湿地、滩头 |
| 路口镇 | 荆华村 | | | 265 | 旱生、水生 | |
| | 路口村 | | | 235 | 旱生、水生 | |
| | 花桥湾村 | | | 505 | 旱生、水生 | |
| | 麻林村 | | | 43 | 旱生、水生 | |
| | 长春村 | | | 3 | 旱生、水生 | |
| | 麻林社区 | | | 480 | 旱生、水生 | |
| | 明月村 | | | 350 | 旱生、水生 | |
| | 上杉市村 | | | 30 | 旱生、水生 | |
| | 万年桥村 | | | 210 | 旱生、水生 | |

续表

| 镇<br>（街道） | 村 | 组 | 地点 | 面积 | 适宜种<br>植植物 | 备注 |
|---|---|---|---|---|---|---|
| 湘龙<br>街道 | 高沙 | 黄花 | | 15 | 旱生 | |
| | | 乍塘 | | 10 | 旱生 | |
| | | 长塘 | | 25 | 旱生 | |
| | | 瑶湖 | | 15 | 旱生 | |
| | | 龙塘 | | 10 | 旱生 | |
| | | 樟树 | | 25 | 旱生 | |
| 泉塘<br>街道 | 泉塘 | 杨林 | | 10 | 旱生 | |
| 星沙<br>街道 | 广生 | 广生 | | 70 | 旱生 | |
| | 星城 | 螺丝塘 | | 30 | 旱生 | |
| 合计 | | | | 12292.48 | | |

**表 8—2　　　　　　　绿心公司速生草基地调研数据**

调研单位：长沙县发展和改革局　　　　　　调研时间：2014 年 8 月 26 日

| 调研项目 ＼ 农户数 | 1 号农户 | 2 号农户 |
|---|---|---|
| 收割面积 | 50 平方米 | 50 平方米 |
| 割断时间 | 28 分钟 | 31 分钟 |
| 打捆收集时间 | 33 分钟 | 29 分钟 |
| 总收割时间 | 61 分钟 | 60 分钟 |
| 平均收割时间 | 60.5 分钟/（人·50 平方米） | |
| 100 平方米鲜重（8 月 26 日） | 1172 千克 | |
| 晒后重量（9 月 7 日） | 760 千克（与收割间隔 12 天） | |
| 晒后重量（9 月 13 日） | 600 千克（与收割间隔 18 天） | |
| 晒后重量（9 月 24 日） | 450 千克（与收割间隔 29 天） | |
| 晒后重量（10 月 2 日） | 420 千克（与收割间隔 37 天） | |
| 晒后重量（10 月 8 日） | 420 千克（与收割间隔 43 天） | |
| 推算数据 | | |
| 单次亩产鲜重 | 7.8 吨 | |
| 年亩产鲜重（按收割三次） | 23.4 吨 | |
| 年亩产干重（自然晒干） | 8.39 吨 | |
| 总收割时间（天/人·亩·年） | 5 天（每天按劳作 8 小时计算） | |

# 附　录

## 附录 1　中共中央国务院关于加快推进
## 生态文明建设的意见
### （2015 年 4 月 25 日）

生态文明建设是中国特色社会主义事业的重要内容，关系人民福祉，关乎民族未来，事关"两个一百年"奋斗目标和中华民族伟大复兴中国梦的实现。党中央、国务院高度重视生态文明建设，先后出台了一系列重大决策部署，推动生态文明建设取得了重大进展和积极成效。但总体上看我国生态文明建设水平仍滞后于经济社会发展，资源约束趋紧，环境污染严重，生态系统退化，发展与人口资源环境之间的矛盾日益突出，已成为经济社会可持续发展的重大瓶颈制约。

加快推进生态文明建设是加快转变经济发展方式、提高发展质量和效益的内在要求，是坚持以人为本、促进社会和谐的必然选择，是全面建成小康社会、实现中华民族伟大复兴中国梦的时代抉择，是积极应对气候变化、维护全球生态安全的重大举措。要充分认识加快推进生态文明建设的极端重要性和紧迫性，切实增强责任感和使命感，牢固树立尊重自然、顺应自然、保护自然的理念，坚持绿水青山就是金山银山，动员全党、全社会积极行动、深入持久地推进生态文明建设，加快形成人与自然和谐发展的现代化建设新格局，开创社会主义生态文明新时代。

## 一 总体要求

（一）指导思想。以邓小平理论、"三个代表"重要思想、科学发展观为指导，全面贯彻党的十八大和十八届二中、三中、四中全会精神，深入贯彻习近平总书记系列重要讲话精神，认真落实党中央、国务院的决策部署，坚持以人为本、依法推进，坚持节约资源和保护环境的基本国策，把生态文明建设放在突出的战略位置，融入经济建设、政治建设、文化建设、社会建设各方面和全过程，协同推进新型工业化、信息化、城镇化、农业现代化和绿色化，以健全生态文明制度体系为重点，优化国土空间开发格局，全面促进资源节约利用，加大自然生态系统和环境保护力度，大力推进绿色发展、循环发展、低碳发展，弘扬生态文化，倡导绿色生活，加快建设美丽中国，使蓝天常在、青山常在、绿水常在，实现中华民族永续发展。

（二）基本原则

坚持把节约优先、保护优先、自然恢复为主作为基本方针。在资源开发与节约中，把节约放在优先位置，以最少的资源消耗支撑经济社会持续发展；在环境保护与发展中，把保护放在优先位置，在发展中保护、在保护中发展；在生态建设与修复中，以自然恢复为主，与人工修复相结合。

坚持把绿色发展、循环发展、低碳发展作为基本途径。经济社会发展必须建立在资源得到高效循环利用、生态环境受到严格保护的基础上，与生态文明建设相协调，形成节约资源和保护环境的空间格局、产业结构、生产方式。

坚持把深化改革和创新驱动作为基本动力。充分发挥市场配置资源的决定性作用和更好发挥政府作用，不断深化制度改革和科技创新，建立系统完整的生态文明制度体系，强化科技创新引领作用，为生态文明建设注入强大动力。

坚持把培育生态文化作为重要支撑。将生态文明纳入社会主义核心价值体系，加强生态文化的宣传教育，倡导勤俭节约、绿色低碳、文明健康的生活方式和消费模式，提高全社会生态文明意识。

坚持把重点突破和整体推进作为工作方式。既立足当前，着力解决对经济社会可持续发展制约性强、群众反映强烈的突出问题，打好生态文明建设攻坚战；又着眼长远，加强顶层设计与鼓励基层探索相结合，持之以恒全面推进生态文明建设。

（三）主要目标

到 2020 年，资源节约型和环境友好型社会建设取得重大进展，主体功能区布局基本形成，经济发展质量和效益显著提高，生态文明主流价值观在全社会得到推行，生态文明建设水平与全面建成小康社会目标相适应。

——国土空间开发格局进一步优化。经济、人口布局向均衡方向发展，陆海空间开发强度、城市空间规模得到有效控制，城乡结构和空间布局明显优化。

——资源利用更加高效。单位国内生产总值二氧化碳排放强度比 2005 年下降 40%—45%，能源消耗强度持续下降，资源产出率大幅提高，用水总量力争控制在 6700 亿立方米以内，万元工业增加值用水量降低到 65 立方米以下，农田灌溉水有效利用系数提高到 0.55 以上，非化石能源占一次能源消费比重达到 15% 左右。

——生态环境质量总体改善。主要污染物排放总量继续减少，大气环境质量、重点流域和近岸海域水环境质量得到改善，重要江河湖泊水功能区水质达标率提高到 80% 以上，饮用水安全保障水平持续提升，土壤环境质量总体保持稳定，环境风险得到有效控制。森林覆盖率达到 23% 以上，草原综合植被覆盖度达到 56%，湿地面积不低于 8 亿亩，50% 以上可治理沙化土地得到治理，自然岸线保有率不低于 35%，生物多样性丧失速度得到基本控制，全国生态系统稳定性明显增强。

——生态文明重大制度基本确立。基本形成源头预防、过程控制、损害赔偿、责任追究的生态文明制度体系，自然资源资产产权和用途管制、生态保护红线、生态保护补偿、生态环境保护管理体制等关键制度建设取得决定性成果。

## 二　强化主体功能定位，优化国土空间开发格局

国土是生态文明建设的空间载体。要坚定不移地实施主体功能区战略，健全空间规划体系，科学合理布局和整治生产空间、生活空间、生态空间。

（四）积极实施主体功能区战略。全面落实主体功能区规划，健全财政、投资、产业、土地、人口、环境等配套政策和各有侧重的绩效考核评价体系。推进市县落实主体功能定位，推动经济社会发展、城乡、土地利用、生态环境保护等规划"多规合一"，形成一个市县一本规划、一张蓝图。区域规划编制、重大项目布局必须符合主体功能定位。对不同主体功能区的产业项目实行差别化市场准入政策，明确禁止开发区域、限制开发区域准入事项，明确优化开发区域、重点开发区域禁止和限制发展的产业。编制实施全国国土规划纲要，加快推进国土综合整治。构建平衡适宜的城乡建设空间体系，适当增加生活空间、生态用地，保护和扩大绿地、水域、湿地等生态空间。

（五）大力推进绿色城镇化。认真落实《国家新型城镇化规划（2014—2020年）》，根据资源环境承载能力，构建科学合理的城镇化宏观布局，严格控制特大城市规模，增强中小城市承载能力，促进大中小城市和小城镇协调发展。尊重自然格局，依托现有山水脉络、气象条件等，合理布局城镇各类空间，尽量减少对自然的干扰和损害。保护自然景观，传承历史文化，提倡城镇形态多样性，保持特色风貌，防止"千城一面"。科学确定城镇开发强度，提高城镇土地利用效率、建成区人口密度，划定城镇开发边界，从严供给城市建设用地，推动城镇化发展由外延扩张式向内涵提升式转变。严格新城、新区设立条件和程序。强化城镇化过程中的节能理念，大力发展绿色建筑和低碳、便捷的交通体系，推进绿色生态城区建设，提高城镇供排水、防涝、雨水收集利用、供热、供气、环境等基础设施建设水平。所有县城和重点镇都要具备污水、垃圾处理能力，提高建设、运行、管理水平。加强城乡规划"三区四线"（禁建区、限建区和适建区，绿线、蓝线、紫线和黄线）管理，维护城乡规划

的权威性、严肃性，杜绝大拆大建。

（六）加快美丽乡村建设。完善县域村庄规划，强化规划的科学性和约束力。加强农村基础设施建设，强化山水林田路综合治理，加快农村危旧房改造，支持农村环境集中连片整治，开展农村垃圾专项治理，加大农村污水处理和改厕力度。加快转变农业发展方式，推进农业结构调整，大力发展农业循环经济，治理农业污染，提升农产品质量安全水平。依托乡村生态资源，在保护生态环境的前提下，加快发展乡村旅游休闲业。引导农民在房前屋后、道路两旁植树护绿。加强农村精神文明建设，以环境整治和民风建设为重点，扎实推进文明村镇创建。

（七）加强海洋资源科学开发和生态环境保护。根据海洋资源环境承载力，科学编制海洋功能区划，确定不同海域主体功能。坚持"点上开发、面上保护"，控制海洋开发强度，在适宜开发的海洋区域，加快调整经济结构和产业布局，积极发展海洋战略性新兴产业，严格生态环境评价，提高资源集约节约利用和综合开发水平，最大程度减少对海域生态环境的影响。严格控制陆源污染物排海总量，建立并实施重点海域排污总量控制制度，加强海洋环境治理、海域海岛综合整治、生态保护修复，有效保护重要、敏感和脆弱海洋生态系统。加强船舶港口污染控制，积极治理船舶污染，增强港口码头污染防治能力。控制发展海水养殖，科学养护海洋渔业资源。开展海洋资源和生态环境综合评估。实施严格的围填海总量控制制度、自然岸线控制制度，建立陆海统筹、区域联动的海洋生态环境保护修复机制。

### 三　推动技术创新和结构调整，提高发展质量和效益

从根本上缓解经济发展与资源环境之间的矛盾，必须构建科技含量高、资源消耗低、环境污染少的产业结构，加快推动生产方式绿色化，大幅提高经济绿色化程度，有效降低发展的资源环境代价。

（八）推动科技创新。结合深化科技体制改革，建立符合生态文明建设领域科研活动特点的管理制度和运行机制。加强重大科学技术问题研究，开展能源节约、资源循环利用、新能源开发、污染治

理、生态修复等领域关键技术攻关，在基础研究和前沿技术研发方面取得突破。强化企业技术创新主体地位，充分发挥市场对绿色产业发展方向和技术路线选择的决定性作用。完善技术创新体系，提高综合集成创新能力，加强工艺创新与试验。支持生态文明领域工程技术类研究中心、实验室和实验基地建设，完善科技创新成果转化机制，形成一批成果转化平台、中介服务机构，加快成熟适用技术的示范和推广。加强生态文明基础研究、试验研发、工程应用和市场服务等科技人才队伍建设。

（九）调整优化产业结构。推动战略性新兴产业和先进制造业健康发展，采用先进适用节能低碳环保技术改造提升传统产业，发展壮大服务业，合理布局建设基础设施和基础产业。积极化解产能严重过剩矛盾，加强预警调控，适时调整产能严重过剩行业名单，严禁核准产能严重过剩行业新增产能项目。加快淘汰落后产能，逐步提高淘汰标准，禁止落后产能向中西部地区转移。做好化解产能过剩和淘汰落后产能企业职工安置工作。推动要素资源全球配置，鼓励优势产业走出去，提高参与国际分工的水平。调整能源结构，推动传统能源安全绿色开发和清洁低碳利用，发展清洁能源、可再生能源，不断提高非化石能源在能源消费结构中的比重。

（十）发展绿色产业。大力发展节能环保产业，以推广节能环保产品拉动消费需求，以增强节能环保工程技术能力拉动投资增长，以完善政策机制释放市场潜在需求，推动节能环保技术、装备和服务水平显著提升，加快培育新的经济增长点。实施节能环保产业重大技术装备产业化工程，规划建设产业化示范基地，规范节能环保市场发展，多渠道引导社会资金投入，形成新的支柱产业。加快核电、风电、太阳能光伏发电等新材料、新装备的研发和推广，推进生物质发电、生物质能源、沼气、地热、浅层地温能、海洋能等应用，发展分布式能源，建设智能电网，完善运行管理体系。大力发展节能与新能源汽车，提高创新能力和产业化水平，加强配套基础设施建设，加大推广普及力度。发展有机农业、生态农业，以及特色经济林、林下经济、森林旅游等林产业。

#### 四 全面促进资源节约循环高效使用，推动利用方式根本转变

节约资源是破解资源瓶颈约束、保护生态环境的首要之策。要深入推进全社会节能减排，在生产、流通、消费各环节大力发展循环经济，实现各类资源节约高效利用。

（十一）推进节能减排。发挥节能与减排的协同促进作用，全面推动重点领域节能减排。开展重点用能单位节能低碳行动，实施重点产业能效提升计划。严格执行建筑节能标准，加快推进既有建筑节能和供热计量改造，从标准、设计、建设等方面大力推广可再生能源在建筑上的应用，鼓励建筑工业化等建设模式。优先发展公共交通，优化运输方式，推广节能与新能源交通运输装备，发展甩挂运输。鼓励使用高效节能农业生产设备。开展节约型公共机构示范创建活动。强化结构、工程、管理减排，继续削减主要污染物排放总量。

（十二）发展循环经济。按照减量化、再利用、资源化的原则，加快建立循环型工业、农业、服务业体系，提高全社会资源产出率。完善再生资源回收体系，实行垃圾分类回收，开发利用"城市矿产"，推进秸秆等农林废弃物以及建筑垃圾、餐厨废弃物资源化利用，发展再制造和再生利用产品，鼓励纺织品、汽车轮胎等废旧物品回收利用。推进煤矸石、矿渣等大宗固体废弃物综合利用。组织开展循环经济示范行动，大力推广循环经济典型模式。推进产业循环式组合，促进生产和生活系统的循环链接，构建覆盖全社会的资源循环利用体系。

（十三）加强资源节约。节约集约利用水、土地、矿产等资源，加强全过程管理，大幅降低资源消耗强度。加强用水需求管理，以水定需、量水而行，抑制不合理用水需求，促进人口、经济等与水资源相均衡，建设节水型社会。推广高效节水技术和产品，发展节水农业，加强城市节水，推进企业节水改造。积极开发利用再生水、矿井水、空中云水、海水等非常规水源，严控无序调水和人造水景工程，提高水资源安全保障水平。按照严控增量、盘活存量、优化结构、提高效率的原则，加强土地利用的规划管控、市场调节、标准控制和考核监管，严格土地用途管制，推广应用节地技术和模式。

发展绿色矿业，加快推进绿色矿山建设，促进矿产资源高效利用，提高矿产资源开采回采率、选矿回收率和综合利用率。

### 五　加大自然生态系统和环境保护力度，切实改善生态环境质量

良好生态环境是最公平的公共产品，是最普惠的民生福祉。要严格源头预防、不欠新账，加快治理突出生态环境问题、多还旧账，让人民群众呼吸新鲜的空气，喝上干净的水，在良好的环境中生产生活。

（十四）保护和修复自然生态系统。加快生态安全屏障建设，形成以青藏高原、黄土高原—川滇、东北森林带、北方防沙带、南方丘陵山地带、近岸近海生态区以及大江大河重要水系为骨架，以其他重点生态功能区为重要支撑，以禁止开发区域为重要组成的生态安全战略格局。实施重大生态修复工程，扩大森林、湖泊、湿地面积，提高沙区、草原植被覆盖率，有序实现休养生息。加强森林保护，将天然林资源保护范围扩大到全国；大力开展植树造林和森林经营，稳定和扩大退耕还林范围，加快重点防护林体系建设；完善国有林场和国有林区经营管理体制，深化集体林权制度改革。严格落实禁牧休牧和草畜平衡制度，加快推进基本草原划定和保护工作；加大退牧还草力度，继续实行草原生态保护补助奖励政策；稳定和完善草原承包经营制度。启动湿地生态效益补偿和退耕还湿。加强水生生物保护，开展重要水域增殖放流活动。继续推进京津风沙源治理、黄土高原地区综合治理、石漠化综合治理，开展沙化土地封禁保护试点。加强水土保持，因地制宜推进小流域综合治理。实施地下水保护和超采漏斗区综合治理，逐步实现地下水采补平衡。强化农田生态保护，实施耕地质量保护与提升行动，加大退化、污染、损毁农田改良和修复力度，加强耕地质量调查监测与评价。实施生物多样性保护重大工程，建立监测评估与预警体系，健全国门生物安全查验机制，有效防范物种资源丧失和外来物种入侵，积极参加生物多样性国际公约谈判和履约工作。加强自然保护区建设与管理，对重要生态系统和物种资源实施强制性保护，切实保护珍稀濒危野生动植物、古树名木及自然生境。建立国家公园体制，实行分级、统一管理，保护自然生态和自然文化遗产原真性、完整性。研究建

立江河湖泊生态水量保障机制。加快灾害调查评价、监测预警、防治和应急等防灾减灾体系建设。

（十五）全面推进污染防治。按照以人为本、防治结合、标本兼治、综合施策的原则，建立以保障人体健康为核心、以改善环境质量为目标、以防控环境风险为基线的环境管理体系，健全跨区域污染防治协调机制，加快解决人民群众反映强烈的大气、水、土壤污染等突出环境问题。继续落实大气污染防治行动计划，逐渐消除重污染天气，切实改善大气环境质量。实施水污染防治行动计划，严格饮用水源保护，全面推进涵养区、源头区等水源地环境整治，加强供水全过程管理，确保饮用水安全；加强重点流域、区域、近岸海域水污染防治和良好湖泊生态环境保护，控制和规范淡水养殖，严格入河（湖、海）排污管理；推进地下水污染防治。制定实施土壤污染防治行动计划，优先保护耕地土壤环境，强化工业污染场地治理，开展土壤污染治理与修复试点。加强农业面源污染防治，加大种养业特别是规模化畜禽养殖污染防治力度，科学施用化肥、农药，推广节能环保型炉灶，净化农产品产地和农村居民生活环境。加大城乡环境综合整治力度。推进重金属污染治理。开展矿山地质环境恢复和综合治理，推进尾矿安全、环保存放，妥善处理处置矿渣等大宗固体废物。建立健全化学品、持久性有机污染物、危险废物等环境风险防范与应急管理工作机制。切实加强核设施运行监管，确保核安全万无一失。

（十六）积极应对气候变化。坚持当前长远相互兼顾、减缓适应全面推进，通过节约能源和提高能效，优化能源结构，增加森林、草原、湿地、海洋碳汇等手段，有效控制二氧化碳、甲烷、氢氟碳化物、全氟化碳、六氟化硫等温室气体排放。提高适应气候变化特别是应对极端天气和气候事件能力，加强监测、预警和预防，提高农业、林业、水资源等重点领域和生态脆弱地区适应气候变化的水平。扎实推进低碳省区、城市、城镇、产业园区、社区试点。坚持共同但有区别的责任原则、公平原则、各自能力原则，积极建设性地参与应对气候变化国际谈判，推动建立公平合理的全球应对气候变化格局。

### 六 健全生态文明制度体系

加快建立系统完整的生态文明制度体系，引导、规范和约束各类开发、利用、保护自然资源的行为，用制度保护生态环境。

（十七）健全法律法规。全面清理现行法律法规中与加快推进生态文明建设不相适应的内容，加强法律法规间的衔接。研究制定节能评估审查、节水、应对气候变化、生态补偿、湿地保护、生物多样性保护、土壤环境保护等方面的法律法规，修订土地管理法、大气污染防治法、水污染防治法、节约能源法、循环经济促进法、矿产资源法、森林法、草原法、野生动物保护法等。

（十八）完善标准体系。加快制定修订一批能耗、水耗、地耗、污染物排放、环境质量等方面的标准，实施能效和排污强度"领跑者"制度，加快标准升级步伐。提高建筑物、道路、桥梁等建设标准。环境容量较小、生态环境脆弱、环境风险高的地区要执行污染物特别排放限值。鼓励各地区依法制定更加严格的地方标准。建立与国际接轨、适应我国国情的能效和环保标识认证制度。

（十九）健全自然资源资产产权制度和用途管制制度。对水流、森林、山岭、草原、荒地、滩涂等自然生态空间进行统一确权登记，明确国土空间的自然资源资产所有者、监管者及其责任。完善自然资源资产用途管制制度，明确各类国土空间开发、利用、保护边界，实现能源、水资源、矿产资源按质量分级、梯级利用。严格节能评估审查、水资源论证和取水许可制度。坚持并完善最严格的耕地保护和节约用地制度，强化土地利用总体规划和年度计划管控，加强土地用途转用许可管理。完善矿产资源规划制度，强化矿产开发准入管理。有序推进国家自然资源资产管理体制改革。

（二十）完善生态环境监管制度。建立严格监管所有污染物排放的环境保护管理制度。完善污染物排放许可证制度，禁止无证排污和超标准、超总量排污。违法排放污染物、造成或可能造成严重污染的，要依法查封扣押排放污染物的设施设备。对严重污染环境的工艺、设备和产品实行淘汰制度。实行企事业单位污染物排放总量控制制度，适时调整主要污染物指标种类，纳入约束性指标。健全环境影响评价、清洁生产审核、环境信息公开等制度。建立生态保护修复和污染防治区域联动机制。

（二十一）严守资源环境生态红线。树立底线思维，设定并严守资源消耗上限、环境质量底线、生态保护红线，将各类开发活动限制在资源环境承载能力之内。合理设定资源消耗"天花板"，加强能源、水、土地等战略性资源管控，强化能源消耗强度控制，做好能源消费总量管理。继续实施水资源开发利用控制、用水效率控制、水功能区限制纳污三条红线管理。划定永久基本农田，严格实施永久保护，对新增建设用地占用耕地规模实行总量控制，落实耕地占补平衡，确保耕地数量不下降、质量不降低。严守环境质量底线，将大气、水、土壤等环境质量"只能更好、不能变坏"作为地方各级政府环保责任红线，相应确定污染物排放总量限值和环境风险防控措施。在重点生态功能区、生态环境敏感区和脆弱区等区域划定生态红线，确保生态功能不降低、面积不减少、性质不改变；科学划定森林、草原、湿地、海洋等领域生态红线，严格自然生态空间征（占）用管理，有效遏制生态系统退化的趋势。探索建立资源环境承载能力监测预警机制，对资源消耗和环境容量接近或超过承载能力的地区，及时采取区域限批等限制性措施。

（二十二）完善经济政策。健全价格、财税、金融等政策，激励、引导各类主体积极投身生态文明建设。深化自然资源及其产品价格改革，凡是能由市场形成价格的都交给市场，政府定价要体现基本需求与非基本需求以及资源利用效率高低的差异，体现生态环境损害成本和修复效益。进一步深化矿产资源有偿使用制度改革，调整矿业权使用费征收标准。加大财政资金投入，统筹有关资金，对资源节约和循环利用、新能源和可再生能源开发利用、环境基础设施建设、生态修复与建设、先进适用技术研发示范等给予支持。将高耗能、高污染产品纳入消费税征收范围。推动环境保护费改税。加快资源税从价计征改革，清理取消相关收费基金，逐步将资源税征收范围扩展到占用各种自然生态空间。完善节能环保、新能源、生态建设的税收优惠政策。推广绿色信贷，支持符合条件的项目通过资本市场融资。探索排污权抵押等融资模式。深化环境污染责任保险试点，研究建立巨灾保险制度。

（二十三）推行市场化机制。加快推行合同能源管理、节能低碳产品和有机产品认证、能效标识管理等机制。推进节能发电调度，优先调度可再生能源发电资源，按机组能耗和污染物排放水平依次调用化石类能源发电资源。建立节能量、碳排放权交易制度，深化交易试点，推动建立全国碳排放权交易市场。加快水权交易试点，培育和规范水权市场。全面推进矿业权市场建设。扩大排污权有偿使用和交易试点范围，发展排污权交易市场。积极推进环境污染第三方治理，引入社会力量投入环境污染治理。

（二十四）健全生态保护补偿机制。科学界定生态保护者与受益者权利义务，加快形成生态损害者赔偿、受益者付费、保护者得到合理补偿的运行机制。结合深化财税体制改革，完善转移支付制度，归并和规范现有生态保护补偿渠道，加大对重点生态功能区的转移支付力度，逐步提高其基本公共服务水平。建立地区间横向生态保护补偿机制，引导生态受益地区与保护地区之间、流域上游与下游之间，通过资金补助、产业转移、人才培训、共建园区等方式实施补偿。建立独立公正的生态环境损害评估制度。

（二十五）健全政绩考核制度。建立体现生态文明要求的目标体系、考核办法、奖惩机制。把资源消耗、环境损害、生态效益等指标纳入经济社会发展综合评价体系，大幅增加考核权重，强化指标约束，不唯经济增长论英雄。完善政绩考核办法，根据区域主体功能定位，实行差别化的考核制度。对限制开发区域、禁止开发区域和生态脆弱的国家扶贫开发工作重点县，取消地区生产总值考核；对农产品主产区和重点生态功能区，分别实行农业优先和生态保护优先的绩效评价；对禁止开发的重点生态功能区，重点评价其自然文化资源的原真性、完整性。根据考核评价结果，对生态文明建设成绩突出的地区、单位和个人给予表彰奖励。探索编制自然资源资产负债表，对领导干部实行自然资源资产和环境责任离任审计。

（二十六）完善责任追究制度。建立领导干部任期生态文明建设责任制，完善节能减排目标责任考核及问责制度。严格责任追究，对违背科学发展要求、造成资源环境生态严重破坏的要记录在案，实行终身追责，不得转任重要职务或提拔使用，已经调离的也要问责。对推动生态文明建设工作不力的，要及时诫勉谈话；对不顾资源和生态环境盲目决策、造成严重后果的，要严肃追究有关人员的领导责任；对履职不力、监管不严、失职渎职的，要依纪依法追究有关人员的监管责任。

### 七 加强生态文明建设统计监测和执法监督

坚持问题导向，针对薄弱环节，加强统计监测、执法监督，为推进生态文明建设提供有力保障。

（二十七）加强统计监测。建立生态文明综合评价指标体系。加快推进对能源、矿产资源、水、大气、森林、草原、湿地、海洋和水土流失、沙化土地、土壤环境、地质环境、温室气体等的统计监测核算能力建设，提升信息化水平，提高准确性、及时性，实现信息共享。加快重点用能单位能源消耗在线监测体系建设。建立循环经济统计指标体系、矿产资源合理开发利用评价指标体系。利用卫星遥感等技术手段，对自然资源和生态环境保护状况开展全天候监测，健全覆盖所有资源环境要素的监测网络体系。提高环境风险防控和突发环境事件应急能力，健全环境与健康调查、监测和风险评估制度。定期开展全国生态状况调查和评估。加大各级政府预算内投资等财政性资金对统计监测等基础能力建设的支持力度。

（二十八）强化执法监督。加强法律监督、行政监察，对各类环境违法违规行为实行"零容忍"，加大查处力度，严厉惩处违法违规行为。强化对浪费能源资源、违法排污、破坏生态环境等行为的执法监察和专项督察。资源环境监管机构独立开展行政执法，禁止领导干部违法违规干预执法活动。健全行政执法与刑事司法的衔接机制，加强基层执法队伍、环境应急处置救援队伍建设。强化对资源开发和交通建设、旅游开发等活动的生态环境监管。

### 八 加快形成推进生态文明建设的良好社会风尚

生态文明建设关系各行各业、千家万户。要充分发挥人民群众的积极性、主动性、创造性，凝聚民心、集中民智、汇集民力，实现生活方式绿色化。

（二十九）提高全民生态文明意识。积极培育生态文化、生态道德，使生态文明成为社会主流价值观，成为社会主义核心价值观的重要内容。从娃娃和青少年抓起，从家庭、学校教育抓起，引导全社会树立生态文明意识。把生态文明教育作为素质教育的重要内容，纳入国民教育体系和干部教育培训体系。将生态文化作为现代公共文化服务体系建设的重要内容，挖掘优秀传统生态文化思想和资源，创作一批文化作品，创建一批教育基地，满足广大人民群众对生态文化的需求。通过典型示范、展览展示、岗位创建等形式，广泛动员全民参与生态文明建设。组织好世界地球日、世界环境日、世界森林日、世界水日、世界海洋日和全国节能宣传周等主题宣传活动。充分发挥新闻媒体作用，树立理性、积极的舆论导向，加强资源环境国情宣传，普及生态文明法律法规、科学知识等，报道先进典型，曝光反面事例，提高公众节约意识、环保意识、生态意识，形成人人、事事、时时崇尚生态文明的社会氛围。

（三十）培育绿色生活方式。倡导勤俭节约的消费观。广泛开展绿色生活行动，推动全民在衣、食、住、行、游等方面加快向勤俭节约、绿色低碳、文明健康的方式转变，坚决抵制和反对各种形式的奢侈浪费、不合理消费。积极引导消费者购买节能与新能源汽车、高能效家电、节水型器具等节能环保低碳产品，减少一次性用品的使用，限制过度包装。大力推广绿色低碳出行，倡导绿色生活和休闲模式，严格限制发展高耗能、高耗水服务业。在餐饮企业、单位食堂、家庭全方位开展反食品浪费行动。党政机关、国有企业要带头厉行勤俭节约。

（三十一）鼓励公众积极参与。完善公众参与制度，及时准确披露各类环境信息，扩大公开范围，保障公众知情权，维护公众环境权益。健全举报、听证、舆论和公众监督等制度，构建全民参与的社会行动体系。建立环境公益诉讼制度，对污染环境、破坏生态的行为，有关组织可提起公益诉讼。在建设项目立项、实施、后评价等环节，有序增强公众参与程度。引导生态文明建设领域各类社会组织健康有序发展，发挥民间组织和志愿者的积极作用。

### 九　切实加强组织领导

健全生态文明建设领导体制和工作机制，勇于探索和创新，推动生态文明建设蓝图逐步成为现实。

（三十二）强化统筹协调。各级党委和政府对本地区生态文明建设负总责，要建立协调机制，形成有利于推进生态文明建设的工作格局。各有关部门要按照职责分工，密切协调配合，形成生态文明建设的强大合力。

（三十三）探索有效模式。抓紧制定生态文明体制改革总体方案，深入开展生态文明先行示范区建设，研究不同发展阶段、资源环境禀赋、主体功能定位地区生态文明建设的有效模式。各地区要抓住制约本地区生态文明建设的瓶颈，在生态文明制度创新方面积极实践，力争取得重大突破。及时总结有效做法和成功经验，完善政策措施，形成有效模式，加大推广力度。

（三十四）广泛开展国际合作。统筹国内国际两个大局，以全球视野加快推进生态文明建设，树立负责任大国形象，把绿色发展转化为新的综合国力、综合影响力和国际竞争新优势。发扬包容互鉴、合作共赢的精神，加强与世界各国在生态文明领域的对话交流和务实合作，引进先进技术装备和管理经验，促进全球生态安全。加强南南合作，开展绿色援助，对其他发展中国家提供支持和帮助。

（三十五）抓好贯彻落实。各级党委和政府及中央有关部门要按照本意见要求，抓紧提出实施方案，研究制定与本意见相衔接的区域性、行业性和专题性规划，明确目标任务、责任分工和时间要求，确保各项政策措施落到实处。各地区各部门贯彻落实情况要及时向党中央、国务院报告，同时抄送国家发展改革委。中央就贯彻落实情况适时组织开展专项监督检查。

资料来源：《人民日报》2015 年 5 月 6 日第 1 版（http：// paper. people. com. cn/rmrb/html/2015 - 05/06/nw. D110000renmrb_ 20150506_ 3-01. htm）。

# 附录 2　生态文明体制改革总体方案

新华社北京 9 月 21 日电　近日，中共中央、国务院印发了《生态文明体制改革总体方案》，并发出通知，要求各地区各部门结合实际认真贯彻执行。

《生态文明体制改革总体方案》主要内容如下。

为加快建立系统完整的生态文明制度体系，加快推进生态文明建设，增强生态文明体制改革的系统性、整体性、协同性，制定本方案。

## 一　生态文明体制改革的总体要求

（一）生态文明体制改革的指导思想。全面贯彻党的十八大和十八届二中、三中、四中全会精神，以邓小平理论、"三个代表"重要思想、科学发展观为指导，深入贯彻落实习近平总书记系列重要讲话精神，按照党中央、国务院决策部署，坚持节约资源和保护环境基本国策，坚持节约优先、保护优先、自然恢复为主方针，立足我国社会主义初级阶段的基本国情和新的阶段性特征，以建设美丽中国为目标，以正确处理人与自然关系为核心，以解决生态环境领域突出问题为导向，保障国家生态安全，改善环境质量，提高资源利用效率，推动形成人与自然和谐发展的现代化建设新格局。

（二）生态文明体制改革的理念。

树立尊重自然、顺应自然、保护自然的理念，生态文明建设不仅影响经济持续健康发展，也关系政治和社会建设，必须放在突出地位，融入经济建设、政治建设、文化建设、社会建设各方面和全过程。

树立发展和保护相统一的理念，坚持发展是硬道理的战略思想，发展必须是绿色发展、循环发展、低碳发展，平衡好发展和保护的关系，按照主体功能定位控制开发强度，调整空间结构，给子孙后代留下天蓝、地绿、水净的美好家园，实现发展与保护的内在统一、相互促进。

树立绿水青山就是金山银山的理念，清新空气、清洁水源、美丽山川、肥沃土地、生物多样性是人类生存必需的生态环境，坚持发展是第一要务，必须保护森林、草原、河流、湖泊、湿地、海洋等自然生态。

树立自然价值和自然资本的理念，自然生态是有价值的，保护自然就是增值自然价值和自然资本的过程，就是保护和发展生产力，就应得到合理回报和经济补偿。

树立空间均衡的理念，把握人口、经济、资源环境的平衡点推动发展，人口规模、产业结构、增长速度不能超出当地水土资源承载能力和环境容量。

树立山水林田湖是一个生命共同体的理念，按照生态系统的整体性、系统性及其内在规律，统筹考虑自然生态各要素、山上山下、地上地下、陆地海洋以及流域上下游，进行整体保护、系统修复、综合治理，增强生态系统循环能力，维护生态平衡。

（三）生态文明体制改革的原则。

坚持正确改革方向，健全市场机制，更好发挥政府的主导和监管作用，发挥企业的积极性和自我约束作用，发挥社会组织和公众的参与和监督作用。

坚持自然资源资产的公有性质，创新产权制度，落实所有权，区分自然资源资产所有者权利和管理者权力，合理划分中央地方事权和监管职责，保障全体人民分享全民所有自然资源资产收益。

坚持城乡环境治理体系统一，继续加强城市环境保护和工业污染防治，加大生态环境保护工作对农村地区的覆盖，建立健全农村环境治理体制机制，加大对农村污染防治设施建设和资金投入力度。

坚持激励和约束并举，既要形成支持绿色发展、循环发展、低碳发展的利益导向机制，又要坚持源头严防、过程严管、损害严惩、责任追究，形成对各类市场主体的有效约束，逐步实现市场化、法治化、制度化。

坚持主动作为和国际合作相结合，加强生态环境保护是我们的自觉行为，同时要深化国际交流和务实合作，充分借鉴国际上的先进技术和体制机制建设有益经验，积极参与全球环境治理，承担并履行好同发展中大国相适应的国际责任。

坚持鼓励试点先行和整体协调推进相结合，在党中央、国务院统一部署下，先易后难、分步推进，成熟一项推出一项。支持各地区根据本方案确定的基本方向，因地制宜，大胆探索、大胆试验。

（四）生态文明体制改革的目标。到 2020 年，构建起由自然资源资产产权制度、国土空间开发保护制度、空间规划体系、资源总量管理和全面节约制度、资源有偿使用和生态补偿制度、环境治理体系、环境治理和生态保护市场体系、生态文明绩效评价考核和责任追究制度等八项制度构成的产权清晰、多元参与、激励约束并重、系统完整的生态文明制度体系，推进生态文明领域国家治理体系和治理能力现代化，努力走向社会主义生态文明新时代。

构建归属清晰、权责明确、监管有效的自然资源资产产权制度，着力解决自然资源所有者不到位、所有权边界模糊等问题。

构建以空间规划为基础、以用途管制为主要手段的国土空间开发保护制度，着力解决因无序开发、过度开发、分散开发导致的优质耕地和生态空间占用过多、生态破坏、环境污染等问题。

构建以空间治理和空间结构优化为主要内容，全国统一、相互衔接、分级管理的空间规划体系，着力解决空间性规划重叠冲突、部门职责交叉重复、地方规划朝令夕改等问题。

构建覆盖全面、科学规范、管理严格的资源总量管理和全面节约制度，着力解决资源使用浪费严重、利用效率不高等问题。

构建反映市场供求和资源稀缺程度、体现自然价值和代际补偿的资源有偿使用和生态补偿制度，着力解决自然资源及其产品价格偏低、生产开发成本低于社会成本、保护生态得不到合理回报等问题。

构建以改善环境质量为导向，监管统一、执法严明、多方参与的环境治理体系，着力解决污染防治能力弱、监管职能交叉、权责不一致、违法成本过低等问题。

构建更多运用经济杠杆进行环境治理和生态保护的市场体系，着力解决市场主体和市场体系发育滞后、社会参与度不高等问题。

构建充分反映资源消耗、环境损害和生态效益的生态文明绩效评价考核和责任追究制度，着力解决发展绩效评价不全面、责任落实不到位、损害责任追究缺失等问题。

### 二　健全自然资源资产产权制度

（五）建立统一的确权登记系统。坚持资源公有、物权法定，清晰界定全部国土空间各类自然资源资产的产权主体。对水流、森林、山岭、草原、荒地、滩涂等所有自然生态空间统一进行确权登记，逐步划清全民所有和集体所有之间的边界，划清全民所有、不同层级政府行使所有权的边界，划清不同集体所有者的边界。推进确权登记法治化。

（六）建立权责明确的自然资源产权体系。制定权利清单，明确各类自然资源产权主体权利。处理好所有权与使用权的关系，创新自然资源全民所有权和集体所有权的实现形式，除生态功能重要的外，可推动所有权和使用权相分离，明确占有、使用、收益、处分等权利归属关系和权责，适度扩大使用权的出让、转让、出租、抵押、担保、入股等权能。明确国有农场、林场和牧场土地所有者与使用者权能。全面建立覆盖各类全民所有自然资源资产的有偿出让制度，严禁无偿或低价出让。统筹规划，加强自然资源资产交易平台建设。

（七）健全国家自然资源资产管理体制。按照所有者和监管者分开和一件事情由一个部门负责的原则，整合分散的全民所有自然资源资产所有者职责，组建对全民所有的矿藏、水流、森林、山岭、草原、荒地、海域、滩涂等各类自然资源统一行使所有权的机构，负责全民所有自然资源的出让等。

（八）探索建立分级行使所有权的体制。对全民所有的自然资源资产，按照不同资源种类和在生态、经济、国防等方面的重要程度，研究实行中央和地方政府分级代理行使所有权职责的体制，实现效率和公平相统一。分清全民所有中央政府直接行使所有权、全民所有地方政府行使所有权的资源清单和空间范围。中央政府主要对石油天然气、贵重稀有矿产资源、重点国有林区、大江大河大湖和跨境河流、生态功能重要的湿地草原、海域滩涂、珍稀野生动植物种和部分国家公园等直接行使所有权。

（九）开展水流和湿地产权确权试点。探索建立水权制度，开展水域、岸线等水生态空间确权试点，遵循水生态系统性、整体性原则，分清水资源所有权、使用权及使用量。在甘肃、宁夏等地开展湿地产权确权试点。

### 三　建立国土空间开发保护制度

（十）完善主体功能区制度。统筹国家和省级主体功能区规划，健全基于主体功能区的区域政策，根据城市化地区、农产品主产区、重点生态功能区的不同定位，加快调整完善财政、产业、投资、人口流动、建设用地、资源开发、环境保护等政策。

（十一）健全国土空间用途管制制度。简化自上而下的用地指标控制体系，调整按行政区和用地基数分配指标的做法。将开发强度指标分解到各县级行政区，作为约束性指标，控制建设用地总量。将用途管制扩大到所有自然生态空间，划定并严守生态红线，严禁任意改变用途，防止不合理开发建设活动对生态红线的破坏。完善覆盖全部国土空间的监测系统，动态监测国土空间变化。

（十二）建立国家公园体制。加强对重要生态系统的保护和永续利用，改革各部门分头设置自然保护区、风景名胜区、文化自然遗产、地质公园、森林公园等的体制，对上述保护地进行功能重组，合理界定国家公园范围。国家公园实行更严格保护，除不损害生态系统的原住民生活生产设施改造和自然观光科研教育旅游外，禁止其他开发建设，保护自然生态和自然文化遗产原真性、完整性。加强对国家公园试点的指导，在试点基础上研究制定建立国家公园体制总体方案。构建保护珍稀野生动植物的长效机制。

（十三）完善自然资源监管体制。将分散在各部门的有关用途管制职责，逐步统一到一个部门，统一行使所有国土空间的用途管制职责。

#### 四 建立空间规划体系

（十四）编制空间规划。整合目前各部门分头编制的各类空间性规划，编制统一的空间规划，实现规划全覆盖。空间规划是国家空间发展的指南、可持续发展的空间蓝图，是各类开发建设活动的基本依据。空间规划分为国家、省、市县（设区的市空间规划范围为市辖区）三级。研究建立统一规范的空间规划编制机制。鼓励开展省级空间规划试点。编制京津冀空间规划。

（十五）推进市县"多规合一"。支持市县推进"多规合一"，统一编制市县空间规划，逐步形成一个市县一个规划、一张蓝图。市县空间规划要统一土地分类标准，根据主体功能定位和省级空间规划要求，划定生产空间、生活空间、生态空间，明确城镇建设区、工业区、农村居民点等的开发边界，以及耕地、林地、草原、河流、湖泊、湿地等的保护边界，加强对城市地下空间的统筹规划。加强对市县"多规合一"试点的指导，研究制定市县空间规划编制指引和技术规范，形成可复制、能推广的经验。

（十六）创新市县空间规划编制方法。探索规范化的市县空间规划编制程序，扩大社会参与，增强规划的科学性和透明度。鼓励试点地区进行规划编制部门整合，由一个部门负责市县空间规划的编制，可成立由专业人员和有关方面代表组成的规划评议委员会。规划编制前应当进行资源环境承载能力评价，以评价结果作为规划的基本依据。规划编制过程中应当广泛征求各方面意见，全文公布规划草案，充分听取当地居民意见。规划经评议委员会论证通过后，由当地人民代表大会审议通过，并报上级政府部门备案。规划成果应当包括规划文本和较高精度的规划图，并在网络和其他本地媒体公布。鼓励当地居民对规划执行进行监督，对违反规划的开发建设行为进行举报。当地人民代表大会及其常务委员会定期听取空间规划执行情况报告，对当地政府违反规划行为进行问责。

#### 五 完善资源总量管理和全面节约制度

（十七）完善最严格的耕地保护制度和土地节约集约利用制度。

完善基本农田保护制度，划定永久基本农田红线，按照面积不减少、质量不下降、用途不改变的要求，将基本农田落地到户、上图入库，实行严格保护，除法律规定的国家重点建设项目选址确实无法避让外，其他任何建设不得占用。加强耕地质量等级评定与监测，强化耕地质量保护与提升建设。完善耕地占补平衡制度，对新增建设用地占用耕地规模实行总量控制，严格实行耕地占一补一、先补后占、占优补优。实施建设用地总量控制和减量化管理，建立节约集约用地激励和约束机制，调整结构，盘活存量，合理安排土地利用年度计划。

（十八）完善最严格的水资源管理制度。按照节水优先、空间均衡、系统治理、两手发力的方针，健全用水总量控制制度，保障水安全。加快制定主要江河流域水量分配方案，加强省级统筹，完善省市县三级取用水总量控制指标体系。建立健全节约集约用水机制，促进水资源使用结构调整和优化配置。完善规划和建设项目水资源论证制度。主要运用价格和税收手段，逐步建立农业灌溉用水量控制和定额管理、高耗水工业企业计划用水和定额管理制度。在严重缺水地区建立用水定额准入门槛，严格控制高耗水项目建设。加强水产品产地保护和环境修复，控制水产养殖，构建水生动植物保护机制。完善水功能区监督管理，建立促进非常规水源利用制度。

（十九）建立能源消费总量管理和节约制度。坚持节约优先，强化能耗强度控制，健全节能目标责任制和奖励制。进一步完善能源统计制度。健全重点用能单位节能管理制度，探索实行节能自愿承诺机制。完善节能标准体系，及时更新用能产品能效、高耗能行业能耗限额、建筑物能效等标准。合理确定全国能源消费总量目标，并分解落实到省级行政区和重点用能单位。健全节能低碳产品和技术装备推广机制，定期发布技术目录。强化节能评估审查和节能监察。加强对可再生能源发展的扶持，逐步取消对化石能源的普遍性补贴。逐步建立全国碳排放总量控制制度和分解落实机制，建立增加森林、草原、湿地、海洋碳汇的有效机制，加强应对气候变化国际合作。

（二十）建立天然林保护制度。将所有天然林纳入保护范围。建立国家用材林储备制度。逐步推进国有林区政企分开，完善以购买服务为主的国有林场公益林管护机制。完善集体林权制度，稳定承包权，拓展经营权能，健全林权抵押贷款和流转制度。

（二十一）建立草原保护制度。稳定和完善草原承包经营制度，实现草原承包地块、面积、合同、证书"四到户"，规范草原经营权流转。实行基本草原保护制度，确保基本草原面积不减少、质量不下降、用途不改变。健全草原生态保护补奖机制，实施禁牧休牧、划区轮牧和草畜平衡等制度。加强对草原征用使用审核审批的监管，严格控制草原非牧使用。

（二十二）建立湿地保护制度。将所有湿地纳入保护范围，禁止擅自征用占用国际重要湿地、国家重要湿地和湿地自然保护区。确定各类湿地功能，规范保护利用行为，建立湿地生态修复机制。

（二十三）建立沙化土地封禁保护制度。将暂不具备治理条件的连片沙化土地划为沙化土地封禁保护区。建立严格保护制度，加强封禁和管护基础设施建设，加强沙化土地治理，增加植被，合理发展沙产业，完善以购买服务为主的管护机制，探索开发与治理结合新机制。

（二十四）健全海洋资源开发保护制度。实施海洋主体功能区制度，确定近海海域海岛主体功能，引导、控制和规范各类用海用岛行为。实行围填海总量控制制度，对围填海面积实行约束性指标管理。建立自然岸线保有率控制制度。完善海洋渔业资源总量管理制度，严格执行休渔禁渔制度，推行近海捕捞限额管理，控制近海和滩涂养殖规模。健全海洋督察制度。

（二十五）健全矿产资源开发利用管理制度。建立矿产资源开发利用水平调查评估制度，加强矿产资源查明登记和有偿计时占用登记管理。建立矿产资源集约开发机制，提高矿区企业集中度，鼓励规模化开发。完善重要矿产资源开采回采率、选矿回收率、综合利用率等国家标准。健全鼓励提高矿产资源利用水平的经济政策。建立矿山企业高效和综合利用信息公示制度，建立矿业权人"黑名单"制度。完善重要矿产资源回收利用的产业化扶持机制。完善矿山地质环境保护和土地复垦制度。

（二十六）完善资源循环利用制度。建立健全资源产出率统计体系。实行生产者责任延伸制度，推动生产者落实废弃产品回收处理等责任。建立种养业废弃物资源化利用制度，实现种养业有机结合、循环发展。加快建立垃圾强制分类制度。制定再生资源回收目录，对复合包装物、电池、农膜等低值废弃物实行强制回收。加快制定资源分类回收利用标准。建立资源再生产品和原料推广使用制度，相关原材料消耗企业要使用一定比例的资源再生产品。完善限制一次性用品使用制度。落实并完善资源综合利用和促进循环经济发展的税收政策。制定循环经济技术目录，实行政府优先采购、贷款贴息等政策。

### 六　健全资源有偿使用和生态补偿制度

（二十七）加快自然资源及其产品价格改革。按照成本、收益相统一的原则，充分考虑社会可承受能力，建立自然资源开发使用成本评估机制，将资源所有者权益和生态环境损害等纳入自然资源及其产品价格形成机制。加强对自然垄断环节的价格监管，建立定价成本监审制度和价格调整机制，完善价格决策程序和信息公开制度。推进农业水价综合改革，全面实行非居民用水超计划、超定额累进加价制度，全面推行城镇居民用水阶梯价格制度。

（二十八）完善土地有偿使用制度。扩大国有土地有偿使用范围，扩大招拍挂出让比例，减少非公益性用地划拨，国有土地出让收支纳入预算管理。改革完善工业用地供应方式，探索实行弹性出让年限以及长期租赁、先租后让、租让结合供应。完善地价形成机制和评估制度，健全土地等级价体系，理顺与土地相关的出让金、租金和税费关系。建立有效调节工业用地和居住用地合理比价机制，提高工业用地出让地价水平，降低工业用地比例。探索通过土地承包经营、出租等方式，健全国有农用地有偿使用制度。

（二十九）完善矿产资源有偿使用制度。完善矿业权出让制度，建立符合市场经济要求和矿业规律的探矿权采矿权出让方式，原则上实行市场化出让，国有矿产资源出让收支纳入预算管理。理清有偿取得、占用和开采中所有者、投资者、使用者的产权关系，研究建立矿产资源国家权益金制度。调整探矿权采矿权使用费标准、矿产资源最低勘查投入标准。推进实现全国统一的矿业权交易平台建设，加大矿业权出让转让信息公开力度。

（三十）完善海域海岛有偿使用制度。建立海域、无居民海岛使用金征收标准调整机制。建立健全海域、无居民海岛使用权招拍挂出让制度。

（三十一）加快资源环境税费改革。理顺自然资源及其产品税费关系，明确各自功能，合理确定税收调控范围。加快推进资源税从价计征改革，逐步将资源税扩展到占用各种自然生态空间，在华北部分地区开展地下水征收资源税改革试点。加快推进环境保护税立法。

（三十二）完善生态补偿机制。探索建立多元化补偿机制，逐步增加对重点生态功能区转移支付，完善生态保护成效与资金分配挂钩的激励约束机制。制定横向生态补偿机制办法，以地方补偿为主，中央财政给予支持。鼓励各地区开展生态补偿试点，继续推进新安江水环境补偿试点，推动在京津冀水源涵养区、广西广东九洲江、福建广东汀江—韩江等开展跨地区生态补偿试点，在长江流域水环境敏感地区探索开展流域生态补偿试点。

（三十三）完善生态保护修复资金使用机制。按照山水林田湖系统治理的要求，完善相关资金使用管理办法，整合现有政策和渠道，在深入推进国土江河综合整治的同时，更多用于青藏高原生态屏障、黄土高原—川滇生态屏障、东北森林带、北方防沙带、南方丘陵山地带等国家生态安全屏障的保护修复。

（三十四）建立耕地草原河湖休养生息制度。编制耕地、草原、河湖休养生息规划，调整严重污染和地下水严重超采地区的耕地用途，逐步将25度以上不适宜耕种且有损生态的陡坡地退出基本农田。建立巩固退耕还林还草、退牧还草成果长效机制。开展退田还湖还湿试点，推进长株潭地区土壤重金属污染修复试点、华北地区地下水超采综合治理试点。

## 七　建立健全环境治理体系

（三十五）完善污染物排放许可制。尽快在全国范围建立统一公平、覆盖所有固定污染源的企业排放许可制，依法核发排污许可证，排污者必须持证排污，禁止无证排污或不按许可证规定排污。

（三十六）建立污染防治区域联动机制。完善京津冀、长三角、珠三角等重点区域大气污染防治联防联控协作机制，其他地方要结合地理特征、污染程度、城市空间分布以及污染物输送规律，建立区域协作机制。在部分地区开展环境保护管理体制创新试点，统一规划、统一标准、统一环评、统一监测、统一执法。开展按流域设置环境监管和行政执法机构试点，构建各流域内相关省级涉水部门参加、多形式的流域水环境保护协作机制和风险预警防控体系。建立陆海统筹的污染防治机制和重点海域污染物排海总量控制制度。完善突发环境事件应急机制，提高与环境风险程度、污染物种类等相匹配的突发环境事件应急处置能力。

（三十七）建立农村环境治理体制机制。建立以绿色生态为导向的农业补贴制度，加快制定和完善相关技术标准和规范，加快推进化肥、农药、农膜减量化以及畜禽养殖废弃物资源化和无害化，鼓励生产使用可降解农膜。完善农作物秸秆综合利用制度。健全化肥农药包装物、农膜回收贮运加工网络。采取财政和村集体补贴、住户付费、社会资本参与的投入运营机制，加强农村污水和垃圾处理等环保设施建设。采取政府购买服务等多种扶持措施，培育发展各种形式的农业面源污染治理、农村污水垃圾处理市场主体。强化县乡两级政府的环境保护职责，加强环境监管能力建设。财政支农资金的使用要统筹考虑增强农业综合生产能力和防治农村污染。

（三十八）健全环境信息公开制度。全面推进大气和水等环境信息公开、排污单位环境信息公开、监管部门环境信息公开，健全建设项目环境影响评价信息公开机制。健全环境新闻发言人制度。引导人民群众树立环保意识，完善公众参与制度，保障人民群众依法有序行使环境监督权。建立环境保护网络举报平台和举报制度，健全举报、听证、舆论监督等制度。

（三十九）严格实行生态环境损害赔偿制度。强化生产者环境保护法律责任，大幅度提高违法成本。健全环境损害赔偿方面的法律制度、评估方法和实施机制，对违反环保法律法规的，依法严惩重罚；对造成生态环境损害的，以损害程度等因素依法确定赔偿额度；对造成严重后果的，依法追究刑事责任。

（四十）完善环境保护管理制度。建立和完善严格监管所有污染物排放的环境保护管理制度，将分散在各部门的环境保护职责调整到一个部门，逐步实行城乡环境保护工作由一个部门进行统一监管和行政执法的体制。有序整合不同领域、不同部门、不同层次的监管力量，建立权威统一的环境执法体制，充实执法队伍，赋予环境执法强制执行的必要条件和手段。完善行政执法和环境司法的衔接机制。

## 八 健全环境治理和生态保护市场体系

（四十一）培育环境治理和生态保护市场主体。采取鼓励发展节能环保产业的体制机制和政策措施。废止妨碍形成全国统一市场和公平竞争的规定和做法，鼓励各类投资进入环保市场。能由政府和社会资本合作开展的环境治理和生态保护事务，都可以吸引社会资本参与建设和运营。通过政府购买服务等方式，加大对环境污染第三方治理的支持力度。加快推进污水垃圾处理设施运营管理单位向独立核算、自主经营的企业转变。组建或改组设立国有资本投资运营公司，推动国有资本加大对环境治理和生态保护等方面的投入。支持生态环境保护领域国有企业实行混合所有制改革。

（四十二）推行用能权和碳排放权交易制度。结合重点用能单位节能行动和新建项目能评审查，开展项目节能量交易，并逐步改为基于能源消费总量管理下的用能权交易。建立用能权交易系统、测量与核准体系。推广合同能源管理。深化碳排放权交易试点，逐步建立全国碳排放权交易市场，研究制定全国碳排放权交易总量设定与配额分配方案。完善碳交易注册登记系统，建立碳排放权交易市场监管体系。

（四十三）推行排污权交易制度。在企业排污总量控制制度基础上，尽快完善初始排污权核定，扩大涵盖的污染物覆盖面。在现行以行政区为单元层层分解机制基础上，根据行业先进排污水平，逐步强化以企业为单元进行总量控制、通过排污权交易获得减排收益的机制。在重点流域和大气污染重点区域，合理推进跨行政区排污权交易。扩大排污权有偿使用和交易试点，将更多条件成熟地区纳入试点。加强排污权交易平台建设。制定排污权核定、使用费收取使用和交易价格等规定。

（四十四）推行水权交易制度。结合水生态补偿机制的建立健全，合理界定和分配水权，探索地区间、流域间、流域上下游、行业间、用水户间等水权交易方式。研究制定水权交易管理办法，明确可交易水权的范围和类型、交易主体和期限、交易价格形成机制、交易平台运作规则等。开展水权交易平台建设。

（四十五）建立绿色金融体系。推广绿色信贷，研究采取财政贴息等方式加大扶持力度，鼓励各类金融机构加大绿色信贷的发放力度，明确贷款人的尽职免责要求和环境保护法律责任。加强资本市场相关制度建设，研究设立绿色股票指数和发展相关投资产品，研究银行和企业发行绿色债券，鼓励对绿色信贷资产实行证券化。支持设立各类绿色发展基金，实行市场化运作。建立上市公司环保信息强制性披露机制。完善对节能低碳、生态环保项目的各类担保机制，加大风险补偿力度。在环境高风险领域建立环境污染强制责任保险制度。建立绿色评级体系以及公益性的环境成本核算和影响评估体系。积极推动绿色金融领域各类国际合作。

（四十六）建立统一的绿色产品体系。将目前分头设立的环保、节能、节水、循环、低碳、再生、有机等产品统一整合为绿色产品，建立统一的绿色产品标准、认证、标识等体系。完善对绿色产品研发生产、运输配送、购买使用的财税金融支持和政府采购等政策。

## 九　完善生态文明绩效评价考核和责任追究制度

（四十七）建立生态文明目标体系。研究制定可操作、可视化的绿色发展指标体系。制定生态文明建设目标评价考核办法，把资源消耗、环境损害、生态效益纳入经济社会发展评价体系。根据不同区域主体功能定位，实行差异化绩效评价考核。

（四十八）建立资源环境承载能力监测预警机制。研究制定资源环境承载能力监测预警指标体系和技术方法，建立资源环境监测预警数据库和信息技术平台，定期编制资源环境承载能力监测预警报告，对资源消耗和环境容量超过或接近承载能力的地区，实行预警提醒和限制性措施。

（四十九）探索编制自然资源资产负债表。制定自然资源资产负债表编制指南，构建水资源、土地资源、森林资源等的资产和负债核算方法，建立实物量核算账户，明确分类标准和统计规范，定期评估自然资源资产变化状况。在市县层面开展自然资源资产负债表编制试点，核算主要自然资源实物量账户并公布核算结果。

（五十）对领导干部实行自然资源资产离任审计。在编制自然资源资产负债表和合理考虑客观自然因素基础上，积极探索领导干部自然资源资产离任审计的目标、内容、方法和评价指标体系。以领导干部任期内辖区自然资源资产变化状况为基础，通过审计，客观评价领导干部履行自然资源资产管理责任情况，依法界定领导干部应当承担的责任，加强审计结果运用。在内蒙古呼伦贝尔市、浙江湖州市、湖南娄底市、贵州赤水市、陕西延安市开展自然资源资产负债表编制试点和领导干部自然资源资产离任审计试点。

（五十一）建立生态环境损害责任终身追究制。实行地方党委和政府领导成员生态文明建设一岗双责制。以自然资源资产离任审计结果和生态环境损害情况为依据，明确对地方党委和政府领导班子主要负责人、有关领导人员、部门负责人的追责情形和认定程序。区分情节轻重，对造成生态环境损害的，予以诫勉、责令公开道歉、组织处理或党纪政纪处分，对构成犯罪的依法追究刑事责任。对领导干部离任后出现重大生态环境损害并认定其需要承担责任的，实行终身追责。建立国家环境保护督察制度。

## 十　生态文明体制改革的实施保障

（五十二）加强对生态文明体制改革的领导。各地区各部门要认真学习领会中央关于生态文明建设和体制改革的精神，深刻认识生态文明体制改革的重大意义，增强责任感、使命感、紧迫感，认真贯彻党中央、国务院决策部署，确保本方案确定的各项改革任务加快落实。各有关部门要按照本方案要求抓紧制定单项改革方案，明确责任主体和时间进度，密切协调配合，形成改革合力。

（五十三）积极开展试点试验。充分发挥中央和地方两个积极性，鼓励各地区按照本方案的改革方向，从本地实际出发，以解决突出生态环境问题为重点，发挥主动性，积极探索和推动生态文明体制改革，其中需要法律授权的按法定程序办理。将各部门自行开展的综合性生态文明试点统一为国家试点试验，各部门要根据各自职责予以指导和推动。

（五十四）完善法律法规。制定完善自然资源资产产权、国土空间开发保护、国家公园、空间规划、海洋、应对气候变化、耕地质量保护、节水和地下水管理、草原保护、湿地保护、排污许可、生态环境损害赔偿等方面的法律法规，为生态文明体制改革提供法治保障。

（五十五）加强舆论引导。面向国内外，加大生态文明建设和体制改革宣传力度，统筹安排、正确解读生态文明各项制度的内涵和改革方向，培育普及生态文化，提高生态文明意识，倡导绿色生活方式，形成崇尚生态文明、推进生态文明建设和体制改革的良好氛围。

（五十六）加强督促落实。中央全面深化改革领导小组办公室、经济体制和生态文明体制改革专项小组要加强统筹协调，对本方案落实情况进行跟踪分析和督促检查，正确解读和及时解决实施中遇到的问题，重大问题要及时向党中央、国务院请示报告。

资料来源：《人民日报》2015 年 9 月 22 日第 14 版（http：// politics. people. com. cn/n/2015/0922/c1001－27616151. html）。

# 附录 3　二氧化碳是人类的宝贵财富

## 雷学军

地球的碳资源十分丰富，分别储藏在岩石圈（约 $2.5×10^{16}$ 吨）、水圈（约 $1.8×10^{14}$ 吨）、生物圈（约 $2.3×10^{12}$ 吨）和大气圈（约 $3.74×10^{12}$ 吨）中[①]。由于碳的存在和碳在各圈层间的循环衍变，催生了地球生命，碳循环不断地改变着环境、气候、生态、资源、经济与政治。

### 一　二氧化碳的来源

二氧化碳（$CO_2$，carbon dioxide）俗称碳酸气，是由一个碳原子和两个氧原子通过共价键结合而成的化合物。大气中最早的 $CO_2$ 来源于火山喷发，岩石风化，微生物的代谢分解和植物、动物的呼吸作用，是形成适合生命活动的温室效应的主要温室气体。

### 二　二氧化碳的作用

自然界的一切物体都以电磁波的形式向周围辐射能量，通常高温物体向外发射短波辐射，低温物体则发射长波辐射，地球表面的大气层中含有 $CO_2$ 等温室气体，允许太阳辐射的短波部分通过，却阻挡地面的长波辐射，地球表面的大气层和下垫面组成的这一系统就好像一个巨大的"玻璃温室"。我们将大气对地面的这种保护作用称为大气的温室效应（见图 1）。

（一）自然产生的温室效应

温室效应的存在保存了地表的热量，使温度适宜人类生存。如果不存在大气层，地表的长波辐射无阻地射向太空，地球表面的平均温度将在 $-22℃$—$26℃$，而不是现在的 $15℃$ 上下。人们通常把正常情况下的温室效应称为自然产生的温室效应。

---

[①] 梅西、刘锐：《大气中 $CO_2$ 含量的控制因素及其对气候的影响》，《海洋地质动态》2008 年第 249 期。

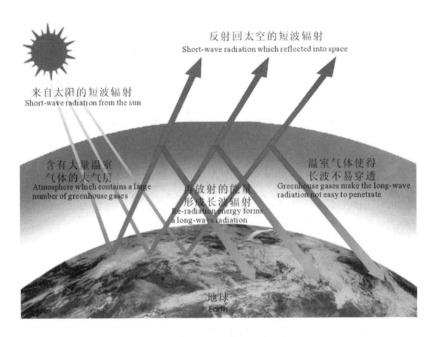

图1　地球大气温室效应

（二）人类活动的气候变化

工业化以来，人类应用化石燃料和土地利用变化，向大气中释放了大量的 $CO_2$ 等温室气体，2015年3月，大气中 $CO_2$ 浓度已达400.83ppm，是60万年以来的最高峰值（见图2），导致严重的温室效应和全球气候变暖，出现了极端气候。大气"碳"驱动"冰"的消融，打破了水—气—冰共存的气候平衡状态，乃至改变了地球大尺度的冷暖循环；造成大气、水体、土壤等生态环境的极大破坏和物种多样性的丧失；引起海平面上升，使海洋风暴增多；土地干旱，农作物减产；沙漠化面积迅速扩大；雾霾肆虐；病虫害、热射病与传染性疾病频发等一系列严重的自然灾害。[1]

《京都议定书》中规定的温室气体有六种：二氧化碳（ $CO_2$ ）、甲烷（ $CH_4$ ）、氧化亚氮（ $N_2O$ ）、高氟碳化合物（ $PFC_s$ ）、氢氟碳化合物（ $HFC_s$ ）、六氟化硫（ $SF_6$ ）。 $CO_2$ 作为主要的温室气体，对全球

---

[1]　雷学军：《大气碳资源及 $CO_2$ 当量物质综合开发利用技术研究》，《中国能源》2015年第37卷第5期。

气候变暖增温影响的比例因素为 60%，本文专题讨论 $CO_2$ 的综合开发应用。

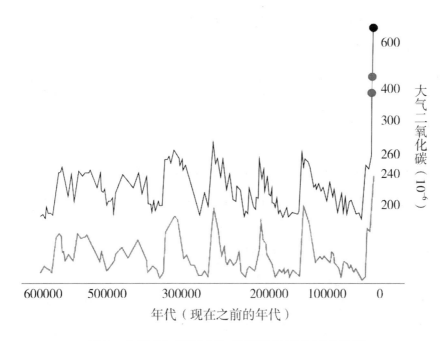

大气二氧化碳（$10^{-6}$）

年代（现在之前的年代）

**图 2　大气 $CO_2$ 浓度已达 60 万年以来的最高峰值**

### 三　地球碳素的循环

自然界的碳循环是指碳在岩石圈、水圈、生物圈和大气圈之间，以 $CO_2$、$CO$、$CH_4$、$CO_3^{2-}$、$HCO_3^-$、$(CH_2O)_n$（有机碳）等形式相互转换和运移，大致可分为碳的地球生物化学循环和碳的地球化学循环两种基本过程，形成了千姿百态、形形色色的生产者、消费者和分解者组成的生物链。使地球风生水起，热闹非凡，郁郁葱葱。

由于人类活动干扰了自然界的碳循环平衡，主要是化石燃料的使用和土地利用活动，向大气中释放了大量的 $CO_2$ 等温室气体，造成了环境、气候的显著变化和物种多样性的丧失，威胁着生命的延续。鉴于上述情况，笔者从环境、气候、生态、资源、经济与政治等多个角度出发，经过研究与探索，发明了"碳的技术控制循环过程"。

（一）碳的地球生物循环过程

碳的地球生物化学循环包括光合作用和呼吸作用两个基本过程。

1. 光合作用

大气中的 $CO_2$ 进入陆地和水体生态系统，绿色植物（包括低等藻类）运用光合色素吸收和传输太阳能（E），并通过光化学反应裂解 $H_2O$，在放出 $O_2$ 的同时，产生 H，将 $CO_2$ 还原成简单的糖类，用于体内的一系列生物合成与代谢。光合作用的总反应式如下：

$$6CO_2 + 6H_2O + E \rightarrow C_6H_{12}O_6 + 6O_2$$

2. 呼吸作用

光合作用所产生的一部分有机化合物在植物体内或通过异养微生物、牧食/腐食食物链在动物体内被分解产生 $CO_2$、$H_2O$ 和生物能量（E）：

$$C_6H_{12}O_6 + 6O_2 \rightarrow 6CO_2 + 6H_2O + E$$

上述反应是光合作用的逆反应。

在地球的生命圈层中，没有比光合作用和呼吸作用更为重要的化学反应了。碳在环境（空气和 $H_2O$）与生物体之间往复循环，被植物和藻类捕获，流向牧食者、肉食者和分解者。在这些生物体内，有机物被分解产生 $CO_2$ 并释放出能量，推动碳的持续循环（见图3）。

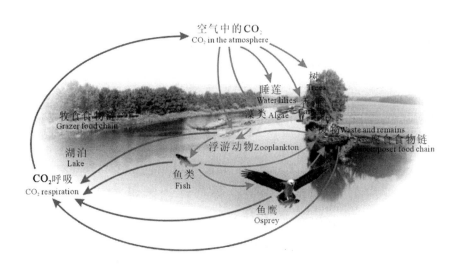

**图3　碳的地球生物化学循环**

（二）碳的地球化学循环过程

由地球内热驱动的构造过程，不断地将海洋的沉积层冲入地幔中，其后又作为火成岩被火山过程流回。在这个过程中，$CO_2$被火山释放到大气中，再被风化作用所消耗。$CO_2$从与中洋脊带的岩浆室相通的火山口中逃逸到海洋和大气中。$CO_2$与土壤和岩石中的硅酸盐进行交换，置换出$Ca^{2+}$和$Mg^{2+}$，而$Ca^{2+}$和$Mg^{2+}$则通过河流进入海洋。在海洋中，$Ca^{2+}$和$Mg^{2+}$又以碳酸盐的形式沉淀，沉降到板块边界的上层地幔中。俯冲带的$CO_2$在高温高压条件下被释放，聚集在与火山相通的岩浆室中，这就是碳的地球化学循环过程（见图4）。

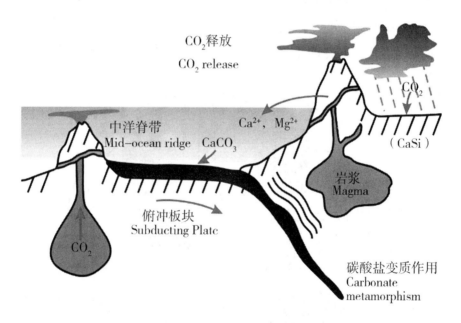

**图4　碳的地球化学循环**

（三）碳的技术控制循环过程

笔者从刈割韭菜得到启示，发现并界定了一类生长发育迅速，可以反复萌发，捕碳效率高，一年能刈割多次的速生草本植物，将其命名为碳汇草。选育的碳汇草叶面总面积50年累计值是相同面积乔木50年累计值的260—370倍，叶绿体总数量50年累计值是相同面积乔木50年累计值的250—350倍；适宜生长在热带、亚热带、温带地域。

　　试验田选育种植的速生碳汇草，经南方林业生态应用技术国家工程实验室和湖南农业大学教育部重点实验室检测平均碳含量为49.2%；经中南大学能源环境检测与评估中心检测，热值为3000—4500kcal/kg；经中国质量认证中心核算（参考IPCC标准），年净碳汇量为14吨/亩；50年的"碳汇增量"，是相同面积森林"碳汇增量"的650倍；是快速捕碳固碳、调节大气温室效应的先锋植物。

　　研究速生碳汇草捕碳固碳技术，首次提出了种植速生草本植物，将大气圈中气态的$CO_2$转入生物圈中形成固态的有机碳化合物，将碳的形态由"动碳"转化为"静碳"[①]，实施"大气分碳"，创建人工碳库，获得大气碳资源[②]，实现大气$CO_2$负增长，平衡大气中$CO_2$的浓度，调节温室效应。发明了"植物成型封存"和"植物填埋封存"的原创技术，实现了"碳的技术控制循环过程"（见图5）。

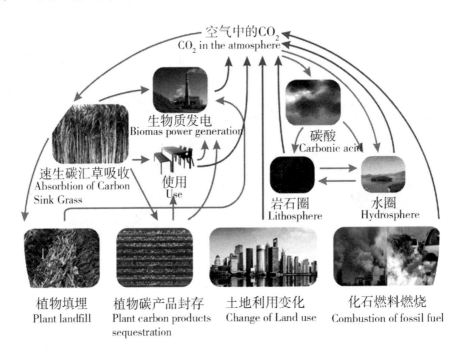

**图5　碳的技术控制循环**

　　① 雷学军：《碳汇草及其碳汇机制》，《农业工程》2015年第5卷第5期。
　　② 雷学军：　《植物固碳封存降低大气$CO_2$浓度控制全球变暖的方法》，中国.20141029767 3.8，2014年5月23日。

### 四　二氧化碳的利用

常温下 $CO_2$ 是无色、无味、无毒的气体，可溶于水，密度 1.977g/L，略大于空气密度，熔点为 -56.60℃（216.6K），沸点为 -78.46℃（194.7K）。$CO_2$ 化学性质稳定，在大气中的含量为 0.03%—0.04%（v/v），总量约 $3.11 \times 10^{12}$ 吨。

大气碳资源的捕集方法不同，获得的产物也不相同。采用物理、化学捕集方法可获得高纯度的气态、液态、固态（干冰）的 $CO_2$，用生物捕集方法可获得生物质有机碳固体化合物。

$CO_2$ 具有优良的特性，已在石油、冶金、消防、化工、农业等多个领域被广泛应用。

（一）理化方法捕集 $CO_2$ 的应用

根据 $CO_2$ 的物理、化学性质，捕集方法可分为：物理吸附法、物理化学吸收法、化学吸收法、膜分离法、变压吸附法及低温分离法等。[①]

通过物理、化学方法捕集分离的 $CO_2$ 可用于蔬菜、瓜果、鲜花的保鲜储藏；$CO_2$ 是光合作用的必需原料，可做气肥；$CO_2$ 可用于制备碳酸饮料；固态 $CO_2$（干冰）用于灭火器、烟草业的烟丝膨化；医疗行业的呼吸刺激剂；人工降雨；保护电弧焊；$CO_2$ 在化学合成中，如遇环氧化合物 $[(CH_2CH_2)O]$ 等可转化为环状碳酸酯等。

1. 干冰的应用

将 $CO_2$ 气体加压到约 6010.13kPa，当一部分蒸气被冷却到 -56℃左右时，就会冻结成雪花状的固态 $CO_2$——"干冰"。干冰的气化热很大，在 -60℃时为 364.5J/g，在常压下气化时可使周围温度降到 -78℃左右。干冰是 $CO_2$ 最为广泛的应用之一，干冰升温时直接升华，不会产生液体，因此广泛应用于工业模具、石油化工机械、印刷工业、汽车工业、电子工业、航空航天工业、船舶业各种仪器设备的清洗，是极好的除垢剂。干冰也可以应用于医疗卫生行业的低温保藏、运输等方面。在食品行业可做食物冷藏保鲜材料。舞台、

--------

① 孙欣：《燃煤电厂二氧化碳捕集与储存技术》，《世界煤炭》2008 年第 34 期。

剧场、影视等表演中经常使用干冰制作烟雾效果。干冰还可用于人工降雨。干冰产品市场需求量呈现逐年上升的趋势，巨大的潜在市场为我国干冰产品行业发展提供了良好的条件。

### 2. 石油开采

液态 $CO_2$ 具有良好的驱油效果，可以作为驱油剂。在地下油层中，$CO_2$ 溶于地下水，可增加 20%—30% 地下水黏度，从而使水的运移能力提高 2—3 倍。$CO_2$ 溶于原油中可以使其体积膨胀，原油黏度降低 1.5—2.5 倍，提升原油采集速度，使用 $CO_2$ 作驱油剂能增加 10%—15% 的原油采收率。目前中原油田、吉林油田和辽河油田均使用 $CO_2$ 驱油技术，取得了明显成效。

### 3. 溶剂、萃取剂

一般油漆都是具有挥发性的有机溶剂，溶剂挥发产生有毒气体和致癌物，造成污染。美国一家公司研制出一种技术，在一定温度下增大压力，使 $CO_2$ 处于气态与液态相互转变的状态并用作油漆溶剂，克服了油漆污染问题。$CO_2$ 在温度高于临界温度（Tc）31℃、压力高于临界压力（Pc）3 MPa 的状态下，性质会发生变化，其密度近于液体，黏度近于气体，扩散系数为液体的 100 倍，具有惊人的溶解能力，用它可溶解多种物质，提取其中的有效成分。超临界萃取技术中，液态 $CO_2$ 已成为高效无污染的萃取剂，操作条件温和易控制，可保持产品的生物活性，多用于食品、生物制药等行业。提取茶叶中的茶多酚，银杏中的黄酮、内酯，以及桂花精油和米糖油等都用到了 $CO_2$ 超临界萃取技术。

### 4. 工业原料

在化学工业上，$CO_2$ 是一种重要的原料，大量用于生产纯碱（$Na_2CO_3$）、小苏打（$NaHCO_3$）、尿素［$CO(NH_2)_2$］、碳酸氢铵（$NH_4HCO_3$）、颜料铅白［$Pb(OH)_2 \cdot 2PbCO_3$］等。在轻工业上，生产碳酸饮料、啤酒、汽水等都需要 $CO_2$。在食品工业中，$CO_2$ 还被用作发泡剂。

### 5. 食品保鲜剂

仓库充入 $CO_2$，可防止粮食虫蛀和蔬菜腐烂，延长保存期。原理是通过提高空气中的 $CO_2$ 浓度，减弱蔬菜瓜果的呼吸强度，抑制新陈代谢，阻止发芽，延缓后熟老化，起到保鲜作用。用 $CO_2$ 贮藏的食品由于缺氧和 $CO_2$ 本身的抑制作用，可有效防止食品中细菌、霉菌、害虫的生长，避免变质和有损健康的过氧化物产生，并能保鲜和维持食品原有的风味和营养成分。$CO_2$ 不会造成谷物中药物残留和大气污染，用 $CO_2$ 通入大米仓库 24 小时，能使 99% 的害虫死亡。

6. 植物气肥

植物和某些藻类可通过叶绿体吸收光能，将光能转变为化学能，同时消耗 $CO_2$ 释放 $O_2$。对植物而言，$CO_2$ 是重要的生产原料，是赖以生存的必需碳源。在蔬菜大棚中，由于空间相对封闭，棚内植物栽种密度较高，往往导致 $CO_2$ 浓度低于外界。补充大棚中的 $CO_2$ 浓度，能促进植物的光合作用，提高作物抗病能力，促进早熟，增加产量。目前 $CO_2$ 使用技术在欧洲、北美以及日本都得到了大规模推广应用，在美国有 50%—70% 的温室作物、荷兰 80% 以上的温室作物采用了 $CO_2$ 增施设备。美国科学家在新泽西州的一家农场里，用 $CO_2$ 对不同作物的不同生长期进行大量的试验研究，发现 $CO_2$ 在农作物的生长旺盛期和成熟期使用，效果最显著。在这两个时期，如果每周喷射两次 $CO_2$ 气体，喷上 4—5 次后，蔬菜可增产 90%，水稻可增产 70%，大豆可增产 60%，高粱甚至可以增产 200%。[1]

（二）生物技术方法捕集 $CO_2$ 的应用

植物通过光合作用吸收 $CO_2$，合成有机碳化合物，可制成不同用途的植物碳产品。植物传统的用途有建筑材料、家具、农具、用具、工业品、化工原料、造纸、食品、饲料、肥料及直接燃烧发电等；植物还可深度开发生产多种类型的精细化学品[2]，目前已初步形成速生碳汇草综合开发利用的产业化路径（见图6）。

1. 植物碳产品

植物成型制备的碳产品，理化性质稳定，能够准确地进行碳计量，用于碳封存，参与碳交易，改虚拟的碳排放权配额指标交易为

---

① 邓定辉：《肥料新资源的开发利用》，《农村科技》1995 年第 6 期。
② 雷学军：《大气碳资源及 $CO_2$ 当量物质综合开发利用的方法》，中国. 201510078067.1，2015 年 2 月 14 日。

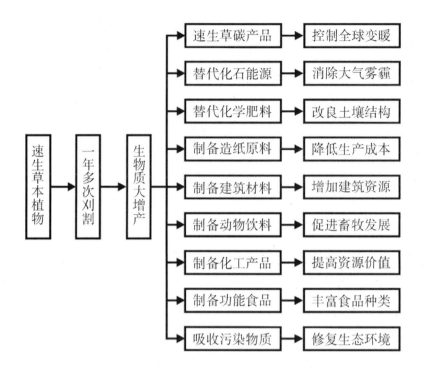

图6　速生碳汇草综合开发利用途径

实体碳产品交易；属绝对减排，可降低和提前大气 $CO_2$ 峰值。

　　IPCC 指出：化石燃料燃烧和土地利用变化是人类活动造成的主要 $CO_2$ 排放源，$CO_2$ 排放总量的45%滞留在大气圈中，30%被海洋生态系统吸收，25%被陆地生态系统吸收。[1]

　　将全球大气 $CO_2$ 浓度降低到工业革命前的275ppm，需减少大气中9725亿吨 $CO_2$，需封存6661亿吨植物碳产品；

　　将大气 $CO_2$ 浓度降低到1990年的356ppm，需减少大气中3423亿吨 $CO_2$，需封存2345亿吨植物碳产品；

　　维持当前大气 $CO_2$ 浓度400ppm，每年需减少大气中162亿吨 $CO_2$，需封存植物碳产品111亿吨。[2]

　　2. 植物有机肥

　　植物制备含氮、磷、钾及微生物的复合肥料替代化学肥料，能

　　① IPCC, Fouth Assessment Report Climate Change: The Physical Science Basis, 2007.

　　② 雷学军、雷训：《速生植物种植、成型、固碳封存与综合利用的方法》，中国．201310164201．0，2013年8月14日。

有效地改善土壤理化状态，熟化土壤，增强土壤的保肥、供肥能力和缓冲能力；生物质有机肥能改善作物根际微生物群，提高土壤中转化酶、过氧化酶的活性，增加酶促反应，提升植物根系的吸收养分能力，促进作物生长，提高作物产量与品质；生物质有机肥无臭，施用方便，价格便宜。

### 3. 修复生态环境

植物通过光合作用吸收空气中的 $CO_2$，在合成自身需要的有机营养的同时，释放 $O_2$，可维持大气的碳—氧平衡。种植速生陆生碳汇草，可对土壤中的 $Pb^{2+}$、$Cd^{2+}$、$As^{3+}$、$Hg^{2+}$ 等重金属离子及农药等污染物进行吸附、降解和转化，对保护生态环境，维护地球气候与生物多样性具有重大意义。种植速生水生碳汇草及藻类，能吸收、分解水体中的石油、多环芳烃（$PAH_s$）、多氯联苯（PCB）等多种有机污染物及营养盐类物质，富集水体中的有机磷和有机氯，起到水体"过滤器"和"净化器"的作用。

### 4. 建筑材料

植物可压制成型材，用于生产建筑材料，是利用高分子界面化学原理及木质素的黏结特性加工成型的一种多用途的新型建筑材料，可用于修建房屋、制造家具等。生物质建筑材料的特点是对资源和能源消耗少、污染小、再生利用率高、可降解、可循环利用。

### 5. 包装材料

植物经干燥、热压等深加工生产包装材料，强重比高，抗机械损伤能力强，可承受较大的堆垛载荷，具有一定的缓冲性能，具有取材广泛、制作简单、易于吊装及节能等特点。

### 6. 造纸材料

植物通过生物精炼技术代替传统的制浆造纸技术，将速生碳汇草纤维制得大量的纸浆纤维，用于生产纸浆、纸和纸板，可提高纸张的品质，降低生产成本。

### 7. 动物饲料

植物制成的饲料具有多汁性和柔嫩性，蛋白质含量较高，含丰富的碳水化合物，适口性好，营养丰富，是动物喜食的优质饲料。

### 8. 精细化学品

植物制备的精细化学品有糖基化学品、淀粉基化学品、纤维素/半纤维素基化学品、木质素基化学品、油脂基化学品、甲壳素衍生物、生物塑料及生物燃料等。[①]

（1）糖基化学品

糖（Charide）基化学品包括单糖、二糖类、多糖类化学品，主要有蔗糖酯、烷基多苷等。

蔗糖酯（sucrose ester，SE）是由蔗糖和脂肪酸酯，在碱性催化剂条件下通过酯交换得到的由蔗糖单酯、二酯、多酯组成的复杂混合物。SE 在衣用洗涤剂、餐具洗涤剂、香皂、浴液、化妆品、口腔卫生清洗剂、杀菌洗涤剂、食品工业、纤维、织物用助剂、农用化学品助剂、酶制剂及加酶洗涤剂、果蔬保鲜剂、固体分散体、塑料添加剂等方面具有广阔的应用前景。

烷基糖苷（Alkyl Polyglucosides）是由葡萄糖的半缩醛羟基和脂肪醇羟基在强酸催化作用下失去一分子水而得到的烷基单苷、二苷、三苷及低聚糖苷组成的复杂混合物，一般称为烷基多苷（APG）。APG 具有优良的生态学和毒理学性质，适用于与人体皮肤接触的洗涤用品和个人保护用品；在食品工业、制药工业、纤维工业和农用化学品等方面可用作功能性助剂；用于制备固体分散体，可作为塑料添加剂。

（2）淀粉基化学品

淀粉（Starch）是多糖家族中产量最大的一种，化学品主要为预糊化淀粉、环糊精、酯化淀粉等。以淀粉为原料制备的各种助剂广泛应用于造纸、纺织、食品、饲料、医药、日化、石油等行业。

预糊化淀粉（Pre paste starch）是一种加工简单、用途广泛的变性淀粉，应用于医药、食品、化妆品、饲料、石油钻井、金属铸造、纺织、造纸等多种行业。

环糊精（Cyclodextrin，CD）是直链淀粉通过芽孢杆菌产生的环

---

① 雷学军：《生物质能转化技术及资源综合开发利用研究》，《中国能源》2010 年第 32 卷第 1 期。

糊精葡萄糖基转移酶作用下生成的一系列环状低聚糖的总称，通常含有 6—12 个 D-吡喃葡萄糖单元。CD 应用于医药行业，提高药物的稳定性和生物利用度，降低药物的刺激和毒副作用；利用 CD 的疏水空腔能生成包络物的能力，可使食品工业上许多活性成分与 CD 生成复合物，稳定被包络物的物化性质，减少氧化、钝化光敏性及热敏性，降低挥发性，因此 CD 可以用来保护芳香物质和保持色素稳定。CD 还可以用来乳化增泡、防潮保湿、使脱水蔬菜复原等。

酯化淀粉（Esterification starch）是指淀粉结构中的羟基被有机酸或无机酸酯化而得到的一类变性淀粉。酯化淀粉较原淀粉水溶性好，黏度、透明度和稳定性均有明显提高，不易老化，冻融稳定性好，可用作增稠剂、稳定剂、乳化剂、黏合剂以及冻融过程中的保形剂。

（3）纤维素/半纤维素基化学品

纤维素（Cellulose）/半纤维素（Hemicellulose）是由葡萄糖组成的大分子多糖，构成了坚硬的细胞相互连接的网络。纤维素/半纤维素基化学品主要有乙酸纤维素、微晶纤维素等。

乙酸纤维素（Cellulose Acetate，CA），又名醋酸纤维素、纤维素乙酸酯，是纤维素的醋酸酯，同时也是一些胶黏剂的成分。具有优良的抗压性和良好的手感，一般用作手工用具的材料。

微晶纤维素（Microcrystalline cellulose，MCC）是一种纯化的、部分解聚的纤维素，白色、无臭、无味，由多孔微粒组成的结晶粉末。由于具有较低聚合度和较大的比表面等特殊性质，广泛应用于制药、化妆品、食品等行业，用作吸附剂、助悬剂、稀释剂、崩解剂、食品添加剂、抗结剂、乳化剂、分散剂、黏合剂等。

（4）木质素基化学品

木质素（Lignin）基化学品有碱木素等。碱木素（alkali lignin）俗称木糖粉，味臭，是利用碱法制浆废液经喷雾干燥而成。由于碱木素中胶体分子有带电的核和溶剂化外壳，构成亲水基团，从而具有一定的表面活性。可用作水煤浆分散剂，水泥生产的助磨剂，陶瓷、耐火材料生产的黏合剂、增强剂等。

（5）油脂基化学品

油脂（Lipids）是由多种高级脂肪酸与丙三醇生成的脂。油脂基化学品主要有脂肪酸聚氧乙烯酯、酯基季铵盐等。

脂肪酸聚氧乙烯酯（Polyoxyethylene fatty acid）外观为琥珀色液体至乳白色固体，属非离子表面活性剂。可溶于水、乙醇及高级脂肪醇，具有良好的乳化、增溶、润湿、分散、柔软及抗静电等表面活性，无毒、无刺激性。在化妆品、医药、食品、农药、造纸及纺织加工等行业中有广泛应用，可作为洗发香波、染发乳剂的增稠剂，护肤、润肤霜的润湿剂，香精和精油的增溶剂，化妆品用的遮光剂和珠光剂，农药杀虫剂、除草剂的乳化剂，造纸行业中的柔软剂，纺织油剂中的平滑剂和抗静电剂。

酯基季铵盐（esterquats）是一种新型阳离子表面活性剂，具有优异的柔软、抗静电性能，抗黄变。常用于织物用品柔顺处理，防止织物泛黄。

（6）甲壳素衍生物

甲壳素（Chitin）及其衍生物是从天然生物质中获得的生物高分子，甲壳素衍生物有壳聚糖、甲壳低聚糖等。

壳聚糖（chitosan）又称脱乙酰甲壳素，是自然界广泛存在的几丁质经过脱乙酰作用获得的，化学名称为聚葡萄糖胺（1-4）-2-氨基-B-D 葡萄糖。壳聚糖及其衍生物具有良好的絮凝、澄清作用和吸湿、保湿、调理、抑菌等功能，适用于食品、化妆品行业。作为饮料的澄清剂，可使悬浮物迅速絮凝，自然沉淀，提高原液的澄明度；利用壳聚糖的吸附性，常用作净水剂；壳聚糖是天然的植物营养促长剂和叶面肥的原料。

（7）生物塑料

生物塑料（biodegradable plastics）有淀粉基塑料、聚乳酸、聚羟基脂肪酸酯等。

淀粉基塑料（Starch-based biodegradable plastics）是对淀粉进行化学改性，减少淀粉的羟基，改变其原有的结构，从而改变淀粉的性能，把原淀粉变成热塑性淀粉，将亲水性改为疏水性、热敏性改为耐温性、硬脆性改为可塑性。

聚乳酸（polylactic acid，PLA）是一种新型的生物降解材料，由可再生植物资源中的淀粉原料制成，理化性能良好。PLA 适用于吹塑、热塑等各种加工方法，可用作包装材料、纤维和非织造物等，主要用于服装、产业（建筑、农业、林业、造纸）和医疗卫生等领域。

聚羟基脂肪酸酯（polyhydroxyalkanoates，PHA）是由很多细菌合成的一种胞内聚酯，在生物体内主要作为碳源和能源的贮藏物质而存在，具有类似于合成塑料的物化特性及合成塑料不具备的生物可降解性、生物相容性、光学活性、压电性、气体相隔性等许多优良性能。PHA 在可生物降解的包装材料、组织工程材料、缓释材料、电学材料以及医疗材料方面有广阔的应用前景。

（8）生物燃料

植物及其碳产品替代化石能源，将其制备成固体、液体和气体形态的燃料产品，可制成固体燃料，如木炭或成型颗粒替代煤，燃烧发电、供热、取暖；可制成液体燃料，如生物柴油、生物原油、植物油、$CH_3OH$、$CH_3OCH_3$ 及 $C_2H_5OH$ 等替代石油，供内燃机、锅炉使用；可制成气体燃料，如 CO、$H_2$、$CH_4$ 和沼气等替代天然气，供锅炉、内燃机使用。[①]

（9）活性炭

活性炭是一种疏水性吸附剂，通常以植物为原料，在密闭容器中经高温 850℃—900℃ 活化、厌氧燃烧制得。活性炭含有大量微孔，具有巨大的比表面积，能有效地去除色素、臭味，可去除二级出水中大多数有机污染物和某些无机物，包含某些有毒的重金属。可用于化工行业的无碱脱臭，水质的净化及污水处理，化工催化剂及载体、气体净化、溶剂回收，食品行业中饮料、油脂、酒类、味母精液及食品的精制、脱色、提纯、除臭及环保行业的污水处理、废气及有害气体的吸附和净化等。活性炭可经纯化制备单质碳。

（10）单质碳

碳的单质有金刚石（人们常说的钻石的原身，经切割后就是钻

---

① 雷学军、雷训：《通过速生草本植物的种植、收割和填埋实现固碳的方法》，中国.201310111727. 2，2013 年 6 月 5 日。

石）、石墨（天然石墨分为致密结晶状石墨、鳞片石墨、隐晶质石墨）、足球烯（由 60 个碳原子构成的分子，又称 $C_{60}$。具有封闭笼状结构的还可能有 $C_{28}$、$C_{32}$、$C_{50}$、$C_{70}$、$C_{84}$……$C_{240}$、$C_{540}$ 等，统称为富勒烯）、蓝丝黛尔石（一种六方晶系的金刚石，是流星上的石墨在坠入地球时所形成）、石墨烯（分单层石墨烯、双层石墨烯和多层石墨烯）、碳纳米管（依其结构特征可分为扶手椅形纳米管、锯齿形纳米管和手形纳米管）。

### 9. 直接燃烧

将植物直接作为燃料燃烧，产生的能量主要用于发电或集中供热。属清洁能源。生物质的燃烧产物用途广泛，灰渣可用于制作生物质肥料等。生物质燃烧可以最快的速度实现各种生物质垃圾的大规模减量化、无害化、资源化利用，而且成本较低。

### 10. 功能食品

速生碳汇草富含糖类、纤维素、蛋白质和多种微量元素等营养物质，广泛用于开发功能性食品。

（1）饮料

速生碳汇草富含多种对人体有益的营养成分，汁液中含多种氨基酸和微量元素，可加工成氨基酸饮料。

（2）膳食纤维

速生碳汇草可加工成不可溶性膳食纤维，供肥胖、高脂血、糖尿病人群食用，补充膳食纤维的摄入量，有促进胃肠道蠕动、加速食物通过胃肠道、减少吸收、软化大便、防治便秘等作用。还可抵制肠癌、便秘、肠道息肉等发病率。

（3）低聚糖

速生碳汇草可生产果糖低聚糖、甘露低聚糖，促进双歧杆菌增殖，保护肠道和提高免疫力，适宜老人、小孩和学生食用。

## 五　讨论与结论

碳是组成机体的重要元素，生命是碳循环创造的产物。在生物的器官、组织、细胞和有机物分子中，碳元素约占生物体干重的 49%，从生命的开始到终结，$CO_2$ 全程陪伴着我们，它是人类最忠实的朋友和宝贵的资源财富。利用 $CO_2$ 载体通过光合作用获得物质与能量，是顺应自然规律，解决生存、发展与环境的生态文明之道，是人与自然和谐共存的不二选择。如此碳循环才有生命，碳循环就是财富，碳循环才可持续。只有顺应自然才能自然生存，这是人类应当具备的智慧。

（一）温室效应的动碳与静碳理论

本文提出了调节温室效应的"动碳与静碳理论"。"动碳"指地球大气圈中能自由运动，产生温室效应的含碳物质及 $CO_2$ 当量物质，或称"碳源"。"静碳"指岩石圈、水圈、生物圈、大气圈中不产生温室效应的含碳物质、$CO_2$ 当量物质及其前体物质，或称"碳汇"。

在一定的条件下，"动碳"和"静碳"可以互相转化。"动碳"转变为"静碳"时，可降低大气温室效应；"静碳"转变为"动碳"时，可增强大气温室效应。

根据"动碳"的不同来源，可分为"自然动碳"和"人为动碳"。自然界释放的产生温室效应的含碳物质及 $CO_2$ 当量物质称"自然动碳"，或称"自然碳源"；人类生产、生活活动中释放的产生温室效应的含碳物质及 $CO_2$ 当量物质称"人为动碳"，或称"人为碳源"。

"动碳"可分为"暂时动碳"、"长期动碳"和"永久动碳"。在 10 年内转化为"静碳"的物质称"暂时动碳"，或称"暂时碳源"；在 10—100 年内转化为"静碳"的物质称"长期动碳"，或称"长期碳源"；在 100 年以上转化为"静碳"的物质称"永久动碳"，或称"永久碳源"。

根据"静碳"的不同来源，可分为"自然静碳"和"人为静碳"。自然界存在的产生温室效应的含碳物质及 $CO_2$ 当量物质的前体物质称"自然静碳"，或称"自然碳汇"；人类生产、生活活动中形成的产生温室效应的含碳物质及 $CO_2$ 当量物质的前体物质称"人为静碳"，或称"人为碳汇"。

"静碳"可分为"暂时静碳"、"长期静碳"和"永久静碳"。在 10 年内转化为"动碳"的物质称"暂时静碳"，或称"暂时碳汇"；在 10—100 年内转化为"动碳"的物质称"长期静碳"，或称

"长期碳汇";在100年以上转化为"动碳"的物质称"永久静碳",或称"永久碳汇"。[①]

(二) 速生碳汇草捕碳固碳技术

通过对速生碳汇草将大气圈中动态的 $CO_2$ 气体转入生物圈中,形成静态的固体有机碳化合物的研究,发现了实现大气 $CO_2$ 负增长的科学规律;创立了温室效应的"动碳与静碳理论";首次提出综合开发利用大气碳资源,发展新气候经济,将大气圈中的 $CO_2$ 一部分暂时封存,一部分分配到以植物为原料的产品生产、储存的产业链中,降低大气中的 $CO_2$ 浓度,创造了碳的技术控制循环过程;将有限的"森林碳汇"变为无限的"植物碳汇";改虚拟的"碳排放权配额指标交易"为"实物碳产品交易";创建了零碳经济发展模式的理论和实践方法;倡导大农业、大生态、大碳汇的新型农业经济模式;倡导没有消费就没有生产,没有生产就没有排放,每个使用产品的人都应该是缴纳碳税的主体,用碳税支持植物碳产品封存和发展新气候经济。

(三) 应对全球气候变化的策略

应对全球气候变化不能使用唯心的、主观的、孤立的、片面的、静止的、被动的、消极的态度与方法,不可盲目遵从和照搬西方国家提倡的"低碳经济发展模式",要用唯物的、辩证的、系统的、全面的、发展的、主动的、积极的态度与方法,勇敢创新。采取多途径、多手段集成的符合我国国情的方法对待全球气候变化问题,应该以"动碳与静碳理论"为依据,以发展新气候经济为主导,以植物碳封存为手段,以创建区域"零碳"发展模式为方向,以实现全球零碳排放为目标,是解决全球气候变化问题的正确道路。

1. 区域"零碳"与新气候经济

区域"零碳"是一种技术、一种模式、一种目标、一种境界、

---

① 雷学军:《捕捉大气圈中碳资源的装置及方法》,中国.201310387549. 6,2013 年 9 月 22 日。

雷学军:《一种利用速生植物生产成型储碳材料的装置和方法》,中国.201310164201. 0,2013 年 9 月 26 日。

雷学军:《一种速生草本植物范畴界定的方法》,中国.201310318921. 8,2013 年 7 月 27 日。

一种责任、一种担当。"零碳"是运用《零碳规划》和统筹方案，对区域内土地利用变化及使用化石燃料和煤电排放的 $CO_2$ 进行碳盘查，采用减源增汇、绿色能源替代、碳产品封存、碳交易和生态碳汇补偿等系统工程技术方法，平衡碳源、碳汇，用碳源总量减去碳汇总量，使行政区划边界范围内碳源与碳汇代数和等于零。[1]

新气候经济的实质是利用碳循环规律，增加和使用绿色能源，减少碳排放，把滞留在大气圈中过多的 $CO_2$ 分配到新气候经济产业链的产品生产、储藏过程中。通过开辟碳汇物质和清洁能源的循环利用通道，解决气候变化问题。新气候经济，是综合开发利用大气碳资源，形成碳产业，制造碳产品，创造碳经济的发展方式，是应对气候变化形成的新型经济产业链，是生态效益、环境效益、社会效益和经济效益的统一体。

区域"零碳"是新气候经济发展模式的具体实践。长沙"零碳县"其范围之广，人口之众，排碳之多，要素复杂，难度之大，是人类历史上征服自然、克服温室效应、控制全球气候变暖的一次创新实践。

暂时碳汇是人类利用碳循环，获得、使用资源，创造财富的主要形式。一般指"使用封碳"和"应用封碳"等方式。暂时碳汇是将碳循环与经济循环同步，在创造价值的同时，建立了一个人工的动态碳库，调节大气 $CO_2$ 浓度，控制全球气候变化。

长期碳汇是人类利用碳循环，获得、使用资源，创造财富的次要形式，一般指"成型封碳"。长期碳汇是人工控制碳循环、调节温室效应、控制全球气候变化的主流手段。

永久碳汇是人类远期利用碳循环，让子孙后代获得使用资源，创造财富的形式，一般指"填埋封碳"。永久碳汇是人工控制碳循环、调节温室效应、控制全球气候变化的主流手段。[2]

大农业、大生态、大碳汇是创建新气候经济发展模式的重要条

---

[1]　雷学军：《"零碳县（区）"系统工程规划研究》，《中国能源》2014 年第 36 卷第 11 期。

[2]　雷学军、雷训：《速生植物种植、成型、固碳封存与综合利用的方法》，中国. 201310164201. 0，2013 年 8 月 14 日。

件。大气碳资源及 $CO_2$ 当量物质的综合开发利用，为人类创造了丰富的资源与财富，植物封存既是能源储藏，又是"碳黄金"储备。找到了全球经济危机时代新的经济增长点，可为成千上万的人提供新的工作岗位，可转化为巨大的社会经济效益。

2. 平衡大气 $CO_2$ 及 $CO_2$ 当量物质的方法

平衡大气圈中 $CO_2$ 及 $CO_2$ 当量物质的方法，是通过人为干预使大气圈中 $CO_2$ 及 $CO_2$ 当量物质保持动态平衡，调节温室效应和调控全球气候变化。其途径是：通过科技创新、设备改造来提高燃料能效、节约能源、减少碳排放；合理利用水体与土壤，促进水体与土壤中的"碳源"向"碳汇"转化；通过种植、刈割、加工储存速生碳汇草，增加植物碳汇；采用光合作用的工业化技术，提高大气圈中 $CO_2$ 转变成有机碳化合物的速率；改变碳循环周期，控制光合作用产物分解速度及分解量；增加碳汇产品种类，调整碳汇产品数量；挖掘沙漠碳汇潜力；收集、转化、利用大气圈中 $CO_2$ 当量物质，减少大气圈中温室气体含量。[①]

3. "人工碳库"与碳封存方法

"人工碳库"是采用技术措施人为干预碳循环过程，进行大气分碳，将大气中的"动碳"转移到其他圈层形成"静碳"储藏，减少大气 $CO_2$ 总量。具体方法包括："使用封碳"、"应用封碳"、"成型封碳"和"填埋封碳"。

"使用封碳"是指当大气圈中 $CO_2$ 浓度为 275—350 ppm 时，将植物加工成建筑材料、家具、农具、用具、工业品等，扩大、增加"暂时碳汇"碳库，是一种影响大气圈中 $CO_2$ 浓度升高的抑制性行为。使用封碳能延长碳循环的链条和减少单位时间内的碳释放量。

"应用封碳"是指当大气圈中 $CO_2$ 浓度为 350—400 ppm 时，将植物替代化石燃料、化工原料、用于造纸、食品原料、做饲料和有机肥料等，扩大、增加"暂时碳汇"碳库的碳储量，是一种影响大气圈中 $CO_2$ 浓度升高的抑制性行为，能延长碳循环的链条和减少单

---

① 雷学军：《大气圈中 $CO_2$ 及 $CO_2$ 当量物质平衡的方法》，中国. 201510763643. 6，2015 年 11 月 11 日。

位时间内的碳释放量。

"成型封碳"是指当大气圈中$CO_2$浓度达到400 ppm以上时，将植物加工成一定形状和密度的植物碳产品进行封存，当降低和提前$CO_2$排放峰值或大气中的$CO_2$含量稳定后，再将其加工成建筑材料、食品原料、饲料、有机肥料，用于造纸或替代化石燃料、制备化工产品，进行深度加工和综合利用，让其充分释放价值，是一种限制大气圈中$CO_2$浓度升高的控制性手段。

"填埋封碳"是指当大气圈中$CO_2$浓度达到400 ppm以上，由升温引起的自然灾害十分严重的情况下，将植物进行填埋，在填埋过程中收集$CH_4$，提纯后用作燃气或用来发电，当降低和提前$CO_2$排放峰值或大气中的$CO_2$含量稳定后，将其用作生物质燃料、生物质肥料。或将植物长期填埋封存，任其在地层下转化成烃类化合物（煤炭），是一种限制大气圈中$CO_2$浓度升高的控制性手段。

当下一个冰河期到来之前，我们可以考虑将储存的生物质通过燃烧和使用，释放储存状态的太阳能和$CO_2$等温室气体，将大气"温室效应"调节到地球生态系统和人类生存的最适状态。

（四）建议创立《国际植物碳产品封存与碳排放权交易新公约》

制定"速生碳汇草种植与封存的碳减排基准线与监测方法学"，用植物碳产品参与碳交易，根据植物碳产品封存量收取碳排放交易费。改虚拟的碳排放权"配额指标"交易为可准确计量的实体碳产品交易，可降低和提前大气$CO_2$峰值。由于植物碳产品填补了国际碳交易产品不能准确计量的空白，必将成为全球碳交易市场的主流，是驾驭高碳的有力措施；既能解决我国节能减排难以解决的碳排放问题，又可解除西方国家要求减排的巨大压力，使我国成为经济发展和应对气候变化的先锋。

世界上没有无用的物质，只有放错位置的资源。$CO_2$导致的全球气候变化虽然给我们带来了严重的危机，但我们并非束手无策。$CO_2$是放错了位置的资源，不是洪水猛兽，只要转换思路，其实$CO_2$和氧气、水、阳光一样，是人类宝贵的资源财富。在各种$CO_2$的捕获、封存、利用技术中，利用植物光合作用固碳是目前最好的方式，湖南省长沙县2013年提出以速生碳汇草捕碳固碳技术为支撑，创建全国首个"零碳县",期望在大力发展经济的同时兼顾环境保护,对$CO_2$做到能放出去,也能收回来,真正实现温室气体排放与回收的代数和为零,化解温室危机,更好地利用$CO_2$这一宝贵的财富。

# 附录4 驾驭高碳是赢家
## ——走出低碳经济的困局
### 雷学军

"低碳经济"是以低能耗、低排放、低污染为特征的经济模式，最早在英国能源白皮书《我们能源的未来》中提出。在此背景下，"低碳经济"、"低碳技术"、"低碳产业"、"低碳能源"、"低碳生活"、"低碳发展"、"低碳城市"、"低碳社会"、"低碳世界"等一系列新名词应运而生。同时，"碳足迹"、"碳汇林"、"碳产品"、"碳中和"、"碳基金"、"碳商人"、"碳课税"、"碳政治"等，统统被倒进一个坩埚里，炒出了一个个让人们迷迷糊糊的碳概念。首先，应该肯定"低碳经济"是人类生存与发展的正确选择。但是，在没有新技术和足量的清洁能源做支撑的前题下，提出"低碳经济"，是减缓气候变暖和生态环境恶化速度的一种无奈之举，会遏制经济社会的发展。碳排放和全球气候变暖已成为当今世界严重的环境问题、生态问题、技术问题、经济问题、社会问题、政治问题和外交问题。因此，未来谁获得了"治碳"新技术，谁驾驭了"高碳"，谁就是赢家。

## 一 低碳经济的概念

"低碳经济"是指在市场机制的基础上，通过制度框架和政策措施的建立和实施，推动高能效技术、节能减排技术、可再生能源技术的开发和应用，从而实现低消耗、低排放、低污染和高效能、高效率、高效益的"低碳经济"模式。实际上，在没有找到实用、经济、安全和充足的清洁能源替代化石燃料之前，"低碳经济"只是一个空洞的概念。

## 二 低碳经济的目的

化石能源的使用，向大气中释放了大量的二氧化碳等温室气体，导致全球气候变暖以及诸多环境问题，已经威胁到人类的生存与发展，这是提出"低碳经济"最直接的原因。

创新能源技术，实施节能减排，调整产业结构和能源结构，倡导低碳生活方式，减少化石能源的使用，提高资源、能源的利用效率，降低经济的碳强度，防止全球气候持续变暖引起的极端气候，抑制地球冰层融化与海平面上升，减弱海洋风暴，缓解土地干旱，控制农作物减产和沙漠化面积扩大，消除雾霾，减少病虫害、热射病与传染性疾病等，是提出"低碳经济"发展模式的目的。

### 三 低碳经济的挑战

在资源约束趋紧、环境污染严重、全球气候变暖的严峻形势下，欧、美、日等发达国家大力推行高能效、低排放的"低碳革命"，着力发展"低碳技术"，并在产业、能源、技术、贸易、碳税等方面进行重大的政策调整，以抢占先机和产业制高点。"低碳经济"的争夺战，已在全球悄然打响。对于中国这样的发展中国家来说，如果盲目遵从西方发达国家倡导的"低碳经济"模式，不仅会遏制经济发展，丧失发展权利和发展机遇，还会在碳减排的国际竞争和国际谈判中丧失主动权和话语权。

（1）目前，我国正在加快推进工业化、城市化、现代化建设，处于能源需求快速增长阶段，大规模的基础设施建设不可能停止。长期贫穷落后的中国，正以全面建设小康社会为奋斗目标，致力于提高和改善13亿多人民的生活水平和质量，带来了能源消费的持续增长。"高碳"特征突出的"发展性排放"，成为我国发展的一大制约。如何既确保人民生活水平不断提升，又不重复西方发达国家以牺牲环境为代价谋求发展的老路，是摆在我们面前的一大挑战。

（2）富煤、少气、缺油的资源条件，决定了中国能源结构以煤为主，低碳能源资源选择有限的局面。电力中，水电占比只有20%左右，火电占比达77%以上，"高碳"占绝对比例。未来20年我国能源部门电力投资将达1.8万亿美元，火电的大规模发展对环境构成了极大威胁。

（3）我国经济的主体是第二产业，这决定了能源消费的主要部门是工业，而工业生产技术水平落后，决定了我国经济的"高碳"特征。2016 年《BP 世界能源统计年鉴》显示，中国仍然是世界上最大的能源消费国，占全球能源消费总量的 23%。调整经济结构，提高工业生产技术和能源利用水平，成为重大难题。

（4）我国粗放的工业技术是减少碳排放量的瓶颈。工业减排技术研发能力有限。尽管《联合国气候变化框架公约》规定，发达国家有义务向发展中国家提供技术转让，但实际情况与之相去甚远，推行"低碳经济"需要付出高昂的成本。

（5）商品出口和化石能源进口带来的碳排放转移。我国是一个商品出口大国，为外国人生产了大量的商品，丰富了他国的物质生活，却把生产排碳的烟囱架在了中国的大地上；同时，我国是一个化石能源进口大国，大量化石能源在我国使用，必然导致大量的碳排放。"低碳经济"和碳关税必然会对我国商品出口造成严重的负面影响。

### 四　低碳经济遏发展

我国正处在经济的高速发展阶段，发展是首要的任务。由于能源结构和产业结构的调整不会在短期内完成，能源消费水平在较长时间内还会保持当前的状况。随着经济的发展，我国碳排放总量仍然会不断上升。要想有效地降低碳排放总量，目前情况下最直接的办法就是停止经济发展，这显然是不可能的。我国人口众多，虽然人均碳排放量只有美国的 1/6—1/5，但碳排放总量巨大。我国出口的商品大多数都属劳动密集型的，具有比较明显的高投入、高消耗、低技术、低产出的"高碳"特点。面对席卷全球的"低碳经济"大潮和西方国家要求减排的压力，我国的经济发展将受到巨大的制约。

（1）设置碳关税贸易壁垒。西方发达国家近期一直热衷于对发展中国家征收碳关税。碳关税（Carbon Tariff），最早由法国前总统希拉克提出，是主权国家或地区对高耗能产品进口征收的二氧化碳排放特别关税。2009 年 6 月 22 日，美国清洁能源安全法案（AC-ES）获得众议院通过，该法案规定，美国有权对包括中国在内的不实施碳减排限额国家的进口产品征收碳关税。虽然该法案未通过美国参议院，但充分反映出以美国为首的西方国家欲采用碳排放贸易保护主义打击发展中国家的企图。一旦将来我国的某些出口商品被征收高额的碳关税，其将因成本增加而丧失市场竞争力。

（2）设置非碳关税壁垒。西方国家非碳关税壁垒的一个典型做法是设置市场准入的标准认证，将没有标准认证的产品排除在市场之外，迫使生产商将大量的资金和人力投入到西方标准的认证工作，会使产品出口付出巨大的代价。

（3）成本高、难度大。我国作为一个负责任的大国，为了实行低碳发展，"十一五"规划中提出单位 GDP 能耗下降 20% 的目标。"十二五"规划提出，单位 GDP 能耗降低 16%，碳强度降低 17%，非化石能源占一次能源的消费比要达到 11.4%；提出了控制温室气体排放、加强应对气候变化国际合作的重点任务。2015 年，我国向《联合国气候变化框架公约》秘书处提交了预计总投入超过 41 万亿元人民币，在 2030 年左右实现二氧化碳排放达到峰值的自愿减排目标。

为了完成我国政府应对气候变化的政策决定，各部委也纷纷出手推动企业和市场参与节能减排。国家发改委与大型能耗国有企业签订责任状，数次下发关于严格执行差别电价政策的通知，禁止落后淘汰设备在区域间转移；国家环保总局首次启用"区域限批"政策；财税部门调低甚至取消有关"两高"行业的出口退税，提高部分产品的资源税，并对全年 700 个企业的节能技术改造项目进行奖励。

"低碳经济"的理想形态是充分发展"阳光经济"、"风能经济"、"氢能经济"、"生物质能经济"。但现阶段太阳能发电的成本是煤电、水电的 5—10 倍，一些地区风能发电价格高于煤电、水电。开发以消耗大量粮食和油料作物为代价的生物燃料，一定程度上会引发粮食、肉类、食用油价格的上涨。从世界范围看，预计到 2030 年太阳能发电也只能达到世界电力供应总量的 10%。据此，"低碳经济"既不能控制大气二氧化碳浓度的急剧增长，又不能降低温室效应和调节全球气候变暖，还必然会遏制经济的正常发展速度。

### 五　驾驭高碳是赢家

在目前的技术和经济条件下，"低碳经济"是一种积极的减排行为，也是一种消极的发展观念，它必然会阻碍经济社会的发展和进步。因此，必须转变思路，寻找解决"高碳"问题的出路。

笔者从刈割韭菜得到启示，发现并界定了一类生长发育迅速，可以反复萌发，捕碳效率高，一年能刈割多次的速生草本植物，将其命名为"速生碳汇草"。试验证明，选育的"碳汇草"叶面总面积 50 年累计值是相同面积乔木 50 年累计值的 260—370 倍，叶绿体总数量 50 年累计值是相同面积乔木 50 年累计值的 250—350 倍。

速生碳汇草及植物碳产品经南方林业生态应用技术国家工程实验室和湖南农业大学教育部重点实验室检测，平均碳含量为 49.2%；经中南大学能源环境检测与评估中心检测，热值为 3000—4500 大卡/公斤；经中国质量认证中心核算，试验田选育种植的"碳汇草"年净碳汇量为 14 吨/亩；50 年的"碳汇增量"，是相同面积森林"碳汇增量"的 650 倍；是快速捕碳固碳、调节大气温室效应的先锋植物。

笔者通过对"速生碳汇草"将大气圈中动态的二氧化碳气体转入生物圈中，形成静态的固体有机碳化合物的研究，发现了"动碳与静碳可以互相转化"的科学规律；发明了"速生碳汇草"捕碳固碳技术；创立了温室效应的"动碳与静碳理论"；首次提出"综合开发利用大气碳资源"，发展"新气候经济"，降低大气中的二氧化碳浓度，创造了"碳的技术控制循环过程"；使"有限的森林碳汇"变为"无限的植物碳汇"；改"虚拟的碳排放权配额指标交易"为"实物碳产品交易"；创建了"零碳经济发展模式"的理论和实践方法；倡导"大农业、大生态、大碳汇的农业碳汇经济模式"；主张设立碳税。

IPCC 指出，化石能源燃烧和土地利用变化是人类活动造成的主要二氧化碳排放源，二氧化碳排放总量的 45% 滞留在大气圈中，55% 被海洋和陆地生态系统两个主要碳库吸收，其中海洋生态系统吸收了 30%，陆地生态系统吸收了 25%（包括植被、土壤及荒漠盐碱地）。如果人类通过减排、替代、转化、抵消和封存每年碳排放总量的50%左右，即可实现二氧化碳排放量的零增长，适度增加碳封存量即可实现大气二氧化碳负增长。

将大气圈中二氧化碳浓度从当前的400ppm，降低到工业革命前的275ppm，需减少大气中9725亿吨二氧化碳，需封存6661亿吨植物碳产品。

将大气圈中二氧化碳浓度从当前的400ppm，降低到1990年的356 ppm，需减少大气中3423亿吨二氧化碳，需封存2345亿吨植物碳产品。

维持当前的大气二氧化碳浓度400ppm，每年需减少大气中162亿多吨二氧化碳，需封存植物碳产品111亿多吨。

目前，国际上的碳减排交易机制，主要是采取碳排放权配额指标分配的碳交易方法：欧盟采用的是基于参与主体的历史碳排放水平为基准数量进行免费发放碳排放权配额指标的"祖父法"；美国区域温室气体减排行动采用的是碳排放主体竞拍碳排放权配额指标的"拍卖法"；澳大利亚引入了碳排放权"固定价格购买法"；新西兰则采取"以行业为基准的混合配额法"的碳排放权配额指标发放方式。上述方法不能解决大气二氧化碳浓度迅猛增长和全球气候变暖的问题。

植物制备的碳产品，理化性质稳定，能够准确地进行碳计量，改"虚拟碳交易"为"实体碳交易"。其意义是通过植物碳封存，实现大气二氧化碳负增长，调节温室效应，控制全球气候变暖。

建议创立《国际植物碳产品封存与碳排放权交易新公约》，制定"速生碳汇草种植与封存的碳减排基准线与监测方法学"，用植物碳产品参与碳交易，根据植物碳产品封存量收取碳排放权交易费。使我国掌握全球碳排放与碳治理的主动权、话语权和经济权。同时，要建立碳税制度，没有消费就没有生产，没有生产就没有排放，因此，每一个使用产品的人都应该成为缴纳碳税的主体。建立符合我国国情的碳税制度，用碳税支撑植物碳产品封存和发展新气候经济，以积极的态度和行动打破发达国家设立碳关税遏制发展中国家商品出口的贸易壁垒。

速生碳汇草用途广泛：一是制备碳产品封存，参与国际碳交易；二是生产能源产品，替代化石能源，避免使用远古时代封存在地层下的化石燃料释放二氧化碳、氮氧化物、二氧化硫等有害气体，减少大气中的 PM2.5，可保留优异的濒临枯竭的珍贵化石能源资源，实现大气温室气体负增长，解决能源与相关环境问题；三是制备生物质复合肥，替代化学肥料，恢复土壤肥力，提高农产品品质；四是制备动物饲料，富含碳水化合物，适口性好，营养丰富；五是制备生物质源精细化工产品，可提高生物质的附加值数十倍以上；六是速生碳汇草可对土壤或水体中的砷、汞、铜、铬、铅、镉、镍、锡、钴、锑等重金属及农药、石油、营养盐类、多环芳烃、多氯联苯等有机污染物进行吸附、降解和转化，碳汇草对促进地球碳循环，保护生态环境，维护地球气候系统与生物多样性具有重大意义；七是用于造纸、建筑材料、家具、农具、用具、工业品、化工原料、香料、香精、食品等多个领域，为人类创造巨大的经济效益，找到了全球经济危机时代新的经济增长点，可为成千上万的人提供新的工作岗位。

生物质能是世界上最广泛的可再生能源，在整个能源体系中占有重要地位；生物质能源理化性质稳定，是含碳基、有形态、易获得、便运输、可计量、好贮存、成本低的太阳能，是化石能源的优良替代品。

速生碳汇草及其碳产品替代化石能源，调整能源结构，可制备成固体、液体、气体形态的清洁能源产品，用于生产、生活、交通、运输等各个领域。可制成固体燃料，如木炭、成型燃料或生物质粉末替代煤，供燃烧发电、供热、取暖及粉末内燃机使用；可制成液体燃料，如生物柴油、生物原油、甲醇、二甲醚、乙醇及植物油替代石油，供内燃机、锅炉使用；可制成气体燃料，如氢气、甲烷、一氧化碳和沼气替代天然气，供锅炉、内燃机使用。

新气候经济的实质是利用碳循环规律，使用绿色能源替代化石能源，减少大气碳增量，将大气圈中的二氧化碳一部分转化封存，一部分转化分配到以植物为原料的产品生产、储存和使用的产业链中，控制碳增量，解决气候变化问题。新气候经济，是综合开发利用大气碳资源、制造碳产品、形成碳产业、发展碳经济、实现全球净零碳排放的新模式，是应对气候变化形成的新型经济产业链，是生态效益、环境效益、社会效益和经济效益的统一体。

"零碳"模式是新气候经济的具体实践，是运用《零碳规划》和统筹方案，对区域内使用化石燃料和煤电排放的二氧化碳进行碳普查，采用减源增汇、绿色能源替代、碳产品封存、碳交易和生态碳汇补偿等系统工程技术方法，平衡碳源、碳汇，用碳源总量减去碳汇总量，使行政区划边界范围内碳源与碳汇的代数和等于零。当行政区划或一个单位的边界范围内碳源与碳汇处于动态平衡时，称为"零碳区域"经济发展模式。包括"负碳区域"经济发展模式、"生态零碳区域"经济发展模式、"生态负碳区域"经济发展模式。通过"零碳"、"负碳"区域经济发展模式的创建、复制和推广，逐步实现"零碳国家"、"零碳世界"经济发展模式，从根本上调控大气温室效应，调节全球气候变化；稳定气候系统，维护地球上水、气、冰共存的气候平衡状态与生物多样性；解决能源与相关环境问题，消除雾霾，使人类可持续生存与发展。

我国在目前的经济和技术条件下，走西方国家提出的"低碳经济"发展模式的道路，必然会带来制约经济社会发展和进步的负面作用。只有速生碳汇草捕碳固碳技术才能实现大气温室气体负增长。既能解决我国节能减排的难题，又可解除西方国家要求减排的巨大压力，使我国成为经济发展和应对气候变化的先锋。

研究掌握碳循环规律，对碳释放、碳转化、碳传递、碳封存、碳应用等碳循环过程实施技术控制、统筹和顶层设计，使我国能充分合理地利用没有国界、没有纷争的大气碳资源，获得可持续发展的大量物质财富，解决生态、环境、资源、经济与气候变化问题，从碳经济认识的"必然王国"到达碳经济的"自由王国"。

# 附录 5  降碳除霾  发展新气候经济

世界气象组织称，2015年大气二氧化碳含量跃升。夏威夷莫纳罗亚天文台测量结果表明，一年间二氧化碳浓度上升了3.05ppm，在56年的同比研究中增幅最大。大气中二氧化碳含量在过去十年里，每年平均增加2ppm，这次快速增长打破了历史纪录。美国国家海洋和大气管理局报告称，2016年1、2月，全球二氧化碳月平均浓度超过了400ppm的象征性基准。其中，2月份二氧化碳浓度达402.59ppm。

与此同时，中国北京和中东部地区上空雾霾肆虐。2012年冬的雾霾，其范围之广，时间之长，污染之重，对人民健康、经济政治及社会心理影响之大，震惊了国人，震惊了世界。其中，中东部的雾霾区约140万平方公里，这一区域正是我国经济快速发展、煤炭与汽车消费增速最大的地区。二氧化硫积聚西南，形成面积120万平方公里的酸雨区，成为世界三大酸雨区之一。

2015年12月12日，联合国气候变化大会经过两周谈判，最终达成一项具有里程碑意义的《巴黎协定》，标志着全球气候新秩序的起点。《巴黎协定》的最终达成，也为全球治理新模式提供了一个成功范例。我国是碳排放第一大国，约占全球总量的30%，加快绿色低碳和气候适应性转型更加紧迫，中国化学家雷学军教授发明碳回收革命性技术，成为降碳除霾的全新高效途径。他发明的"速生碳汇草捕碳固碳技术"，即利用速生碳汇草的光合作用，将大气中的二氧化碳转化成固态的有机碳化合物，从而减少大气中的二氧化碳含量，在全球二氧化碳的回收方面实现了革命性突破。

中南林业科技大学碳循环研究中心主任雷学军教授经过二十来年的理论思考和科学实践，首创"温室效应的动碳与静碳理论"，研发出属于中国国家自主贡献的"速生碳汇草捕碳固碳原创技术"，成功主持了全球首个"零碳区域"模式——"长沙零碳县"项目的实践，被业界誉为世界"零碳之父"。

## 一　首创"动碳与静碳理论"

雷学军教授指出，尽管世界各国都在推行节能减排措施，进行能源结构调整和产业转型升级，然而，大气中的二氧化碳却仍然猛涨不止。究其原因：其一，世界森林面积仅 40 亿公顷，形成时间在6500 万年前，全球森林碳储总量仅 2890 亿吨。近代以来，工业化、城镇化、现代化建设使森林面积不断缩小，碳储总量也在不断减少，因此，森林不能实现大气二氧化碳负增长。其二，海洋生态系统是地球上最大的碳库，碳储量约为大气的 50 倍，严重的污染导致海洋生态系统大面积退化及海水升温，使其碳汇能力大幅下降。其三，世界每年总能耗约 180 亿吨标准煤，相当于 360 亿吨植物碳产品的能量，世界秸秆年总产量约 43.8 亿吨，相当于 21.9 亿吨标准煤，仅占全球总能耗的 12%。秸秆每年有 20% 用作饲料，20% 用于肥料，15% 被田间燃烧，用于替代化石能源的秸秆所剩无几，且分散于全球，单靠秸秆不能替代化石能源，不能实现大气二氧化碳负增长。其四，当前太阳能、水能、风能、地热能、潮汐能、生物质能等可再生清洁能源替代化石燃料的数量和比例太小，仅约占 16%；此外，工业碳捕集封存技术受设备投资大、捕碳成本高、技术瓶颈、泄露风险等因素的严重制约。加之，世界人口数量的快速增长和人类文明进程的加速发展，使碳排总量急剧上升。

雷学军教授对地球上无处不在的"碳"进行了科学的区分，首次提出了"温室效应的动碳与静碳理论"，以便于人类更科学地认识"碳"、驾驭"碳"、利用"碳"。

雷学军教授指出，"动碳"是指地球大气圈中能自由运动，产生温室效应的含碳物质及二氧化碳当量物质，亦称"碳源"。"静碳"是指岩石圈、水圈、生物圈、大气圈中不产生温室效应的含碳物质、二氧化碳当量物质及其前体物质，亦称"碳汇"。在一定的条件下，"动碳"和"静碳"可以互相转化。"动碳"转变为"静碳"时，可降低大气温室效应；"静碳"转变为"动碳"时，可增强大气温室效应。

根据"动碳"的不同来源，可分为"自然动碳"和"人为动碳"。自然界释放的产生温室效应的含碳物质及二氧化碳当量物质称"自然动碳"，亦称"自然碳源"；人类生产、生活活动中释放的产生温室效应的含碳物质及二氧化碳当量物质称"人为动碳"，亦称"人为碳源"。

根据"静碳"的不同来源，可分为"自然静碳"和"人为静碳"。自然界存在的产生温室效应的含碳物质及二氧化碳当量物质的前体物质称"自然静碳"，亦称"自然碳汇"；人类生产、生活活动中形成的产生温室效应的含碳物质及二氧化碳当量物质的前体物质称"人为静碳"，亦称"人为碳汇"。

雷学军教授指出，作为发展中国家，我们不能单纯走发达国家减少温室气体排放的路子。发达国家因为工业化起步早，可以将高污染高排放的工业转移到发展中国家，而我们却是无法转移的，只能就地消化。我国必须提出符合我国发展情况的科学理论，然后制定出正确的减排方法，实施正确的技术路线。

## 二　独创速生碳汇草捕碳固碳技术

一个时期以来，世界各国二氧化碳的减排对策是工业封存和森林碳汇，而碳捕集和碳封存被视为人类难以解决的世纪性难题。

雷学军教授针对温室气体排放导致的大气温室效应显著增强、雾霾弥漫和全球气候变暖，做了长期艰巨的探索和研究。终于，上帝把开启智慧之门的钥匙给了这位痴迷于科学的巨匠，使他从刈割韭菜得到启示，发现并界定了一类生长发育迅速，可以反复萌发，捕碳效率高，一年能刈割多次的速生草本植物，并将其命名为"速生碳汇草"。选育的"速生碳汇草"叶面总面积50年累计值是相同面积乔木50年累计值的260—370倍，叶绿体总数量50年累计值是相同面积乔木50年累计值的250—350倍；适宜生长在热带、亚热带、温带地域。

经南方林业生态应用技术国家工程实验室和湖南农业大学教育部重点实验室检测，平均碳含量为49.2%；经中南大学能源环境检测与评估中心检测，热值为3000—4500kcal/kg；经中国质量认证中心核算（参考 IPCC 标准），试验田选育种植的"速生碳汇草"年净碳汇量为 14 吨/亩，50 年的"碳汇增量"，是相同面积森林"碳汇增量"的 650 倍，是快速捕碳固碳、调节大气温室效应的先锋植物。

三年来，位于长沙跳马镇田心桥村占地 300 多亩的科研基地，速生碳汇草收割了一茬又一茬。2015 年，在世界上首次封存 688 吨植物碳产品，相当于封存了 1000 吨的二氧化碳。

这种"速生碳汇草捕碳固碳技术"，被业界认为解决了一个全球性的世纪难题，通过良性的碳循环，完全可以实现人类梦寐以求的碳排放"零增长"以至"负增长"。

雷学军教授介绍说，"速生碳汇草"一年多次刈割，可实现生物质的大增产，获得足量的生物质，将其制备成固体、气体、液体形态的能源产品，替代化石能源，以实现大气温室气体负增长，消除雾霾，解决资源与相关环境问题。"速生碳汇草"可用于建筑材料、家具、农具、用具、工业品、化工原料、造纸、食品、饲料、肥料及直接燃烧发电等；还可深度开发生产多种精细化学品如糖基化学品、淀粉基化学品、纤维素基化学品、半纤维素基化学品、木质素基化学品、油脂基化学品、甲壳素衍生物、生物塑料及生物燃料等。总之，这些被封存的二氧化碳是人类宝贵的财富。

### 三　开辟全球碳汇机制新纪元

雷学军教授的研究不但创立了温室效应的"动碳与静碳"理论，改有限的森林碳汇为无限的植物碳汇，改虚拟的碳排放权"配额指标"交易为实物碳产品交易，而且提出了新的碳税政策依据，开创出速生碳汇草应对气候变化的新型农业经济模式。

目前，国际上的碳减排交易机制，主要是采取碳排放权配额指标分配的碳交易方法：欧盟采用的是以参与主体的历史排放水平为基准数量进行免费发放配额的"祖父法"；美国区域温室气体减排行动采用的是排放主体竞拍碳排放权配额指标的"拍卖法"；澳大利亚引入了碳排放权"固定价格购买法"；新西兰则采取"以行业为基准的混合配额法"。这些方法根本不能控制大气二氧化碳浓度上升和全球气候变暖的大趋势。

雷学军教授的主张的是地道的中国方法——植物碳封存，将虚拟的碳排放权"配额指标"交易变为可准确计量的实物碳产品交易，实现"虚拟碳交易"到"实体碳交易"的转变。其意义在于通过植物碳封存，减少大气中的二氧化碳，降低和提前二氧化碳峰值。

没有消费就没有生产，没有生产就没有排放。每一个使用产品的人都应该缴纳碳税，通过调整企业税种税率，建立符合实际情况的碳税制度，用碳税支持植物碳产品封存和发展新气候经济。

雷学军教授还提出创立"速生碳汇草"的碳汇核算方法，将其碳汇纳入碳交易机制，进入碳交易体系，把生态建设与节能减排有机结合起来；将高碳排放区域的碳源，用区域外的碳汇机制进行交易，以实现高碳排放区域内碳排放与碳吸收的动态平衡，为创建"零碳"区域发展模式提供碳汇；对个人和区域保护生态系统与环境的投入或放弃发展机会的损失给予经济补偿。

雷学军教授大胆提出，必须尽早创立《国际植物碳产品封存与碳排放权交易新公约》，制定"速生碳汇草种植与封存的碳减排基准线与监测方法学"，用植物碳产品参与碳交易，根据植物碳产品封存量收取碳排放交易费。由于植物碳产品填补了国际碳交易产品不能准确计量的空白，必将成为全球碳交易市场的主流，是驾驭高碳的有力措施。如此，则既可解决我国节能减排难以解决的碳排放问题，又能解除西方国家要求减排的巨大压力，使我国成为经济发展、环境治理和应对气候变化的先锋。

## 四　首倡发展新气候经济

长期以来，发展中国家应对全球气候变化的策略，因为资金和技术等原因，一直受制于发达国家。

雷学军教授认为，盲目遵从和照搬西方国家提倡的"低碳经济发展模式"，不符合我国国情，应该以"动碳与静碳理论"为依据，以发展新气候经济为主导，以植物碳封存为手段，以创建区域"零碳"发展模式为方向，以实现全球零碳排放为目标，走一条符合中国国情的解决全球气候变化问题的正确道路。

他首倡发展新气候经济，其实质是利用碳循环规律，增加和使用绿色能源，减少碳排放，把滞留在大气圈中过多的二氧化碳分配到新气候经济产业链的产品生产、储藏过程中，通过开辟碳汇物质和清洁能源的循环利用通道，解决气候变化问题。新气候经济，是综合开发利用大气碳资源，制造碳产品，形成碳产业，创造碳经济的发展方式，是应对气候变化形成的新型经济产业链，是生态效益、环境效益、社会效益和经济效益的统一体。

新气候经济目前完全可以在一个行政区域内实施。在雷学军教授的指导下，湖南长沙"零碳县"项目的实践就是最好的示范。

长沙"零碳县"其范围之广、人口之众、排碳之多、要素之复杂、难度之大，是人类历史上征服自然、克服温室效应、控制全球气候变暖的一次大胆创新实践。长沙"零碳县"创建，是运用《零碳规划》和统筹方案，对区域内使用化石燃料和煤电排放的二氧化碳进行碳普查，采用减源增汇、绿色能源替代、碳产品封存、碳交易和生态碳汇补偿等系统工程技术方法，平衡碳源、碳汇，用碳源总量减去碳汇总量，使行政区划边界范围内碳源与碳汇代数和等于零。目前，长沙县正加紧制定国内首个速生碳汇草固碳封存技术标准，创设标准封存仓库和标准碳交易制度，用"售碳"资金推动"捕碳"项目良性循环发展。一个以年消耗 60 万吨速生碳汇草为主的生物质发电厂也基本确定了选址。

从 2015 年起，长沙县将启动试点企业碳排放权模拟交易系统，将"碳税"与速生碳汇草标准碳产品绑定，即排放多少二氧化碳，就购买相应数额的标准碳产品。这一举措，有望自行淘汰高能耗、高污染企业，同时促进其他企业进一步创新节能减排技术。

雷学军教授认为，大农业、大生态、大碳汇是创建新气候经济发展模式的重要条件。大气碳资源及二氧化碳当量物质的综合开发利用，为人类创造了丰富的资源与财富，植物封存既是能源储藏，又是"碳黄金"储备，找到了全球经济危机时代新的经济增长点，可提供成千上万的就业机会，可获得巨大的社会经济效益。

雷学军教授的科研成果在国内外引起了极大的反响。目前，"速生碳汇草捕碳固碳技术"和"零碳发展模式"已经得到中央、国务院、国家发改委、环保部、中国社会科学院、中国石油和化学工业联合会、全国工商联等部门、单位及《人民日报》、《新华社》、《半月谈》、《科技日报》、《经济日报》、《光明日报》等新闻媒体的高度重视和关注。

2015 年 12 月，雷学军教授受邀参加第二十一届联合国气候变化大会，将"零碳发展模式"推向全世界，展示了我国在应对气候变化、"零碳"创建方面的积极行动和重大科技成果。

2016 年 3 月份，山东省聊城江北水城旅游度假区与长沙县结为友好县、区，复制长沙县"零碳发展模式"，引进、种植"速生碳汇草"，创建聊城度假区"零碳区"，将成为我国第一个城市通过产业转型升级，实现城市区域内"零碳"发展模式的范本。

雷学军教授经常到世界各地参加各种气候会议，经常听到海岛国家的领导人对气候变暖担忧的声音以及对减少温室气体排放的殷切呼吁，更加坚定了他降碳除霾的决心。他指出，二氧化碳就像昆仑山的雪，"千秋功罪，谁人曾与评说？"人类完全可以利用现代科技，将二氧化碳变废为宝，将垃圾放到资源的位置，不但威胁不了人类，还会造福人类，真正实现"环球同此凉热"的人类梦想。

# 参考文献

1. 潘家华、庄贵阳、朱守先等：《低碳城市：经济学方法、应用与案例研究》，社会科学文献出版社 2012 年版。

2. 国务院：《全国主体功能区规划》（http://www.gov.cn/）。

3. 朱守先：《城市低碳发展水平及潜力比较分析》，《开放导报》2009 年第 145 卷第 4 期。

4. 胡鞍钢、周绍杰：《绿色发展：功能界定、机制分析与发展战略》，《中国人口·资源与环境》2014 年第 24 卷第 1 期。

5. 诸大建、王翀、陈汉云：《从低碳建筑到零碳建筑——概念辨析》，《城市建筑》2014 年第 2 期。

6. 李晓西、刘一萌、宋涛：《人类绿色发展指数的测算》，《中国社会科学》2014 年第 6 期。

# 后 记

　　中国社会科学院生态文明研究智库是 2015 年中国社会科学院率先启动的 11 个专业智库之一，依托城市发展与环境研究所，旨在生态文明研究领域建成国际一流的专业智库。2015 年长沙县与中国社会科学院生态文明研究智库建立合作联系，计划开展生态文明建设各个领域的研究工作，力争将长沙县打造成为国家生态文明示范区和可持续发展的典范。

　　本书在编写过程中，得到了中央政策研究室机关党委原副书记、人事局原局长褚家永研究员，中国社会科学院农村发展研究所党委书记潘晨光研究员的大力支持。中国科学院地理科学与资源研究所张雷研究员、中国社会科学院城市发展与环境研究所庄贵阳研究员、环境保护部环境与经济政策研究中心田春秀研究员、国家发展和改革委员会能源研究所能源可持续发展研究中心康艳兵主任、中国低碳智库联盟胡敏秘书长、中国华能集团张安华高级经济师等专家对书稿提出了修改意见。中共长沙县委办公室、发改局、环保局、林业局、水务局、统计局等部门提供了长沙县生态文明研究素材与统计资料。本书执笔为朱守先博士。潘家华对本书结构、内容写作方式提出了意见。中国社会科学出版社对本书的文学编辑做了大量细致工作。

　　中国的生态文明建设，有益的探索和成功的经验来源于实践。长沙县在生态文明建设中所做出的努力与取得的成效，是中国故事的最鲜活素材。作为我国生态文明研究的智库，我们还将进一步深入调研，总结案例经验，使地方生态文明建设的创举与学界同仁决策者和国际致力于生态文明转型的有识之士分享。

中国社会科学院生态文明研究智库

2016 年 4 月